AF465845

MOUVEMENT

DES EAUX DANS LES RÉSERVOIRS

À ALIMENTATION VARIABLE.

J. DUNOD,

ÉDITEUR,

QUAI DES GRANDS-AUGUSTINS, N° 49, A PARIS.

MÉMOIRES

SUR

LE MOUVEMENT DES EAUX

DANS LES RÉSERVOIRS À ALIMENTATION VARIABLE,

ET SUR L'ACTION

QUE LA DIGUE DE PINAY EXERCE

SUR LES CRUES DE LA LOIRE À ROANNE,

PAR M. GRAEFF,

INSPECTEUR GÉNÉRAL DES PONTS ET CHAUSSÉES.

PARIS.

IMPRIMERIE NATIONALE.

M DCCC LXXIII.

PRÉFACE.

L'ouvrage que nous publions aujourd'hui comprend deux Mémoires que nous avons présentés à l'Institut, et qui, sur la décision que l'Académie a bien voulu prendre, ont été insérés au tome XXI du *Recueil des Savants étrangers*.

Dans le premier de ces deux Mémoires nous avons établi les principes qui permettent de calculer les dimensions des pertuis et leurs courbes des débits. Nous avons d'ailleurs appliqué cette théorie à quatre réservoirs, dont deux ont été exécutés et deux projetés. Les deux réservoirs exécutés sont celui de Gondrexange, qui sert à alimenter le bief de partage des Vosges, au canal de la Marne au Rhin, et celui du Furens, qui remplit le double but de défendre la ville de Saint-Étienne contre les inondations et de créer une réserve permanente destinée à compléter les ressources d'une grande conduite d'eau. Il régularise en même temps le débit du Furens, nécessaire aux usines et aux irrigations de ce cours d'eau.

Quant aux deux réservoirs restés à l'état de projet, l'un, sur le Lignon, devait s'appliquer uniquement à la question d'inondation; l'autre, sur la Coise, devait servir à la fois à irriguer et à défendre contre les inondations la partie de la plaine du Forez qui se trouve sur la rive droite de la Loire.

Dans le deuxième Mémoire nous avons appliqué les principes établis dans le premier à déterminer approximativement l'action que la digue de Pinay exerce sur les crues de la Loire à Roanne, et nous avons donné, en même temps, quelques détails historiques sur ce travail, exécuté sous le règne de Louis XIV et qui constituait une idée tout à fait nouvelle pour cette époque.

Nous avons pensé que l'ensemble de ces études, auxquelles nous ont conduit successivement les questions qui se sont présentées dans les grands travaux hydrauliques que nous avons été appelé à diriger, offrirait quelque intérêt aux ingénieurs, et c'est là le motif qui nous a engagé à les publier avec l'autorisation de l'Académie.

Les deux Mémoires sont d'ailleurs précédés des Rapports des Commissions qui avaient été chargées de les examiner, et sur la proposition desquelles ils ont été admis à l'honneur d'être insérés au *Recueil des Savants étrangers.*

RAPPORT

SUR LE MÉMOIRE PRÉSENTÉ PAR M. GRAEFF,

INGÉNIEUR EN CHEF DU SERVICE SPÉCIAL DE LA LOIRE,

CONCERNANT LE MOUVEMENT DES EAUX DANS LES RÉSERVOIRS À NIVEAU VARIABLE.

Commissaires :

MM. le baron Dupin, le général Piobert, le général Morin, rapporteur.

On n'a pas encore perdu le souvenir des terribles inondations qui, en 1856, dévastèrent presque simultanément les vallées du Rhône et de la Loire, ainsi que celles de leurs affluents, et les habitants de ces contrées si cruellement éprouvées n'ont pas oublié la généreuse spontanéité avec laquelle, à la première nouvelle de ce désastre, l'Empereur se rendit sur les lieux mêmes des sinistres, qu'il visita en détail pour y porter de premiers secours, et surtout pour reconnaître à la fois l'étendue du mal et les moyens d'en éviter, s'il était possible, le renouvellement, malheureusement si fréquent.

A la suite de ce voyage, et après avoir d'abord, par des crédits considérables demandés au Corps législatif et largement accrus par la générosité publique, pourvu aux besoins et aux travaux les plus urgents, l'Empereur, par une lettre datée de Plombières le 19 juillet 1856, prescrivit à M. le Ministre de l'agriculture, du commerce et des travaux publics, de mettre immédiatement à l'étude les moyens de prévenir de semblables catastrophes en modérant ou en régularisant, s'il était possible, la marche des crues.

Se basant sur l'opinion des ingénieurs les plus expérimentés [1] qui s'é-

[1] On lit dans le Mémoire de M. Boulangé, ingénieur en chef de la Loire, sur les inondations de 1846 (*Annales des ponts et chaussées*, 1848, 2e semestre, 2e série, XVIe volume, p. 240) :

« Il conviendrait d'établir d'abord deux barrages dans chacun des affluents indiqués citaient jusqu'alors occupés de la question, s'appuyant sur l'exemple remarquable de la digue de Pinay [2], élevée sous le règne de Louis XIV, en 1711, à environ 30 kilomètres en amont de Roanne, dans le but spécial de modérer les crues, et qui, en 1846, avait servi à emmagasiner, dans le réservoir qu'elle limitait, plus de 100 millions de mètres cubes d'eau, en préser-

après : 1° l'Isable; 2° l'Aix; 3° le Lignon; 4° la Marne; 5° le Bouson; 6° l'Anse; 7° le Lignon de la Haute-Loire; 8° la Semenne; 9° le Furens; 10° la Loise; 11° la Coise; 12° le Bernand.

« Ces vingt-quatre barrages, à raison de 100,000 francs l'un, occasionneraient une dépense de 2,400,000f

« On établirait ensuite quatre ou cinq digues, comme celle de Pinay, dans les gorges de la Loire, en amont de la plaine du Forez........ 1,000,000

En tout, au plus....... 3,400,000f

« On prolongerait ainsi suffisamment la durée des crues pour que les eaux ne puissent plus atteindre des hauteurs excessives, qui sont la cause de tous les désastres.

« Il nous semble qu'il sera difficile de trouver une solution plus simple et plus économique d'une question qui devient de jour en jour plus grave, à mesure que le sommet des montagnes se déboise, que les cours d'eau se rectifient dans l'intérêt de l'agriculture, et que, d'un autre côté, les intérêts industriels et commerciaux descendent dans le fond des vallées pour profiter des forces motrices qui s'y trouvent. »

M. Boulangé termine en disant que la construction des barrages et des digues dans le genre de celle de Pinay est un des systèmes proposés par M. Polonceau père, dans sa Note sur les débordements des rivières.

[2] On lit dans le rapport de M. Collignon, ingénieur en chef, député (*Moniteur* de 1847, p. 1362) :

« La digue de Pinay a 20 mètres au-dessus de l'étiage et 20 mètres de largeur de passage en déversoir libre de haut en bas. En octobre 1846, elle a soutenu les eaux jusqu'à une hauteur de 21m,47 au-dessus de l'étiage; elle a ainsi arrêté et refoulé dans la plaine du Forez une masse d'eau qui est évaluée à plus de 100 millions de mètres cubes, et la crue avait atteint son maximum à Roanne quatre ou cinq heures avant que cet immense réservoir fût complètement rempli.

« M. l'ingénieur en chef de la Loire, Boulangé, ajoute que, si la digue de Pinay n'avait pas existé, non-seulement la crue serait arrivée beaucoup plus tôt à Roanne, mais encore que le volume d'eau roulé par l'inondation aurait augmenté d'environ 2,500 mètres cubes par seconde...

« Au lieu de ces digues ouvertes dans toute leur hauteur, on a proposé aussi de construire des barrages pleins, munis d'une vanne de fond et d'un déversoir superficiel. Les réservoirs ainsi formés, pouvant retenir à volonté les eaux d'inondation, permettraient de les affecter, dans les temps de sécheresse, aux besoins de l'agriculture et au maintien d'une utile portée d'étiage pour les rivières...

« Les dernières inondations ont anéanti un capital de :

« Voies publiques de tous les ordres........ 16 à 17 millions.

« Pertes particulières........ 28

45

vant ainsi la ville de Roanne et la vallée de la Loire d'immenses désastres, l'Empereur exprimait la pensée que, pour être efficace, ce système devait être généralisé, et prescrivait que des études d'ensemble fussent faites le plus tôt possible par les ingénieurs des ponts et chaussées les plus compétents.

Dès le 26 du même mois, le conseil général du corps illustre à la science et à l'expérience duquel le Souverain faisait appel soumettait sur ces questions, objets des travaux antérieurs de ses membres les plus distingués, un programme des études auxquelles les ingénieurs du service hydraulique devaient se livrer, et partout ces recherches demandées à leur savoir et à leur dévouement furent poussées par les ingénieurs des ponts et chaussées avec la plus grande activité.

Les affluents de la Loire supérieure en particulier furent l'objet d'études nombreuses confiées, sous la direction de M. l'inspecteur général Comoy, aux ingénieurs des départements où ils versent leurs eaux.

Parmi les plus importantes, celles qui concernaient le Furens, l'un des plus dangereux torrents et qui a trop souvent inondé la ville de Saint-Étienne, ont été, de la part de M. Graeff, ingénieur en chef du service des inondations dans le département de la Loire, l'objet de recherches aussi remarquables que persévérantes, à la fois générales et spéciales à ce bassin, et qui font l'objet du Mémoire que l'Académie nous a chargés d'examiner.

La capacité dont la forme des vallées où l'on se propose d'établir des réservoirs permet de disposer étant l'un des éléments fondamentaux de la solution des problèmes à résoudre, et les irrégularités très-grandes du terrain ne permettant pas d'appliquer, sans de très-longs calculs, à sa détermination les méthodes ordinaires de cubature, il importait de rechercher une méthode simple pour la déduire de la mesure du développement des courbes de niveau fournies par le lever topographique.

A cet effet, l'auteur détermine d'abord l'expression approximative du développement de la courbe qui, sur le terrain, limite une section horizontale de réservoir, en fonction des développements des courbes supérieure et inférieure, relevées, d'une tranche déterminée, ainsi que la surface de cette section. Il en déduit celle du volume de cette tranche située à une hauteur donnée au-dessus du plan d'eau inférieur du réservoir, et enfin le volume total contenu dans le réservoir.

A l'aide des expressions obtenues et des relèvements faits sur le terrain, il construit ensuite des tables qui donnent, en regard des hauteurs au-dessus du zéro de l'échelle du réservoir, supposé placé au niveau le plus bas, ou du seuil de la décharge du fond, les surfaces des sections horizontales et les volumes d'eau ou les capacités du réservoir correspondant à ces hauteurs.

Pour l'étang de Gondrexange, par exemple, qui, dans le département de la Meurthe, sert de réservoir au canal de la Marne au Rhin, à la construction duquel M. Graeff a été attaché pendant plusieurs années, ainsi que pour tous ceux où des différences assez faibles dans les niveaux correspondent, au contraire, à des surfaces de niveau très-dissemblables, cet ingénieur a fait lever des courbes horizontales équidistantes de $0^m,50$ en $0^m,50$ de hauteur, et parfois même beaucoup plus rapprochées, à cause des grandes irrégularités qu'elles présentaient; mais, pour les cas les plus ordinaires, il pense que l'équidistance de mètre en mètre serait bien suffisante. Cette condition de l'équidistance n'est d'ailleurs pas de rigueur pour les relèvements, et les irrégularités du terrain peuvent conduire à y renoncer; mais la représentation graphique des relèvements permet toujours d'y revenir pour les calculs, si on le juge nécessaire.

On comprend enfin que, pour la rédaction des avant-projets, on peut procéder d'une manière plus sommaire.

Alimentation des réservoirs. — L'auteur passe ensuite à l'examen des conditions de l'alimentation, qui peut être régulière et constante par intervalles s'il y a des vannages de prise d'eau, mais qui, dans la plupart des cas, est essentiellement variable. Il indique comment, en établissant un poste de jaugeage où l'on observe d'heure en heure les hauteurs du cours d'eau affluent, et où l'on détermine, en même temps, par les moyens connus, les volumes d'eau écoulés, on peut réunir les éléments de deux courbes ayant les temps pour abscisses, et pour ordonnées, l'une les volumes d'eau alimentaire, et l'autre les hauteurs d'eau. Ces courbes, ainsi construites pour une année entière, et, mieux encore, pour plusieurs années consécutives, afin d'avoir des données plus complètes, sont la base de toutes les études et de toutes les déterminations ultérieures.

La quadrature de celle qui donne les volumes d'eau fournit, pour tel intervalle de temps qu'on le veut, le volume total que l'affluent a amené dans le réservoir, ainsi que les éléments nécessaires pour connaître son régime.

Écoulement des eaux du réservoir. — Quant aux orifices d'évacuation des eaux, les règles ordinaires de l'hydraulique et le règlement établi pour la manœuvre des pertuis permettent d'en calculer les effets. Pour faciliter ces calculs, qui, dans les applications aux grands réservoirs dont il s'agit, se rapportent à des charges qui excèdent de beaucoup toutes celles qui ont été observées dans les expériences connues, M. Graeff a fait calculer une table des vitesses correspondant à des hauteurs croissant de centimètre en centimètre jusqu'à 50 mètres.

Statistique du régime d'un réservoir. — La connaissance complète, pour toutes les saisons, du régime des eaux dans un réservoir destiné à emmagasiner de grands volumes, soit pour alimenter des services publics, soit pour modérer la marche de l'écoulement et prévenir des inondations désastreuses, étant la base fondamentale et indispensable des projets et des travaux de ce genre, M. Graeff s'est attaché à montrer comment, à l'aide des observations continues recueillies ainsi qu'on vient de l'indiquer, et en tenant compte, en outre, de l'évaporation, de la chute des eaux de pluie arrivant par les versants et des pertes apparentes par filtration, on peut déterminer celles qui se font par imbibition, et qui sont parfois très-considérables à l'origine de la mise en eau des réservoirs, mais qui, la plupart du temps, diminuent assez rapidement par le dépôt des troubles.

Il fait voir ainsi comment on peut parvenir à établir ce qu'il nomme la *statistique complète du régime des eaux d'un réservoir,* et partir de cette donnée, obtenue surtout, s'il se peut, pour plusieurs années, et pour celles des plus grandes crues, pour déterminer la capacité et les dimensions d'un réservoir.

Nous ferons remarquer à ce sujet qu'il serait assez facile d'installer des appareils automatiques qui pourraient donner, avec la précision convenable, le tracé des courbes des volumes et des niveaux ayant les temps pour abscisses, soit pour le canal ou la rivière d'alimentation, soit pour le réservoir lui-même s'il était établi; ce qui, en rendant les observations beaucoup moins assujettissantes, leur donnerait un caractère complet de continuité : les maréographes connus et autres moyens d'observation déjà en usage montrent ce que l'on peut obtenir aujourd'hui avec de semblables appareils pour l'observation de la marche des niveaux.

Le tube jaugeur avec moulinet à hélice et compteur de tours de feu Lapointe [1], jeune ingénieur attaché au Conservatoire, mort victime de nos dissensions civiles, pourrait aussi, avec quelques modifications et quelques dispositions simples, être d'une grande utilité pour le jaugeage des volumes débités par les pertuis.

Les expériences exécutées au bassin de Chaillot ont, en effet, montré que, pour des niveaux variables aussi bien que pour des niveaux constants, cet appareil donnait des indications aussi exactes qu'on peut le désirer dans de semblables recherches. Le contrôle de cet appareil est facile, et il peut faire connaître les volumes d'eau écoulés pendant tel intervalle de temps qu'on le voudra, de même qu'il peut être employé pour le partage des eaux entre divers services.

[1] Rapport sur un Mémoire relatif à un tube jaugeur présenté par M. Lapointe, ingénieur civil (*Comptes rendus*, 2 novembre 1847, p. 615).

Observation relative au volume d'eau fourni par les pluies. — Il convient de faire remarquer que, si les udomètres permettent de déterminer la quantité d'eau de pluie qui tombe sur une surface donnée de terrain, il ne serait pas exact, dans beaucoup de cas, d'en conclure, sans réduction parfois très-notable, celui qui est amené dans le réservoir par les versants : la nature plus ou moins perméable du sol, sa sécheresse plus ou moins grande, l'état de sa superficie plus ou moins boisée, la déclivité des pentes et d'autres causes encore peuvent déterminer des différences très-grandes entre les volumes d'eau de pluie tombés et ceux qui sont réellement reçus par le réservoir.

Mais, pour la question que l'auteur a traitée, on comprend que, en admettant même que l'eau tombée sur les versants arrive au réservoir, l'erreur commise ne conduisant qu'à donner à celui-ci une capacité un peu trop grande, elle ne peut entraîner aucune conséquence fâcheuse et n'exercerait d'influence que sur les conditions du régime de service d'évacuation des eaux.

Équation du mouvement des eaux dans le réservoir. — Après avoir ainsi exposé les conditions générales du problème et les moyens d'observation à employer pour en lier les éléments soit par le calcul, soit par l'observation, M. Graeff s'occupe de la résolution de l'équation différentielle fondamentale qui lie le volume d'eau contenu à un instant quelconque dans le réservoir à celui qui est fourni par le cours d'eau alimentaire et à celui qui s'écoule par les pertuis.

Cette relation, évidente d'elle-même, comme l'auteur le remarque, exprime qu'à chaque instant du mouvement l'élément du volume d'eau qui reste dans le réservoir est égal à la différence des éléments de ceux qui y entrent et qui en sortent.

Mais son intégration immédiate présente des difficultés, parce que l'alimentation, qui peut être constante ou variable selon les cas, est le plus souvent fonction du temps et indépendante de la hauteur de l'eau dans le réservoir, tandis que le volume contenu dans celui-ci et ses sections horizontales sont des fonctions explicites, mais rarement exprimables analytiquement, de cette hauteur.

La durée de variations données du niveau dans le réservoir, ou réciproquement ses variations dans un temps déterminé, sous l'influence de l'alimentation et de l'évacuation par les pertuis, étant les inconnues les plus importantes à déterminer dans la plupart des cas, l'auteur s'attache dans son Mémoire à en obtenir la valeur dans toutes les circonstances que peut offrir la pratique.

Il examine successivement deux cas principaux :

1° Celui où le débit du cours d'eau est constant;

2° Celui où ce débit est variable.

Dans le premier cas, il suppose d'abord que l'évacuation a lieu simultanément par plusieurs pertuis, et indique la marche à suivre pour intégrer l'équation différentielle qui exprime la variation du temps d'un changement de niveau en fonction de la hauteur de ce niveau.

Il fait remarquer avec justesse que, dans de semblables réservoirs, les sections étant des fonctions des hauteurs de pression, même en supposant le volume total partagé en tranches assez peu épaisses, *il faut prendre pour section moyenne de chacune d'elles la moyenne entre les sections qui correspondent aux hauteurs de l'eau au-dessus de la tranche, au commencement et à la fin de l'écoulement, et non, comme on le fait ordinairement, la moyenne arithmétique entre les sections extrêmes de la tranche.*

Il montre, par des exemples, que ce dernier procédé peut conduire parfois à des erreurs considérables. Il donne, dans ce premier cas, la solution des deux problèmes principaux et réciproques de la détermination de la durée d'un abaissement donné du niveau, ou de cet abaissement dans un temps déterminé, soit quand il y a des pertuis de fond ou des réservoirs de superficie, et même lorsque deux orifices de fond et de superficie fonctionnent simultanément.

Enfin, il détermine les dimensions à donner à ces orifices pour obtenir entre les temps et les variations du niveau des relations prescrites à l'avance.

Passant ensuite au deuxième cas, le plus général et le plus difficile, où le débit du cours d'eau affluent est variable, ce qui rend impossible l'intégration de l'équation différentielle des mouvements simultanés d'affluence, de variation du niveau et d'évacuation, M. Graeff, par un fort heureux emploi des tracés graphiques et des quadratures, fournit un exemple remarquable du concours que la géométrie peut prêter à l'analyse en défaut dans la solution des questions de ce genre.

Le tracé de trois courbes, dont les éléments sont fournis par l'observation, lui permet, en effet, de résoudre toutes les questions principales qui peuvent se présenter.

La première de ces courbes est celle qui représente la relation des temps et des hauteurs d'eau dans la rivière affluente, d'où, par les méthodes connues de jaugeage des eaux courantes, on en déduit une autre, auxiliaire, qui donne les débits de cette rivière correspondant à des temps connus.

La deuxième fournit la relation des débits des pertuis d'évacuation sous des pressions données dans le réservoir.

La troisième est la courbe des hauteurs d'eau dans le réservoir à des instants donnés; elle se déduit des deux premières à l'aide du calcul des différences.

Au moyen du tracé de ces trois courbes, l'auteur résout facilement et avec toute l'approximation désirable les problèmes suivants, les plus importants pour la question principale qu'il traite :

1° Déterminer les volumes d'entrée et de sortie pour une hauteur d'eau donnée dans le réservoir ;

2° Déterminer le volume d'eau entrant et la hauteur d'eau dans le réservoir, le volume d'eau sortant étant connu;

3° Étant donnés la hauteur d'eau dans le réservoir et le volume d'eau entrant, trouver le volume d'eau sortant.

Application aux réservoirs d'inondation. — Après avoir exposé les principes et fait connaître les procédés géométriques qui peuvent fournir les solutions des diverses questions qu'on peut avoir à traiter pour les grands réservoirs à niveau variable, M. Graeff aborde l'application de la théorie qu'il a exposée aux réservoirs d'inondation destinés à préserver les villes et les campagnes des désastres, trop souvent renouvelés, qui portent la ruine et la désolation au sein des populations riveraines.

Ici, deux éléments principaux sont donnés :

Le premier, c'est le débit du cours d'eau affluent, dont les variations et la loi graphique sont représentées par les courbes déduites des observations hydrométriques, et qui permettent de reconnaître les époques, les durées et les produits des plus grandes crues.

Le second est le volume d'eau que le lit inférieur de la vallée et de la rivière, d'après ses dimensions et sa pente, peut évacuer sans que ses rives soient inondées. Ce volume constitue le maximum du débit qu'on peut permettre par les pertuis du barrage. D'une autre part, ces pertuis doivent, sans que le niveau s'élève dans le réservoir, livrer passage aux eaux moyennes de la rivière, ce qui donne le minimum du débit qu'ils peuvent assurer.

Le point important étant de régler le régime des eaux pour la période des plus grandes crues, on opérera sur la partie des courbes du débit du cours d'eau affluent qui y correspond, et qui donnera ce débit en fonction du temps, qu'on prendra pour abscisses. Depuis le commencement de la crue, c'est-à-dire à partir du moment où le débit de la rivière excède son produit moyen, les ordonnées de la courbe de ces débits croissent plus ou moins rapidement, atteignent un maximum au delà duquel elles diminuent pour croître parfois de nouveau, puis décroître avec continuité pour redescendre à leur valeur moyenne. Les courbes qui représentent ces variations ayant les temps pour abscisses, et les volumes débités par unité de temps pour ordonnées, leur quadrature permet de déterminer, pour toute la durée des crues, le volume total d'eau fourni par la rivière.

D'une autre part, si l'on cherche à représenter sur la même figure, en prenant aussi les temps pour abscisses, les volumes d'eau que les pertuis peuvent débiter sous diverses hauteurs du niveau, on remarque d'abord que, tant que le niveau ne monte pas, ces pertuis débitant le volume fourni par le cours d'eau, cette courbe se confond avec la précédente; puis, qu'elle s'en sépare pour lui rester inférieure pendant la crue; mais que la seconde condition que nous avons indiquée plus haut, qui fixe le maximum du volume d'eau qui peut s'écouler à l'aval sans produire d'inondation, détermine la plus grande valeur possible de l'ordonnée de cette courbe du débit des pertuis; de sorte que, en menant à l'axe des abscisses une parallèle à une distance égale à cette ordonnée maximum, le point où elle coupera la courbe des débits de la rivière affluente sera celui où, les deux débits étant égaux, le niveau du réservoir cessera de monter.

La quadrature de cette seconde courbe, si on l'avait tracée, prise depuis le moment où elle se sépare de la première, c'est-à-dire depuis l'instant où le volume d'eau affluent commence à surpasser celui qui sort jusqu'à celui où ces volumes redeviennent égaux, donnerait évidemment, pour cet intervalle de temps, le volume total que les pertuis auraient débité; et, en retranchant cette seconde surface de celle qui donnait, par la première courbe, le volume total de la crue pour le même intervalle, la différence fournirait le cube total des eaux à emmagasiner pendant la période des plus grandes crues; d'où, à l'aide du relevé du terrain et du calcul de la capacité que les localités permettent de donner au réservoir, on déduirait finalement la hauteur qu'il convient d'adopter pour le barrage.

L'auteur fait remarquer que cette courbe des débits des pertuis en fonction du temps, ne pouvant se déduire que de celle qui lie le temps et les hauteurs du niveau, n'est connue que par son point de séparation de celle du débit affluent et par sa forme générale, mais que l'on peut, sans erreur notable, lui substituer une parabole facile à tracer, et qui n'en diffère sensiblement que par une légère inflexion que présente la courbe réelle. Le tracé de la ligne horizontale correspondant au débit maximum des pertuis, que nous venons d'indiquer, permet d'ailleurs de déterminer l'origine de cette parabole, et de la construire facilement.

Lorsque, à l'aide de cette courbe auxiliaire, on aura trouvé une première solution approchée du problème, il serait du reste facile de construire alors une courbe plus exacte des débits des pertuis, et d'obtenir une seconde solution, qui serait toujours suffisante : mais les applications ultérieures des méthodes précédentes montrent que ce second calcul n'est même pas toujours nécessaire, parce qu'il se fait des compensations entre les différences de superficies de la parabole et de la courbe réelle.

Telle est la marche indiquée et suivie par M. Graeff pour la solution de l'importante question des réservoirs destinés à emmagasiner les crues et à prévenir les ravages des inondations.

Il fait remarquer avec raison que cette solution peut rencontrer dans l'application pratique quelque difficulté : d'abord, par une certaine limite que l'art ne peut guère franchir, quant à la hauteur des barrages, et qu'il est disposé à fixer à 50 mètres environ; et parfois, par la configuration du terrain, qui ne permettrait pas de former des réservoirs suffisants, soit sous le rapport de la hauteur des barrages, soit sous celui de leur développement.

Dans des cas pareils, il faudrait se résigner à subir des inondations partielles, ou chercher à augmenter les sections du lit d'aval de la vallée qui doit permettre l'écoulement.

Relativement à la disposition des pertuis, l'auteur donne, et, nous croyons, avec raison, la préférence aux pertuis de fond sur ceux qui sont en déversoir, tant sous le rapport de la diminution des dimensions latérales, pour obtenir un débit donné, que sous celui de la solidité de la construction. Il fait même remarquer que dans tous les cas, lorsque le terrain présentera la solidité nécessaire, il sera préférable, comme il a pu le faire au barrage du Furens, d'établir les pertuis de fond en galerie passant latéralement en souterrain sous le sol, et indépendants du barrage, qui constituerait alors une masse non interrompue de maçonnerie offrant plus de sécurité au point de vue de la liaison générale.

Utilisation des barrages d'inondation pour les irrigations et pour les usines de l'industrie. — Lorsque la hauteur d'un barrage, calculée au seul point de vue de l'atténuation des effets des crues, est moindre que celle que la forme de la vallée pourrait permettre, il y a tout avantage à augmenter cette hauteur pour se donner la facilité d'emmagasiner, pendant les crues, dans le réservoir, un volume d'eau qui puisse être ensuite utilisé pour des irrigations, pour les usines de l'industrie, ou pour les services municipaux. M. Graeff indique la marche simple à suivre en pareil cas.

Observation relative au barrage du Furens. — Le Mémoire que l'auteur a soumis au jugement de l'Académie ayant uniquement pour objet la question du mouvement des eaux dans les réservoirs à niveau variable, nous nous sommes abstenus de parler de la construction du barrage du réservoir du

Furens, qui constitue la plus importante application des principes exposés par l'auteur.

Le calcul des dimensions qu'il convenait de donner à ce barrage, d'une hauteur inusitée, a été fait par M. Delocre, ingénieur des ponts et chaussées, alors attaché, sous les ordres de M. Graeff, au service du département de la Loire, et il ne sera pas sans intérêt de montrer, par la comparaison des volumes de maçonnerie employés dans ce barrage, calculés pour présenter partout une résistance maximum de 6 kilogrammes seulement par centimètre carré de ses sections horizontales, avec ceux qui sont entrés dans la construction des plus anciens et des plus grands barrages connus, à quel degré on peut porter l'économie dans ces constructions.

Parmi ces derniers, les barrages construits en Espagne par les Maures sont les plus remarquables. Nous nous bornerons à rapporter ici les principaux résultats de la comparaison que l'on peut établir entre les proportions déduites du calcul par les ingénieurs et celles des constructions anciennes.

HAUTEUR des BARRAGES.	INDICATION DES BARRAGES.	PRESSION MAXIMUM par centimètre carré.	CUBE DE MAÇONNERIE par MÈTRE COURANT DU BARRAGE d'après le type exécuté.	CUBE DE MAÇONNERIE par MÈTRE COURANT DU BARRAGE d'après le type théorique.	DIFFÉRENCES.
m		kil	mc	mc	mc
50,00	Barrage de Puentès........	7,90	1519	1029	+ 490
35,70	Barrage du Val de Infierno..	6,50	1084	391	+ 693
27,50	Barrage du Nigar..........	7,50	499	308	+ 191
20,70	Barrage d'Almanza.........	14,00	139	141	— 2
23,20	Barrage d'Elche...........	12,70	243	187	+ 56
41,00	Barrage d'Alicante.........	11,30	1100	566	+ 534

On voit par ce tableau de quelle importance il est de calculer exactement, tout en limitant les charges avec la prudence nécessaire, les dimensions qu'il convient de donner à de si gigantesques ouvrages, pour en borner la dépense à des chiffres qui ne rendent pas l'exécution impossible avec les ressources dont on peut disposer.

Le barrage de Puentès, par exemple, qui, au lieu d'être fondé sur le roc, l'avait été sur pilotis, s'est affaissé en 1802, et il y avait été employé par mètre courant 490 mètres cubes de maçonnerie de plus qu'il n'eût été nécessaire. Au prix actuel de 30 francs, cet excédant de volume, pour un barrage de 100 mètres de longueur et 50 mètres de hauteur, ne coûterait pas moins de 1 470 000 francs.

Applications. — Le remarquable travail que nous venons d'analyser, le plus succinctement qu'il nous a été possible, est terminé par des applications des principes qui y sont exposés à des réservoirs établis ou projetés dans des conditions très-diverses.

La première est relative à l'étang de Gondrexange (département de la Meurthe), qui sert de réservoir alimentaire au canal de la Marne au Rhin, et n'a pas moins de 500 à 600 hectares de superficie, tandis que les variations du niveau n'y atteignent presque jamais $2^{m},50$.

La seconde application a eu pour objet l'étude d'un réservoir d'inondation projeté à Tence sur le Lignon, affluent de la Loire. Il était uniquement destiné à restreindre la hauteur des crues de ce cours d'eau, et ne devait avoir qu'un pertuis de fond.

Ce barrage devait avoir 50 mètres de hauteur, et le réservoir une capacité de 27 104 256 mètres cubes, de manière à pouvoir, au besoin, emmagasiner la plus grande crue, celle de 1846, et ne la laisser écouler que quand il n'en serait pas résulté de dangers pour les vallées inférieures; ce qui constituait la solution la plus absolue de la question des barrages d'inondation.

Un autre projet analogue a été rédigé par les soins de M. Graeff pour un réservoir destiné à modérer la crue de la Coise, affluent de la Loire, tout en créant une réserve pour l'irrigation de la partie de la plaine du Forez qui se trouve sur la rive droite de la Loire : ce projet ne doit recevoir son exécution que plus tard.

Mais la plus importante des applications étudiées par l'auteur est celle qu'il a eu l'honneur d'exécuter et de voir couronnée de succès : elle est relative au réservoir du Gouffre-d'Enfer, sur le Furens, en amont de Saint-Étienne.

Cette belle œuvre de l'art de l'ingénieur a été inaugurée avec solennité en 1866, et nous nous bornerons à rappeler ici les principales dimensions de cet ouvrage gigantesque, ainsi que les résultats généraux qui ont été obtenus.

La superficie du bassin situé en amont du réservoir, et qui verse ses eaux dans le lit du Furens, est d'environ 2 500 hectares, et la hauteur moyenne de l'eau qui y tombe est de 1 mètre par an.

Les plus grandes crues observées, pendant dix années consécutives, n'ont pas dépassé 15 mètres cubes, en une seconde; mais, le 10 juillet 1849, une trombe qui a éclaté dans la partie supérieure de la vallée a produit un débit anomal de 131 mètres cubes en une seconde, et la ville a été inondée.

Le barrage a été construit dans le triple but : de retenir les crues d'inondation, et d'en régler l'écoulement de manière qu'il ne soit pas dommageable ; de fournir en tous temps à la ville de Saint-Étienne les eaux nécessaires à ses services municipaux ; et enfin, de réserver et de répartir, dans les temps de sécheresse, pour soixante-huit usines établies en aval, des eaux surabondantes, qui se seraient écoulées sans être utilisées comme force motrice.

Le barrage a 50 mètres de hauteur au-dessus du fond du pertuis ; mais la hauteur normale des eaux n'est que de 44^{m},50. La crue extraordinaire de 1849 n'y produirait au plus qu'un exhaussement de 3 mètres pour un cube de 200 000 mètres cubes, tandis que la tranche de 50^{m},00 — 44^{m},50 = 5^{m},50 de hauteur, disponible pour la recevoir, correspond à 400 000 mètres cubes, ce qui donne toute sécurité.

La capacité maximum du réservoir est de 1 600 000 mètres cubes, et sa contenance normale, à la hauteur de 44^{m},50, est de 1 200 000 mètres cubes. Cette dernière réserve peut se renouveler deux fois par an, en automne et au printemps, et mettre à la disposition de l'industrie et de la ville 2 400 000 mètres cubes d'eau. Le service de la ville exigeant au plus 600 000 mètres cubes par an, il en résulte pour l'industrie la disponibilité de la puissance motrice que 1 800 000 mètres cubes d'eau peuvent développer dans une vallée dont la pente est très-rapide.

Dès l'année 1866, ce barrage a permis de répartir en moyenne, aux usines situées au-dessous de la ville, un volume d'eau supplémentaire qui n'a pas été de moins de 100 litres par seconde : si la pente totale de la vallée, qui depuis l'aval du barrage jusqu'à la sortie du territoire de Saint-Étienne est de 333 mètres, était entièrement utilisée, ce volume d'eau correspondrait à une force motrice absolue de 444 chevaux fournie par le réservoir en sus du débit naturel du Furens.

La dépense nécessitée par ces immenses travaux, exécutés en quatre années sous la direction de M. Graeff, a été supportée en partie par l'État, et pour la plus grande partie par la ville de Saint-Étienne, qui, après avoir assuré tous ses services municipaux et donné à soixante-huit usines une plus-value considérable, trouve encore dans le prix de ses concessions d'eau l'intérêt à 5 p. 100 du capital qu'elle y a consacré.

L'Académie comprendra facilement tout l'intérêt que des études comme celles que M. Graeff a soumises à son appréciation ont dû inspirer à ses Commissaires, et elle excusera, nous l'espérons, la longueur un peu inusitée de ce Rapport. Lorsque nos ingénieurs, répondant à l'appel du Souverain, sont appelés à rendre à la société des services de l'importance de ceux qui peuvent préserver des contrées entières des effroyables ravages d'inondations telles que celles qui, dans ces derniers temps et à diverses reprises, ont dévasté les vallées de la Loire et du Rhône, l'Académie ne saurait hésiter à honorer de son suffrage des recherches basées sur les principes de la science, et dont le succès a reçu la précieuse sanction de l'expérience.

En conséquence, vos Commissaires vous proposent d'accorder votre approbation au Mémoire de M. Graeff sur le mouvement des eaux dans les réservoirs à alimentation variable, et d'en ordonner l'insertion dans le *Recueil des Savants étrangers*, en réservant les droits de l'auteur au prix Dalmont, et d'adresser une copie de ce Rapport à M. le Ministre de l'agriculture, du Commerce et des travaux publics.

Les conclusions de ce Rapport sont mises aux voix et adoptées.

RAPPORT

SUR UN MÉMOIRE PRÉSENTÉ PAR M. GRAEFF,

AYANT POUR TITRE :

DE L'ACTION QUE LA DIGUE DE PINAY EXERCE SUR LES CRUES DE LA LOIRE, À ROANNE.

Commissaires :
MM. Combes, Phillips, le général Morin, rapporteur.

L'Académie ayant décidé que les Mémoires envoyés pour concourir au prix fondé par feu Dalmont pourraient être l'objet de rapports particuliers, en réservant, d'ailleurs, les droits des auteurs et sans préjuger l'opinion de la Commission spéciale chargée de décerner ce prix, nous a chargés, MM. Combes, Phillips et moi, d'examiner le nouveau travail que M. Graeff, inspecteur général des ponts et chaussées, lui a adressé le 24 janvier 1870, *sur l'action que la digue de Pinay exerce sur les crues de la Loire, à Roanne*. Ce Mémoire fait suite à celui que l'auteur avait présenté en 1866 *sur le mouvement des eaux dans les réservoirs à niveau variable*, et dont l'Académie a ordonné l'impression dans le *Recueil des Savants étrangers*, ainsi qu'à une *Notice sur le réservoir du Furens* qu'elle a reçue le 7 janvier 1867.

L'importance des questions traitées par M. Graeff pour l'atténuation des désastres des inondations de la Loire, si fréquemment répétés depuis quelques années, et l'utilité des observations continuées avec autant de persévérance que de méthode par l'auteur, de 1857 à 1869, pour la solution des grands problèmes d'hydraulique qu'il a entrepris de résoudre, paraîtront sans doute à l'Académie des motifs suffisants pour que le nouveau Mémoire de l'auteur ait été, de notre part, l'objet de l'examen le plus attentif.

Cette étude des effets produits par la digue de Pinay est précédée, dans le Mémoire de M. Graeff, par un examen des documents historiques qui montrent qu'aux époques les plus reculées de l'histoire de notre pays l'emplacement où elle est établie était déjà regardé comme ayant une grande importance au double point de vue des voies de communication et du régime des eaux.

Les crues de la Loire, signalées par César dans ses *Commentaires* [1], en rendant les communications incertaines et difficiles, avaient engagé les Romains à rechercher les points de son cours où ils pourraient établir des ponts à l'abri des inondations. Les gorges de Pinay, par l'étranglement naturel qu'elles offraient, leur parurent un emplacement des plus convenables, et Papirius Le Masson, dans son livre publié en 1818 et intitulé : *Descriptio fluminum Galliæ quæ Francia est,* dit qu'il existait alors à Pinay cinq piles très-solides, vestiges d'un ancien pont, et construites avec un mortier d'une ténacité incomparable.

Des documents historiques recueillis par M. Chaverondier constatent que le pont de Pinay était en état de viabilité vers la fin du XIIIe siècle et le commencement du XIVe.

Plusieurs legs pour l'entretien de ce pont avaient été faits en faveur de l'œuvre des ponts, qui, sous le nom des *Frères pontifes,* rendit, au XIIIe et au XIVe siècle, de grands services pour la construction et l'entretien des ponts : exemple remarquable de ce que pouvaient faire, à cette époque reculée, le dévouement à la chose publique, l'initiative privée et l'esprit d'association.

Le pont fut emporté vers 1389, reconstruit et emporté de nouveau en 1515, rétabli en 1626, détruit encore plus tard, puisque en 1711 il n'existait plus.

Il avait servi ainsi pendant de longues années à établir une communication entre les deux rives de la Loire, et reliait les voies romaines qui, de Lyon, s'étendaient vers le centre de la Gaule et jusque dans l'Aquitaine.

En 1711, la ville d'Orléans présentait au roi un Mémoire sur les inondations de la Loire, qui s'étaient répétées quatre fois depuis 1707, époque avant laquelle « homme vivant n'avait jamais, y est-il dit, vu de pareils débordements. »

Cette fréquence des crues et leur intensité étaient attribuées aux travaux terminés en 1706 dans la partie du lit de la Loire qui traverse la plaine du Forez, pour la rendre navigable, et par lesquels on avait fait disparaître les rochers, les îlots et les autres obstacles qui retardaient la marche des eaux.

On faisait observer, dans ce Mémoire, que depuis 1707 « la Loire, dans ses débordements, tombe dans l'Allier dans le même temps que cette rivière est le plus enflée, tandis qu'avant l'année 1707 la crue de la Loire succédait à celle de l'Allier, et ne tombait au bec d'Allier que trois ou quatre jours après que les grandes crues de cette rivière s'étaient écoulées. »

[1] *De bello Gallico*, liv. VII, chap. LV.

Le Mémoire concluait en demandant l'établissement des digues indiquées, et qui n'interrompraient pas la navigation.

Un arrêt du Conseil, faisant droit aux demandes de la ville d'Orléans, ordonna la construction de trois digues dans les gorges des montagnes du Forez, et les ingénieurs Poitevin et Mathieu furent chargés d'examiner les lieux et, plus tard, de faire l'étude des projets.

A cette époque (en 1711), l'ingénieur Mathieu constatait qu'il n'existait plus que la culée de la rive gauche et trois piles du pont de Pinay. Celles-ci ont disparu depuis, mais la culée, qui subsiste encore et sur laquelle on a assis les travaux récents, fournit, sur la hauteur probable des eaux dans les temps précédents, des indications assez intéressantes. On y voit encore les corbeaux qui servaient à soutenir les contre-fiches d'un tablier en bois, et comme la largeur du passage indique une limite de la hauteur à laquelle pouvait être établi ce tablier, il est permis d'en conclure que son niveau était alors beaucoup plus bas que celui des crues modernes, et en particulier de la crue de 1866, qui s'est élevée à 10^{m},38 au-dessus du niveau des corbeaux.

Dès le règne de Louis XIV, les ingénieurs hydrauliciens, chargés d'étudier la question des inondations de la Loire, regardaient donc comme une des causes partielles et probables de leur multiplicité, et de l'accroissement des désastres qu'elles occasionnaient, l'enlèvement des rochers qui en obstruaient le cours, et que l'on avait détruits pour rendre le fleuve navigable dans cette partie de son cours. Postérieurement, le déboisement continu des forêts, en déterminant une affluence plus considérable et plus rapide des eaux de pluie et de fonte de neiges, n'a pu qu'augmenter encore le mal et ses suites déplorables.

C'est l'examen attentif des dispositions locales qui avait conduit ces ingénieurs expérimentés à proposer, dès cette époque, la construction de trois digues :

La première au pont de Pinay, la deuxième au château de la Roche, la troisième à Saint-Maurice.

Le projet de la digue de Pinay, rédigé en conséquence par l'ingénieur Mathieu, consistait en un barrage en maçonnerie de 16^{m},24 de hauteur environ sous la clef du pertuis au-dessus de l'étiage, et de 116^{m},94 de longueur, appuyé, d'une part, sur la première pile de l'ancien pont romain, et enraciné, à l'autre extrémité, dans les rochers de la rive droite. La largeur du pertuis était de 18^{m},51.

Ce barrage, restauré en 1869, a aujourd'hui 16^{m},97 de hauteur au-dessus de l'étiage sous le pont droit qui recouvre le pertuis.

Les résultats que se proposaient d'atteindre les ingénieurs du temps de Louis XIV sont d'ailleurs clairement et très-logiquement indiqués dans un

Mémoire daté de 1711 par l'ingénieur Mathieu, l'auteur de ce projet. En parlant de ces digues, il dit, en effet :

« Ce qui doit causer un retard considérable, en sorte que les eaux des montagnes et des rivières qui tombent dedans seront soutenues, ce qui rendra les terres meilleures par les dépôts des limons qui engraissent les héritages de la plaine, au lieu que sa rapidité trop précipitée depuis l'enlèvement des rochers entraîne leurs terres et fait une forte jonction avec la rivière d'Allier, qui afflue au-dessous de Nevers. »

Quant à la digue projetée au château de la Roche, l'ingénieur Mathieu ne la présente que comme utile « au refoulement des grandes eaux, à l'effet d'augmenter le retard que fera la première digue. »

Les conséquences des effets que, dans des contrées montagneuses offrant de grands bassins naturels pour l'emmagasinement des eaux, peuvent produire des digues convenablement disposées, sont tellement logiques et évidentes d'elles-mêmes, les capacités des bassins sont si vastes, qu'on se demande comment ces idées simples, reprises et étudiées avec soin en 1848 par un ingénieur expérimenté et aussi bon observateur que M. Boulangé, alors ingénieur en chef du département de la Loire, ont pu être contestées et retardées dans leur application, devenue d'une urgence pressante après les grands désastres de 1846.

Mais la persévérance des successeurs de M. Boulangé, et spécialement celle de M. Graeff, ont fourni, sur le régime des eaux dans les grands réservoirs à niveau variable, et en particulier sur les effets de la digue de Pinay, des éléments de discussion et de conviction tellement nets, qu'il a bien fallu abandonner les conclusions du cabinet pour adopter celles de l'expérience et de l'observation.

Dans le second chapitre de son Mémoire, M. Graeff discute l'action réelle de la digue de Pinay comme retenue des crues. Il commence par montrer que les formules anciennes de Prony, relatives au mouvement des eaux courantes, ne sont nullement applicables aux grands cours d'eau, et surtout à ceux qui sont torrentiels, ce qui est d'ailleurs admis aujourd'hui par tous les ingénieurs. Il expose ensuite la marche à suivre pour étudier les effets qui se produisent dans les crues rapides de ces cours d'eau, lorsque, sur leur parcours, il existe des barrages, naturels ou artificiels, précédés de bassins plus ou moins vastes. La méthode expérimentale fort simple, qu'il a appliquée et dont il a vérifié les résultats, est assez importante pour que nous croyions devoir entrer dans quelques détails à ce sujet.

De la marche à suivre pour l'étude des phénomènes offerts par les inondations. — Les observations recueillies de 1857 à 1864 par les soins de M. Graeff, alors ingénieur en chef du département de la Loire, montrent que, même dans les cours d'eau rapides, lorsque la pente de fond est uniforme et que les sections restent sensiblement les mêmes en chaque point, la pente de superficie *demeure à peu près parallèle* à celle du fond.

On pourrait donc, dans de semblables conditions, se servir des formules ordinaires du mouvement uniforme des eaux courantes, si l'on en connaissait les coefficients particuliers à la nature du lit. Mais comme ils varient beaucoup pour les diverses parois, et qu'on ne saurait les déterminer que par des observations préalables de vitesse, il est plus sûr et plus simple de recourir directement à ces observations pour calculer les volumes d'eau correspondants à différentes hauteurs du niveau.

Nous allons indiquer succinctement la marche suivie par M. Graeff.

Cas où les eaux affluentes sont en partie emmagasinées dans des réservoirs avec un pertuis d'écoulement. — Lorsque le volume d'eau fourni par un courant variable ne trouve pas une issue suffisante à travers les pertuis, naturels ou artificiels, par lesquels il doit s'écouler, il s'accumule en amont de ces pertuis et y détermine, soit le remplissage des réservoirs, soit l'inondation des vallées. Il importe alors d'étudier à la fois la marche du volume affluent, celle du volume évacué et celle du volume emmagasiné.

On peut le faire par des observations suivies, en partant de ce principe évident de lui-même, posé par M. Graeff, que *le volume emmagasiné dans un temps donné est égal à l'excès du volume affluent sur le volume évacué dans le même temps.*

Détermination du volume affluent dans un temps donné. — Pour que cette opération conduise à des résultats d'une exactitude et d'une certitude suffisantes pour la pratique, il faut qu'elle soit prolongée pendant un temps assez long, et qu'elle embrasse des variations aussi considérables que possible dans les volumes.

A cet effet, en amont du pertuis et du réservoir naturel ou artificiel, en un endroit du lit où la pente et la section sont suffisamment régulières, on établit un poste d'observations, où une échelle graduée indique les hauteurs du niveau au-dessus du fond. On fait un profil exact du lit, et l'on en partage la surface par un certain nombre d'ordonnées équidistantes, de manière à obtenir autant de trapèzes rectilignes ou mixtilignes, dont on calcule la surface pour chaque hauteur du niveau.

Pendant les périodes où le niveau paraît se maintenir constant à des hauteurs diverses, périodes qu'on nomme des *étales*, on détermine, à l'aide de flotteurs lestés, la vitesse à la surface, vers le milieu de chacune des sections du profil.

L'expérience montre que ces vitesses à la surface sont toujours moindres que la vitesse maximum dans chaque section. Il est, en effet, reconnu depuis longtemps par les bateliers des grands fleuves, et nos pontonniers ont souvent constaté sur le Rhin que les bateaux chargés descendent le fleuve avec une vitesse moyenne supérieure à celle de la surface du courant.

On peut donc, sans erreur notable, se servir de ces vitesses de superficie comme fournissant approximativement les vitesses moyennes dans les sections.

Si le cours d'eau n'était pas trop considérable, ou si l'on avait des instruments plus précis, tels que le tube de Darcy, des moulinets à ailettes et à compteur, des tubes jaugeurs, etc. et si l'on pouvait faire une installation plus complète, on multiplierait les observations des vitesses dans chaque section, et l'on en déduirait, avec plus d'exactitude, la vitesse moyenne des filets qui la traversent.

Mais, en général, et pour la plupart des cas d'application, l'emploi des flotteurs immergés suffit.

Lorsqu'on a, par l'un des procédés précédents, déterminé les vitesses moyennes dans chacun des éléments du profil, on en déduit le volume d'eau qui, dans chaque seconde, et par suite dans un temps quelconque, les a traversés.

Fig. 1.

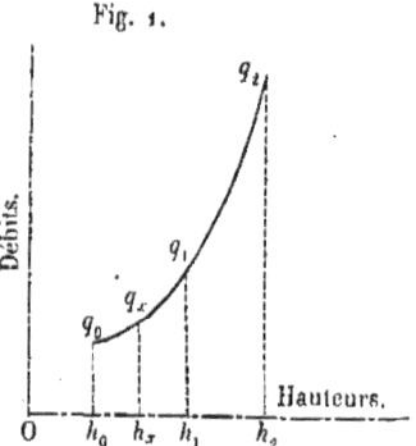

En répétant ces observations pour le plus grand nombre possible de hauteurs du niveau correspondant à des périodes d'étale, on peut former une table des hauteurs et des volumes affluents simultanés, et construire une courbe dont les abscisses soient les hauteurs de niveau et dont les ordonnées soient les volumes d'eau débités par seconde ou par heure.

C'est ainsi que dans les jaugeages que M. Graeff a fait exécuter sur la Loire, au pont de Feurs, les hauteurs d'eau aux échelles ont atteint les valeurs de 0 mètre, $0^m,75$, $1^m,75$, $2^m,50$, 3 mètres et $3^m,70$, et au pont de Roanne celles de 0 mètre, 1 mètre, 2 mètres, 3 mètres, 4 mètres et $4^m,85$.

On remarquera que, si, pour la régularité et l'exactitude des résultats, il convient de faire les observations pendant les périodes d'étale, où la marche des eaux est régulière, comme les volumes sont estimés d'après les vitesses déterminées entre des profils qui ne varient pas sensiblement pendant le temps qu'on emploie à les mesurer, ainsi que les hauteurs du niveau, la courbe représentative de la loi qui lie ces volumes et ces hauteurs peut encore être appliquée aux périodes de crues montantes ou descendantes, quoique dans les premières la pente de superficie augmente, et que dans les secondes elle diminue, ce qui peut influer un peu sur les vitesses.

M. Graeff ne s'est pas dissimulé que cette extension des résultats des observations faites pendant les périodes d'étale, aux moments de crues ascendantes ou descendantes, n'était pas à l'abri de quelques objections. Dans une Note supplémentaire, jointe à son Mémoire, il examine l'influence de la croissance et de la décroissance des crues sur le débit des eaux, et par des considérations directes, d'accord avec tous les faits de l'observation, il montre que la pente de superficie est plus grande dans la période ascendante que dans la période descendante des crues. Il fait voir ensuite que de cette différence il résulte que, pendant la période ascendante, le débit réel est plus grand que celui que l'on déduit des observations faites pendant les étales, tandis que, à l'inverse, il lui est inférieur pendant la période descendante. Mais la différence étant, à proportion, d'autant plus faible que les vitesses et les volumes sont plus grands, il se produit, dans les résultats relatifs à une période complète de croissance et de décroissance d'une crue, une compensation suffisante pour qu'en l'absence de tout autre moyen d'appréciation on puisse se contenter du mode indiqué.

C'est d'ailleurs, comme nous le dirons plus loin, ce que montrent des observations et des vérifications directes faites sur le réservoir de la digue de Pinay.

Nous croyons cependant qu'il ne serait pas impossible de faire sur quelques cours d'eau torrentiels, qui ne seraient pas trop considérables, des observations susceptibles de jeter du jour sur cette partie délicate et si difficile de la question, en se servant du tube de Darcy, et nous croyons devoir en signaler l'utilité à l'attention des ingénieurs.

D'une autre part, les observations continues, poursuivies pendant toute l'année sur les hauteurs du niveau à des heures données, permettent de construire une courbe dont les temps sont les abscisses et dont les hauteurs sont les ordonnées pour toutes les époques de crue, d'étale ou de régime décroissant.

En prenant sur la deuxième courbe les temps (fig. 2), et sur la première (fig. 1), les volumes correspondant à des hauteurs égales, on a les éléments d'une troisième courbe dont les temps sont les abscisses et dont les volumes d'eau affluents sont les ordonnées. Cette courbe, qui, dans les époques des crues, commencera par tourner sa convexité vers l'axe des abscisses, à partir

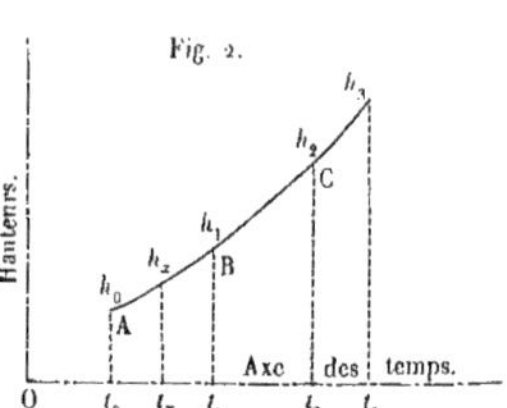

Fig. 2.

de la ligne droite correspondant à l'étiage, aura ensuite un point d'inflexion, au delà duquel elle tournera sa concavité vers cet axe, atteindra un maximum après lequel elle sera encore concave, pour redevenir ensuite convexe, puis de nouveau tangente à la ligne droite qui correspond à l'étiage.

Il est évident, d'après ce qui vient d'être dit de ce tracé, que l'aire comprise entre deux ordonnées quelconques de la courbe, et limitée en dessous par l'axe des abscisses et en dessus par la courbe, est proportionnelle au volume d'eau total affluent pendant le temps.

Détermination du volume d'eau débité dans le pertuis. — Des observations analogues peuvent être faites, soit par les mêmes procédés à l'aval du pertuis, dans une partie du lit où sa section et sa pente sont assez régulières, soit par des mesures de hauteur d'eau au-dessus du pertuis, d'après ses dimensions, si sa forme le permet.

On obtient ainsi une courbe des volumes d'eau évacués par le pertuis, dont les temps sont les abscisses et dont les ordonnées sont ces volumes.

En rapportant ces deux courbes construites à même échelle, à une même origine des temps, on a tous les éléments nécessaires à la solution des problèmes que l'on peut se proposer sur le régime des cours d'eau.

Évaluation des volumes d'eau emmagasinés dans le réservoir, ou qui en sont sortis dans un temps donné. — Il est d'abord évident que, tant que le pertuis débite autant d'eau qu'il en afflue par le cours d'eau, les deux courbes se confondent. A partir du moment où il arrive plus d'eau que le pertuis n'en peut débiter, la courbe des affluences se sépare de celle des volumes évacués, et s'élève de plus en plus au-dessus de celle-ci, en même temps que cette dernière continue à s'élever aussi, par suite de l'accroissement de hauteur dans le réservoir ou dans l'inondation, qui se forme en amont du pertuis.

Fig. 3.

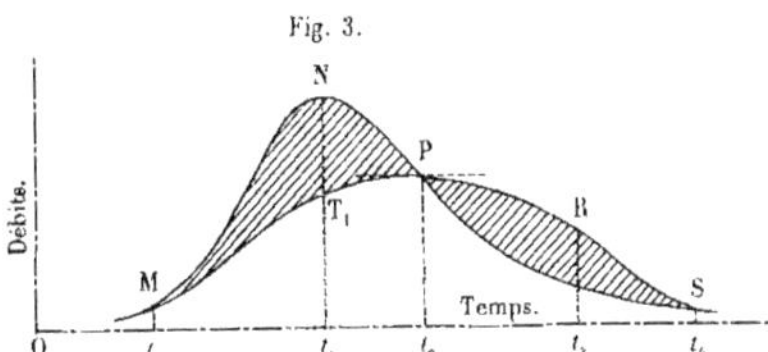

Plus tard, la crue du cours d'eau diminuant, la courbe des affluences se rapproche de plus en plus de celle des évacuations, et vient la rencontrer en un point P, dont l'ordonnée donne en même temps le volume affluent et le volume évacué, qui sont alors égaux.

Cette ordonnée indique ainsi le maximum de l'évacuation et son moment précis, puisque la crue est déjà en décroissance. La courbe des évacuations est donc tangente à une horizontale menée par le point P.

Au delà de ce point, si la crue continue à décroître, la courbe des évacuations passe au-dessus de celle des affluences, puis s'infléchit et s'abaisse successivement, jusqu'à ce qu'elle rencontre de nouveau celle-ci en un point S, correspondant à l'instant où les volumes affluent et évacué sont de nouveau égaux entre eux.

Si la crue présente des alternatives de croissance et de décroissance, comme cela arrive toujours quand les observations sont faites toute l'année avec continuité, les deux courbes présentent des ondulations inégales, pour lesquelles la même marche simultanée sera produite.

La courbe des évacuations donne aussi par sa quadrature, faite entre deux ordonnées correspondant à des temps déterminés, le volume total évacué dans cet intervalle.

Par conséquent, si de la première aire on retranche la seconde, la différence représentera le volume total emmagasiné dans le bassin de l'inondation, ou à recevoir dans un réservoir que l'on se proposerait de construire.

Enfin, puisque, après avoir été égales au point M de la première séparation des courbes, puis au point de leur rencontre, les ordonnées qui représentent les volumes affluent et évacué le sont redevenues à leur deuxième point S d'intersection, il s'ensuit que l'aire qui fournit la valeur de l'excès de l'évacuation sur l'affluence doit être égale à l'aire qui a exprimé l'excès de l'affluence sur l'évacuation ; ce qui fournit un moyen de vérification des résultats des observations et des tracés.

Vérification a posteriori des résultats. — On aura d'ailleurs une vérification plus sûre encore à l'aide du cubage direct de la capacité du réservoir d'inondation, au moyen de son relèvement par courbes horizontales.

Formes générales des formules adoptées par les hydrauliciens. — En discutant toutes les formules, tant pratiques que théoriques, proposées ou employées par les hydrauliciens de tous les pays, M. Graeff a montré que *toutes les formules empiriques représentant les expériences des ingénieurs italiens ou américains, et des ingénieurs français qui ont suivi leurs errements, et toutes les formules théoriques sur le mouvement uniforme des eaux courantes, donnent pour les courbes des débits en fonction des hauteurs, prises pour abscisses, des courbes paraboliques, dont la convexité est tournée vers cet axe, tandis que les courbes des vitesses correspondant aux mêmes abscisses sont, au contraire, des paraboles ayant leur concavité tournée vers cet axe.*

Il en résulte donc, lors du relevé des observations et de leur représentation graphique, un moyen de reconnaître les anomalies accidentelles et une facilité pour le tracé continu des courbes des débits.

Utilité de la représentation graphique des résultats d'observation. — Dans tous les cas, on voit de suite de quelle utilité un ensemble d'observations, poursuivies avec persévérance et discutées avec méthode, peut être pour la science de l'ingénieur, auquel il permet de procéder, avec toute probabilité d'exactitude, dans l'étude si difficile et si importante de la marche des inondations et des moyens d'en prévenir les désastres.

Observation sur l'influence des gorges étroites. — M. Graeff fait remarquer avec raison que, lors des grandes crues, il ne faudrait pas choisir les gorges étroites des rivières pour les parties où l'on devrait faire les observations, parce qu'alors les résistances diverses qu'éprouve le mouvement des eaux, animées de grandes vitesses, déterminent dans le profil transversal des dénivellements parfois énormes.

C'est ainsi que, dans la partie de la Loire comprise entre le Pertuiset et Saint-Just, en amont de la plaine du Forez, lors de la crue de 1866, il a constaté que, dans le profil en travers, l'eau s'élevait vers l'axe du courant à $2^{m},40$ plus haut que sur les bords, et qu'il se produisait des ondulations longitudinales d'environ $2^{m},50$ de hauteur.

Dans les mêmes conditions, les coudes occasionnaient des remous et des courants en sens contraires, accompagnés de dénivellations de 2 mètres de hauteur.

Cas où le cours d'eau principal reçoit plusieurs affluents. — Il est évident que, pour établir la courbe des débits affluents en amont du barrage, il est d'ailleurs nécessaire de faire, pour chacun des affluents, des observations analogues à celles que l'on vient d'indiquer pour le cours d'eau principal. Mais, pour en déduire la courbe définitive de l'affluence au réservoir, en fonction du temps, il faut aussi tenir compte du temps que les crues partielles de chacun des affluents, observés souvent assez loin en amont, mettent à parvenir à ce réservoir ou à leur embouchure, et prendre ces temps d'arrivée pour les abscisses des courbes d'affluence.

C'est ainsi qu'a procédé avec soin M. Graeff pour le Lignon, pour l'Aix, pour la Loise et le Bernand, affluents de la Loire, en amont de Pinay. Puis, après avoir construit toutes ces courbes particulières, ayant les temps pour abscisses et les affluences pour ordonnées, en ajoutant toutes les ordonnées correspondant aux mêmes heures, il a pu construire la courbe définitive des affluences dans le réservoir de Pinay.

Résultats d'application de la méthode précédente. — En suivant la marche qui a été indiquée ci-dessus pour la crue extraordinaire de 1866, M. Graeff, alors ingénieur en chef du département de la Loire, a trouvé, par les courbes des débits d'affluence et d'évacuation, que le volume d'eau contenu dans la plaine comprise entre Feurs et Pinay devait être d'environ 108 millions de mètres cubes, et le relevé des profils de cette plaine inondée a conduit au volume de 113 millions de mètres cubes.

Il serait difficile sans doute, dans de pareilles études, de ne pas se contenter d'une semblable vérification.

La crue de 1846 ayant été plus considérable encore, le relevé du terrain indique qu'elle a dû excéder celle de 1866 de 21 millions de mètres cubes, et que, en conséquence, elle aurait été de 134 millions de mètres cubes. M. Boulangé, l'un des savants ingénieurs qui ont précédé M. Graeff dans ces études et à qui l'on est redevable de résultats importants, avait estimé le volume de l'inondation produite par cette crue de 1846 à 131 millions de mètres cubes ; ce qui concorde autant qu'on peut le désirer avec le résultat précédent.

Les chiffres que l'on vient de citer montrent avec trop d'évidence l'influence des digues et des grands réservoirs sur le régime des eaux, dans les rivières soumises à des crues, pour qu'il soit encore possible de la contester. Ils prouvent aussi que, dans des recherches aussi importantes au point de vue de la richesse publique et de la sécurité des populations, des observations continuées avec persévérance, discutées avec méthode, avec le secours de la Géométrie, conduiront toujours à des résultats plus certains et plus exacts que des considérations théoriques, inévitablement basées sur des hypothèses plus ou moins éloignées de la réalité des phénomènes.

Influence des digues et des réservoirs pour la modération des crues en aval. — L'examen des courbes d'affluence et d'évacuation met en évidence l'utilité des digues et des réservoirs, car il montre, par exemple, de suite, que le débit maximum du pertuis de la digue de Pinay est de beaucoup inférieur au volume maximum fourni par le cours d'eau, et que le premier arrive beaucoup plus tard que le second.

On voit donc, comme le conclut l'auteur, *que l'on peut produire des abaissements considérables de débit en aval par l'établissement d'un réservoir, à condition de donner assez de hauteur à son barrage et une section suffisamment rétrécie au pertuis.*

En comparant la marche des crues, les époques et les hauteurs de leur maximum d'élévation, pour celles de 1846 et de 1866, M. Graeff montre, en effet, que le niveau des eaux à Roanne se serait élevé, pour la première à 1 mètre, et pour la seconde à $0^{m},60$ de plus que celui qui a été observé, si la digue de Pinay n'avait pas existé, et que dans le premier cas la partie basse de la ville eût été submergée.

Il fait voir aussi qu'en 1866, malgré l'influence contraire d'une crue tout à fait anomale d'un affluent de la Loire, qui y débouche près de Roanne même, l'arrivée de la crue au pont de cette ville y a été retardée de plusieurs heures par l'effet de la digue de Pinay.

Il montre encore que la digue de la Roche, située en aval de celle de Pinay, et construite à la même époque, produit un effet analogue, qui s'ajoute à celui de la précédente, et qu'en définitive la ville de Roanne est très-efficacement protégée par ces deux digues.

L'œuvre des ingénieurs du temps de Louis XIV est donc digne, à tous égards, de l'estime de la postérité; et la restauration des deux digues de Pinay et de la Roche, en perpétuant le nom de leur auteur, l'ingénieur Mathieu, est à la fois un acte de justice et une garantie nouvelle pour la ville qu'elles protégent, ainsi que pour les parties inférieures du cours de la Loire.

Observations relatives aux grands pertuis des écluses et des barrages. — Les barrages de vastes dimensions, du genre de celui qui nous occupe, présentent souvent, comme les écluses des pertuis, lors de l'écoulement des eaux, une dénivellation considérable, dont la connaissance peut être fort utile pour les jaugeages, mais qu'il est souvent difficile de mesurer directement.

Le pertuis de Pinay, avant la restauration qui en a été faite en 1869, offrait des effets de ce genre, que M. Graeff a étudiés et qui l'ont conduit à reconnaître, comme l'avait précédemment indiqué M. Boileau, officier d'artillerie, dans des recherches analogues sur une plus petite échelle, que la dénivellation Z, ou la différence de hauteur des niveaux d'amont et d'aval dans ces grands déversoirs, suit une loi parabolique, exprimée par une formule de la forme $Z = AH + BH^2$, dans laquelle H est la hauteur du niveau d'amont au-dessus du seuil, A et B étant des coefficients numériques, constants pour un même orifice, mais susceptibles de varier un peu, de l'un à l'autre, selon les dispositions.

Pour le pertuis de Pinay, par exemple, la représentation graphique des résultats d'observations très-nombreuses, faites pour des valeurs de H comprises entre $0^m,50$ et $18^m,55$, a conduit M. Graeff à la formule empirique

$$Z = 0,1777\,H + 0,00742\,H^2,$$

qui en représente l'ensemble avec une exactitude suffisante dans de semblables recherches.

Il est à désirer que, sur le barrage reconstruit, et pour le pertuis régulier qui lui a été donné, il soit fait des expériences nouvelles, qui, en confirmant la loi observée par M. Graeff, et en déterminant en même temps les volumes débités, permettent d'arriver au moins à une formule pratique, à l'aide de laquelle on pourrait calculer facilement les volumes évacués par des pertuis analogues.

Conclusions. — L'analyse que nous venons de faire du nouveau Mémoire de M. Graeff montre que, si la méthode simple d'observation, adoptée par l'auteur, exige du temps et de la persévérance, elle a, d'une autre part, l'avantage de conduire à des résultats certains, conformes à l'ensemble des faits, et qui peuvent servir de base à l'étude des graves questions que soulève le fléau des inondations.

Les applications que l'auteur en a faites ont été assez heureuses pour que son exemple soit imité par les ingénieurs; et, en les portant à la connaissance du public, il aura fait faire à la science de l'hydraulique un progrès considérable et fécond.

Vos Commissaires vous proposent, en conséquence, d'ordonner que le nouveau Mémoire de M. Graeff sera, comme le précédent, imprimé dans le *Recueil des Savants étrangers*, et que ses droits au prix fondé par feu Dalmont seront réservés.

MÉMOIRE

SUR

LE MOUVEMENT DES EAUX

DANS LES RÉSERVOIRS À ALIMENTATION VARIABLE.

AVANT-PROPOS.

Le seul cas de réservoir que l'on trouve dans les traités d'hydraulique est celui d'un vase prismatique à section constante qui se vide. Or ce cas n'a aucune analogie avec ce qui se passe, en général, dans les grands réservoirs des canaux et des rivières. Dans ces réservoirs, en effet, l'alimentation varie avec le débit des affluents qui y viennent et des eaux qu'on en tire, et la section suit les variations du profil de la vallée que ferme le barrage du réservoir. Aussi les formules données jusqu'ici par l'hydraulique sont-elles insuffisantes pour résoudre la plupart des problèmes que les réservoirs des canaux et des rivières présentent à l'étude des ingénieurs.

Appelé à diriger, comme ingénieur en chef, dans le département de la Loire, le service des inondations, et à y faire construire, pour ce service, le premier réservoir et le plus considérable en hauteur qui ait été établi jusqu'à ce jour, nous avons dû reprendre, sur les questions théoriques qui se rattachent à ces sortes de constructions, les études que nous avions déjà eu l'occasion de faire par rapport à l'étang de Gondrexange, réservoir du canal de la Marne au Rhin, lorsque nous étions, comme ingénieur ordinaire, chargé du service de ce canal entre l'origine du bief de partage des Vosges et Strasbourg[1].

Les études d'inondation, que nous avons eu l'honneur de faire depuis, dans la Loire supérieure, sous la direction de M. l'inspecteur général Comoy, nous ont conduit à étendre nos premières recherches et à les compléter de manière à les rendre applicables à tous les réservoirs en général.

Ce sont les résultats de ces études que nous présentons ici; ils pourront avoir quelque utilité aujourd'hui que la construction des réservoirs appliquée à l'industrie, à l'irrigation, à l'alimentation des villes, commence à prendre un important développement. Nous avons, d'ailleurs, exclu de notre travail tout ce qui, dans la question spéciale des inondations, ou ne serait pas susceptible d'être rigoureusement établi, ou pourrait, en quoi que ce fût, engager la responsabilité du service général institué par l'Administration supérieure pour les études relatives à cette question.

Il résulte de ces observations que le travail que nous présentons a surtout pour but d'établir une théorie des réservoirs à alimentation variable, et que, s'il contient des erreurs, c'est à nous seul qu'elles doivent être imputées.

La théorie dont il est question fera l'objet des chapitres I, II et III de cet écrit; dans le chapitre IV, nous indiquerons quelques-unes des principales applications que nous avons eu à en faire, comme ingénieur en chef du département de la Loire.

[1] Lorsque nous écrivions ce mémoire, l'Alsace était Française, et aujourd'hui notre qualité de Français nous sépare d'elle! L'Académie nous permettra sans doute d'adresser ici un pieux souvenir à notre cher et noble pays natal.

CHAPITRE PREMIER.

CONSIDÉRATIONS GÉNÉRALES. — DÉFINITIONS. — RECHERCHES PRÉLIMINAIRES.

ARTICLE I.

ÉQUATION FONDAMENTALE.

Nous supposons que la surface des eaux retenues dans le réservoir est horizontale, ce qu'il est toujours permis d'admettre dans les grands réservoirs, auxquels s'appliquent plus spécialement nos recherches.

Nous supposerons, en outre, le réservoir partagé en un certain nombre de tranches par des sections horizontales, et nous considérerons l'écoulement dans une quelconque de ces tranches.

Désignons par q le débit par seconde de l'affluent qui alimente le réservoir, par φ le débit total par seconde des divers orifices par lesquels s'écoulent les eaux de ce réservoir, par x la hauteur, au bout du temps t, de la surface de l'eau au-dessus du fond de la tranche dans laquelle se fait l'écoulement que nous étudions, par Z la surface de la section horizontale faite à la hauteur x dans le réservoir; on aura entre ces diverses quantités, pour un accroissement infiniment petit dt du temps, la relation différentielle suivante, qui est notre équation fondamentale :

$$\text{(M)} \qquad Z\,dx = q\,dt - \varphi\,dt.$$

Elle exprime cette loi, évidente *a priori*, que, *à chaque instant du mouvement, l'élément de volume qui reste dans le réservoir est égal à la différence des éléments de volume qui y entrent et qui en sortent.* Lorsque $q\,dt$ ou l'élément de volume entrant est plus grand que $\varphi\,dt$ ou l'élément de volume sortant, $Z\,dx$ est positif, ce qui indique que le niveau de l'eau va en s'élevant dans le réservoir. Si, au contraire, $q\,dt$ est plus petit que $\varphi\,dt$, c'est-à-dire si dans le même temps il sort plus d'eau qu'il n'en entre, Zdx devient négatif, ce qui indique que le niveau de l'eau s'abaisse; et le niveau du réservoir reste constant, lorsque l'on a $q = \varphi$, c'est-à-dire lorsque le débit entrant est égal au débit sortant. C'est sur ce cas particulier que sont basés la plupart des traités d'hydraulique.

Si Z était fonction de x, et que q et φ fussent fonctions de t, l'intégration de l'équation (M) se réduirait à une quadrature, que l'on pourrait toujours effectuer soit exactement, soit avec une approximation suffisante, au moyen de la formule de Simpson.

On serait encore ramené à une quadrature, φ étant fonction de x, si q était indépendant de t; mais q étant variable, on ne pourrait plus intégrer l'équation (M) que dans un très-petit nombre de cas.

En pratique, voici ce qui arrive : Z est fonction de x et q fonction de t dans le cas d'un débit d'alimentation variable; mais φ est fonction de x; c'est le débit total par seconde des orifices d'écoulement (déversoirs et vannes) établis dans le réservoir : l'intégration de l'équation (M) n'est donc plus possible que si q est constant, et encore ne l'est-elle complétement alors que dans certains cas particuliers. Lorsque q est variable, comme cela arrive dans les rivières en crue, l'intégration de l'équation (M) devient tout à fait impossible, et l'on ne peut même pas lui appliquer la méthode de Simpson, puisque q n'est pas fonction de x. Nous sommes donc conduit à distinguer, dans la théorie que nous avons à établir, deux cas :

1° Le débit affluent est constant;
2° Le débit affluent est variable.

Ce seront là les deux subdivisions principales de notre travail théorique, et nous avons maintenant, avant d'entrer dans le détail de chacune de ces hypothèses, à indiquer la nature des fonctions Z, q et φ.

ARTICLE 2.

EXPRESSION DU DÉVELOPPEMENT DE LA COURBE HORIZONTALE QUI LIMITE UNE SECTION HORIZONTALE QUELCONQUE DU RÉSERVOIR.

Soient A...A′ (fig. 1, pl. I) deux courbes horizontales levées sur le terrain, et K (fig. 2) la hauteur comprise entre les deux plans horizontaux dont les intersections avec le terrain du réservoir produisent ces courbes, et considérons la tranche comprise entre ces deux plans dans laquelle est supposé se faire le mouvement du niveau du réservoir; soit A″ (fig. 1) une section horizontale faite à la hauteur x (fig. 2) au-dessus de la section inférieure A de la tranche. Appelons D le développement de la courbe A mesuré sur le terrain ou sur le plan où cette courbe est rapportée, D′ le développement de la courbe A′ mesuré de la même manière. Cherchons d'abord le développement D″ d'une section intermédiaire quelconque A″, et pour cela supposons les courbes A et A′ développées, et ces développements disposés de manière à former les bases parallèles d'un trapèze. Déterminons la hauteur L de ce trapèze (fig. 3) par la condition que sa surface soit égale à la surface plane comprise entre les courbes A et A′ sur le plan (fig. 1), soit à la différence des surfaces S et S′ des deux sections qui correspondent à ces courbes. Il est évident que l'on déterminera par là la largeur moyenne de la zone trapézoïdale que l'on substitue à la zone curviligne comprise entre les projections horizontales des deux courbes A et A′ qui limitent la tranche que l'on considère. Si S et S′ désignent les surfaces des sections horizontales limitées par ces courbes, la condition dont nous venons de parler s'écrit ainsi qu'il suit :

$$(1) \qquad L\frac{D+D'}{2} = S'-S, \qquad \text{d'où} \qquad L = \frac{2(S'-S)}{D+D'}.$$

La quantité L est d'ailleurs représentée sur la figure 2 par la ligne KL, et si l'angle apn est désigné par α, cette figure donne

$$KL = Kp.\operatorname{tang}\alpha,$$

ou

(a) $$L = K \tang \alpha.$$

Égalant cette expression à l'expression (1), on trouve

(2) $$\tang \alpha = \frac{2(S'-S)}{K(D+D')}.$$

Cette expression détermine *le talus moyen* de la tranche de hauteur K comprise entre les sections A et A'. Prenons maintenant la courbe A″ dont le plan est situé à la hauteur x au-dessus du plan de la courbe inférieure A de la tranche; la largeur moyenne l de la zone comprise entre cette nouvelle courbe A″ et la courbe A est représentée sur la figure 2 par la ligne an; or on a, d'après cette figure,

$$an = ap \tang \alpha$$

ou

(b) $$l = x \tang \alpha.$$

Reportons-nous à la figure 3, dans laquelle l est représenté par ce. Cette figure donne, en appelant β l'angle acb,

$$cd = ce \tang \beta = l \tang \beta.$$

Les lignes ge, lb de la figure 3 représentent les développements des courbes A et A'; la ligne fd, le développement de la courbe A″; l'expression de ce dernier développement, que nous appellerons D″, sera donc

$$D'' = fc + cd = gc + cd$$

ou

(c) $$D'' = D + l \tang \beta;$$

d'où, substituant pour l sa valeur donnée par l'expression (b),

(3) $$D'' = D + x \tang \alpha \tang \beta;$$

on a d'ailleurs

(d) $$\tang \beta = \frac{ab}{ae} = \frac{D'-D}{L};$$

d'où, substituant pour L son expression (1),

$$(4) \qquad \text{tang}\,\beta = \frac{(D'-D)(D'+D)}{2(S'-S)} = \frac{D'^2-D^2}{2(S'-S)}.$$

L'expression (3) servira à calculer le développement D″ d'une section quelconque faite entre deux sections connues A et A′ en fonction de la hauteur x de cette section au-dessus du plan inférieur de la tranche limitée par les sections A et A′; cette formule se met, en y substituant les valeurs (2) et (4) de tangα et tangβ, sous la forme générale qui suit :

$$(5) \qquad D'' = D + x\frac{D'-D}{K},$$

expression qui pourrait se déduire aussi des triangles semblables *abe*, *cde* (fig. 3). Cette formule est des plus simples; par une multiplication et une addition, elle donne le développement d'une courbe horizontale quelconque en fonction de la hauteur à laquelle est faite la section qui produit cette courbe, et des développements des courbes qui produisent les sections parallèles supérieure et inférieure connues de la tranche de hauteur K dans laquelle on opère.

ARTICLE 3.

EXPRESSION DE LA SURFACE D'UNE SECTION HORIZONTALE QUELCONQUE DU RÉSERVOIR.

Cherchons maintenant la surface Z de la section horizontale correspondant à la courbe A″, connaissant les surfaces S′ et S des sections horizontales supérieure et inférieure dont les contours sont limités par les courbes A′ et A levées sur le terrain. La surface de la zone comprise entre les courbes A et A″ sera représentée par le trapèze *gfde* (fig. 3) dont la surface a pour expression

$$\frac{fd+ge}{2} \times ce \quad \text{ou} \quad \frac{D''+D}{2} \times l,$$

ou, substituant pour l sa valeur tirée de la relation (b),

$$\frac{D''+D}{2} \times x\,\text{tang}\,\alpha,$$

ou, ayant égard à la valeur (2) de $\operatorname{tang}\alpha$,

$$\frac{x}{K}(S'-S)\frac{D''+D}{D'+D}.$$

On aura donc la surface Z limitée par la courbe A″, en ajoutant à cette expression la surface S limitée par la courbe inférieure A, de sorte que l'on aura

$$Z=S+\frac{x}{K}(S'-S)\frac{D'+D}{D''+D}.$$

ou, substituant pour D″ sa valeur (5) et ordonnant par rapport à x.

$$(6)\qquad Z=S+\frac{2D(S'-S)}{K(D+D')}x+\frac{(S'-S)(D'-D)}{K^2(D+D')}x^2.$$

Cette expression doit évidemment donner $Z=S$ pour $x=0$, et $Z=S'$ pour $x=K$, et c'est ce qui arrive en effet.

L'équation (6) peut s'écrire de la manière suivante :

$$(6\ bis)\qquad Z=a+bx+cx^2,$$

en posant

$$(A)\qquad a=S,$$

$$(B)\qquad b=\frac{2D(S'-S)}{K(D+D')},$$

$$(C)\qquad c=\frac{(S'-S)(D'-D)}{K^2(D+D')}.$$

Si le réservoir était un prisme à section horizontale constante, on aurait

$$S=S',\qquad D=D',$$

d'où

$$b=0,\qquad c=0,$$

et la formule (6 *bis*) donnerait alors

$$Z=a=S,$$

comme on devait s'y attendre.

La relation (6 *bis*) donne Z en fonction de x; elle est très-simple, et l'on y voit reparaître les quantités $\frac{S'-S}{K(D+D')}$ et $\frac{D'-D}{K}$ qui se trouvent dans les expressions (2) et (5). Cette relation donne immédiatement la surface d'une section faite, à la hauteur x au-dessus du fond, dans une tranche de hauteur donnée K dont on connaît les surfaces S' et S et les développements D' et D des deux sections supérieure et inférieure.

ARTICLE 4.

EXPRESSION DU VOLUME D'UNE TRANCHE QUELCONQUE DU RÉSERVOIR.

On déduit facilement de l'expression (6 *bis*) celle du volume qui serait compris entre la section inférieure S et la section Z faite à la hauteur x au-dessus de la section S; si w est ce volume, on a évidemment

$$dw = Zdx,$$

d'où, substituant pour Z sa valeur (6 *bis*) et ayant égard aux relations (A), (B), (C),

$$(7) \qquad dw = \left[S + \frac{2D(S'-S)}{K(D+D')}x + \frac{(S'-S)(D'-D)}{K^2(D+D')}x^2\right]dx,$$

et si l'on remarque que pour $x=0$ on a $w=0$, et que dès lors la constante est nulle, on a en intégrant

$$(8) \qquad w = Sx + \frac{S'-S}{K(D+D')}Dx^2 + \frac{(S'-S)(D'-D)}{3K^2(D+D')}x^3.$$

Cette équation, à laquelle on arrive aussi par de simples considérations géométriques (voir la note 1, p. 535 et suiv.), peut se mettre sous la forme

$$(8\ bis) \qquad w = ax + \frac{bx^2}{2} + \frac{cx^3}{3},$$

a, b et c ayant les valeurs données par les expressions (A), (B), (C).

Cette expression (8 *bis*) se déduit d'ailleurs aussi de l'intégration directe de l'expression (6 *bis*).

Si le réservoir était un prisme à section horizontale constante, on aurait

$$b=0, \qquad c=0, \qquad a=S,$$

d'où, par la formule (8 *bis*),

$$w=Sx,$$

ce qui est, en effet, dans ce cas, l'expression du volume de la tranche de hauteur x au-dessus du fond.

Nous ne terminerons pas cet article sans faire remarquer que, si la forme du réservoir était assez régulière pour que sa division en tranches fût inutile, les expressions (6 *bis*) et (8 *bis*) donneraient la surface de la section horizontale faite à une hauteur x au-dessus du fond, et le volume total depuis le fond jusqu'à cette section, de sorte que le volume correspondant à la hauteur totale K du réservoir serait

$$w=aK+\frac{bK^2}{2}+\frac{cK^3}{3}, \tag{9}$$

ou, en substituant pour a, b, c leurs valeurs tirées des relations (A), (B), (C),

$$w=\frac{D(2S'+S)+D'(2S+S')}{3(D+D')}K, \tag{9 bis}$$

cette expression est celle du volume d'un tronc de cône à bases quelconques dont S, S' seraient les surfaces et D, D' les périmètres. Il est facile de voir que, si l'on suppose que ces bases soient des cercles, on trouve, en faisant dans cette formule $S'=\pi R'^2$, $D'=2\pi R'$, $S=\pi R^2$, $D=2\pi R$,

$$w=\left[\frac{2\pi RR'}{3}+\frac{\pi(R^3+R'^3)}{3(R+R')}\right]K=\frac{\pi(R^2+R'^2+RR')}{3}K,$$

ce qui n'est autre chose que l'expression donnée par la géométrie élémentaire pour le tronc de cône; il est clair que la même expression s'applique au tronc de pyramide.

La formule (9 *bis*) reproduit d'ailleurs le volume d'un prisme ou d'un cylindre, en y faisant $S'=S$, $D'=D$, et celui d'une pyramide ou d'un cône, en y faisant $S=o$, $D=o$; on trouve en effet, dans le premier cas, $w=S'K$, et dans le second, $w=\frac{S'K}{3}$.

On voit que l'expression générale que nous avons donnée du volume en fonction des surfaces et des périmètres des sections supérieure et inférieure de la tranche et de sa hauteur renferme, comme cas particuliers, toutes les expressions des divers solides réguliers de la géométrie.

ARTICLE 5.

CONSTRUCTION DE TABLES DONNANT LES SURFACES ET LES VOLUMES QUI CORRESPONDENT À DES HAUTEURS D'EAU DONNÉES À L'ÉCHELLE HYDROMÉTRIQUE DU RÉSERVOIR.

Il est très-facile, au moyen des expressions (6 *bis*) et (8 *bis*), de construire des tables qui donnent, en regard des hauteurs au-dessus du zéro de l'échelle du réservoir, supposé placé au niveau le plus bas, soit au seuil de la décharge de fond, les surfaces des sections horizontales et les volumes d'eau ou capacités du réservoir, à partir du fond, qui correspondent à ces hauteurs. Il suffira pour cela de subdiviser le réservoir en un certain nombre de tranches par des courbes horizontales levées sur le terrain, et d'interpoler ensuite autant de valeurs qu'on voudra des surfaces et des volumes dans chaque tranche, au moyen des formules (6 *bis*) et (8 *bis*). Pour l'étang de Gondrexange, réservoir du canal de la Marne au Rhin, on a levé des courbes horizontales de 50 centimètres en 50 centimètres de hauteur, parce que les courbes étaient assez irrégulières, à cause des nombreuses cornées de cet étang. Dans les réservoirs ordinaires, il suffira de les espacer de 1 mètre à 2 mètres de hauteur. La hauteur des tranches n'est d'ailleurs pas nécessairement constante; il peut se faire qu'à une certaine hauteur les talus changent; il faut alors lever une courbe horizontale à chaque changement un peu important, ce qui peut donner des hauteurs différentes pour les tranches. En un mot, la subdivision par tranches au moyen de courbes horizontales levées sur le terrain doit se faire de manière que l'ensemble des tranches se rapproche le plus possible de la configuration réelle du terrain auquel on a affaire.

Cela posé, voici comment on opérera pour calculer les tables en question :

On partira de la tranche inférieure de hauteur K_1, et, si le fond n'est pas horizontal au niveau du seuil le plus bas du réservoir, on aura, au niveau de ce seuil ou du zéro de l'échelle, $x=0$, $S=0$ et $D=0$, d'où $a=0$,
d'où

$$Z=0 \quad \text{et} \quad w=0.$$

Si S_1 est la surface supérieure de la tranche, on aura pour cette tranche, en faisant $D=0$, $S=0$ dans les expressions (B) et (C),

$$Z=\frac{S_1}{K_1^2}x^2, \tag{10}$$

d'où

$$w=\frac{1}{3}\frac{S_1}{K_1^2}x^3. \tag{11}$$

On calculera ainsi toutes les valeurs de Z et de w au-dessus du fond en fonction de x jusqu'à la hauteur K_1. Si le réservoir avait son fond horizontal sur une certaine étendue, le calcul serait un peu différent : on aurait alors, si S_0 représente la surface de la courbe horizontale du fond, et si D_0 et D_1 représentent les développements des courbes horizontales correspondant aux sections S_0 et S_1, à faire, dans les formules (A), (B), (C), qui donnent les coefficients a, b, c des formules (6 *bis*) et (8 *bis*), $S=S_0$, $S'=S_1$, $D=D_0$, $D'=D_1$, $K=K_1$. On en déduirait les valeurs numériques de ces coefficients, et ensuite les valeurs de Z et w au moyen des formules (6 *bis*) et (8 *bis*).

Le calcul de la tranche inférieure de hauteur K_1 étant fait, on considérera la tranche suivante de hauteur K_2. La section inférieure sera S_1, et si S_2 est la section supérieure, si D_1, D_2 sont d'ailleurs les développements des courbes horizontales des sections S_1 et S_2, on calculera les coefficients a b, c en faisant, dans les formules (A), (B), (C) qui les donnent,

$$S = S_1, \quad S' = S_2, \quad D = D_1, \quad D' = D_2, \quad K = K_2;$$

et l'on calculera ensuite Z et w par les formules (6 *bis*) et (8 *bis*), et ainsi de suite, en remontant de tranche en tranche, de sorte que, en définitive, on aura les surfaces et les volumes qui correspondent à toutes les hauteurs qu'on voudra au-dessus du seuil le plus bas du réservoir, ces volumes s'obtenant par l'addition des volumes des tranches inférieures. Ainsi la valeur du volume total de la tranche inférieure étant w_1, si w_x représente le volume de la tranche suivante calculé pour une hauteur x au-dessus de cette tranche, le volume total V qui correspondra à cette hauteur, soit à la hauteur $K_1 + x$ au-dessus du fond, sera

$$V = w_1 + w_x,$$

et ainsi de suite.

Faisons remarquer maintenant que, lorsqu'il s'agit d'un avant-projet, on n'a pas toujours le temps de lever le réservoir par courbes horizontales ni de faire les calculs de ces tables, qui sont encore assez longs; on peut alors les remplacer, avec une approximation suffisante pour la question, par le procédé suivant: on calcule, au moyen des profils en travers levés sur toute l'étendue du réservoir, un certain nombre de surfaces de sections horizontales Z_1, Z_2, Z_3 correspondant à des hauteurs x_1, x_2, x_3 au-dessus du fond, et les volumes w_1, w_2, w_3 correspondants. Ces calculs se font comme les calculs de terrassements, et n'exigent que très-peu de temps. On construira ainsi des courbes de surfaces et de volumes qui serviront ensuite très-facilement à calculer toutes les surfaces et les volumes intermédiaires dont on aura besoin. Ainsi (fig. 4, pl. I) on portera les valeurs de x_1, x_2, x_3 des hauteurs au-dessus du fond sur un axe des abscisses, et sur les ordonnées correspondantes les valeurs des surfaces Z_1, Z_2, Z_3, et la courbe MNP représentera la courbe des surfaces. On déterminerait de même la courbe des volumes RST (fig. 5, pl. I).

On peut sans erreur sensible considérer, dans la pratique, ces courbes comme des polygones dont on connaît les côtés, de sorte qu'il sera on ne peut plus facile de calculer la surface ou le volume qui correspondent à une abscisse ou hauteur d'eau quelconque. Ainsi, pour calculer la surface qui correspondrait à une hauteur d'eau *ob* (fig. 4) dans le réservoir, il suffirait, au moyen de la pente du côté MN calculée une fois pour toutes, de calculer l'ordonnée *bd* qui représenterait la surface de la section horizontale correspondant à la hauteur d'eau *ob;* on calculerait de même les volumes.

Ce procédé est, dans la plupart des cas, tout à fait suffisant pour l'étude d'un projet de réservoir, et nous avons dû l'indiquer ici, parce qu'il est très-utile pour ces sortes d'études, qu'il abrège considérablement.

ARTICLE 6.

CONSIDÉRATIONS SUR LE DÉBIT AFFLUENT. — COURBES DES DÉBITS.

Lorsqu'un réservoir est alimenté par une prise d'eau régulière, le débit des vannes de prise d'eau peut être considéré comme constant ou composé d'une série de valeurs constantes; il varie avec le jeu des vannes, mais, pour une même levée de vannes et une même tenue d'eau, il reste constant; en un mot, si l'on représente les débits par seconde de la prise d'eau par les ordonnées d'une courbe dont les abscisses seraient les temps au bout desquels l'état de la ventellerie change, cette courbe des débits aurait la forme indiquée par la figure 6 (pl. I); elle se composerait de parties AB, B'C (fig. 6) parallèles à l'axe des temps, reliées entre elles par des ressauts dus au changement brusque de levée des vannes de prise d'eau. Ainsi, la levée restant constante de même que le niveau devant les vannes pendant un temps qui serait mesuré par la différence $t_1 - t_0$ des abscisses ot_1 et ot_0 (fig. 6), le débit par seconde reste constant et égal à q_0; si, au bout du temps t_1, on veut avoir plus d'alimentation, on augmente la levée de vannes et l'on obtient un nouveau débit q_1, qui reste constant pendant l'intervalle de temps $t_2 - t_1$, durant lequel l'état de la ventellerie reste permanent; et ainsi de suite. Il est clair que l'hypothèse du débit affluent constant comprend celle d'une série de valeurs constantes successives de ce débit.

Lorsque le réservoir est alimenté directement par une rivière sans prise d'eau, c'est-à-dire lorsqu'il doit recevoir indistinctement l'étiage et les crues, le débit affluent devient éminemment variable, et la courbe des débits de la rivière prend la forme ondulée A*a*B*b*CDE de la figure 7 (pl. I). Donnons quelques détails sur la manière d'obtenir cette courbe.

Supposons qu'un poste de jaugeage soit établi sur le cours d'eau en un point donné. On observe les hauteurs d'eau à l'échelle de ce poste chaque fois qu'elles changent. Lorsque le cours d'eau n'est pas en crue, il peut se faire que la courbe ait des éléments parallèles à l'axe des temps. Cela arrive tant que la hauteur d'eau et, par conséquent, le débit restent constants. Mais lorsqu'il y a crue, la hauteur ne reste pas longtemps constante, et sur les cours d'eau torrentiels elle a de très-grandes variations; l'eau monte rapidement jusqu'à son maximum pour redescendre, en général, un peu moins vite qu'elle n'est montée. Il est impossible d'observer toutes les valeurs de la hauteur h de l'eau au-dessus de l'échelle, et l'on fait ordinairement les observations d'heure en heure, depuis le commencement de la crue jusqu'au maximum, dont on note l'heure exacte ainsi que la durée de l'étale; celle-ci est à peu près nulle pour les torrents, et le maximum y fait une véritable pointe. Supposons que les observations aient été faites au bout des temps t_0, t_1, t_2, etc., et que les hauteurs correspondantes observées à l'échelle soient h_0, h_1, $h_2 \ldots$; on calculera, par les méthodes usitées pour le jaugeage des eaux courantes, au moyen des profils en travers et de la pente du cours d'eau, les débits par seconde q_0, q_1, $q_2 \ldots$ qui correspondent à ces hauteurs, et l'on obtiendra ainsi la courbe des débits ABCDE (fig. 7, pl. I), qui correspond à la courbe des hauteurs A'B'C'D'E', de sorte que, si l'on fait les observations pendant toute l'année, on aura une courbe ondulée qui représentera la succession de tous les débits par seconde de l'année, résultant des observations hydrométriques du poste que l'on considère. Il est d'ailleurs évident que l'aire de cette courbe prise entre deux ordonnées quelconques n'est autre chose que le débit total pendant le temps qui correspond à la différence des abscisses de ces deux ordonnées. Ainsi l'aire $AaBt_2t_0$ (fig. 7) représente le cube total débité par la rivière dans le temps $t_2 - t_0$ qui sépare les points A et B, de sorte que, si l'on a la courbe des débits annuelle, le cube total débité dans l'année ne sera autre chose que l'aire totale de la courbe; et en la divisant par 365, nombre des jours de l'année, puis par 86400, nombre des secondes comprises dans un jour, on aura ce qu'on appelle le *module* du cours d'eau, c'est-à-dire son débit moyen par seconde. On déterminerait tout aussi facilement le module de chaque saison. Nous ferons remarquer d'ailleurs qu'en pratique la courbe ABCDE est réellement un polygone dont les angles correspondent aux longueurs des intervalles d'observation, mais qui se rapprochera d'autant plus de la courbe continue que, dans les moments de variation du cours d'eau, on fera un plus grand nombre d'observations. Dans la pratique, l'aire de la courbe des débits se calcule donc par une suite de trapèzes ayant pour bases les ordonnées ou débits par seconde calculés d'après les observations, et pour hauteurs les intervalles de temps, exprimés en secondes, qui séparent les observations les unes des autres.

La courbe des hauteurs A'B'C'D'E' et la courbe des débits ABCDE qui leur correspond étant connues, il est toujours facile d'avoir le débit correspondant à une hauteur d'eau donnée et réciproquement. Ainsi, si l'on voulait avoir le débit par seconde au point m de la courbe des débits représentée par l'ordonnée $mt_x = q_x$ qui correspond à un temps déterminé t_x représenté par l'abscisse ot_x (fig. 7), il suffirait de considérer comme une droite l'élément Aa de la courbe et de calculer l'ordonnée mt_x au moyen de la relation que cette hypothèse constitue entre les ordonnées extrêmes At_0

et at_1 [1]; si l'on voulait connaître la hauteur d'eau correspondante, on prolongerait l'ordonnée mt_x de manière à couper la courbe des hauteurs, et $m't_x = h_x$, ordonnée correspondante de cette dernière courbe, représenterait la hauteur d'eau qui correspond au débit $mt_x = q_x$; cette ordonnée $m't_x$ se calculerait sur la courbe A'a'B', en regardant l'élément A'a' comme droit.

On passerait réciproquement, et par les mêmes procédés, d'une hauteur donnée au débit correspondant. On voit par là l'utilité des courbes des débits. Un certain nombre de points de ces courbes se déterminent exactement par des jaugeages aux postes d'observation, et l'on peut ensuite interpoler, par des calculs de la dernière simplicité, autant de points que l'on veut sur les côtés du polygone qui remplace la courbe réelle avec une approximation suffisante pour la pratique.

Nous avons cru devoir donner ces explications un peu longues sur le calcul des courbes des débits, parce qu'elles joueront un rôle très-important dans ce qui sera dit au chapitre des applications que nous donnons plus loin.

ARTICLE 7.

CONSIDÉRATIONS SUR LE DÉBIT SORTANT.

Les moyens de débit d'un réservoir sont les déversoirs et les vannes. Il peut y en avoir un certain nombre et dont les seuils soient situés à des niveaux différents. S'il y avait une seule vanne au fond, ainsi que l'indique la figure 8 (pl. I), en désignant par ω' la surface de l'orifice ou le produit de la largeur par la levée de vannes, par R la hauteur entre le centre de l'orifice et le fond de la tranche dans laquelle se fait l'écoulement, par x la hauteur de l'eau au-dessus du fond de cette tranche au bout du temps t, φ aurait une expression de la forme

$$\varphi = m'\omega'\sqrt{2g(\mathrm{R}+x)}, \tag{12}$$

[1] On aurait

$$q_x = q_0 + \frac{q_1 - q_0}{t_1 - t_0}(t_x - t_0).$$

g ayant, comme on le sait, pour valeur le nombre 9,8088, et m' étant le coefficient de réduction de la dépense théorique. Cette même formule s'applique d'ailleurs aussi au cas où la vanne est noyée à l'aval; seulement R représenterait alors la hauteur entre le fond de la tranche dans laquelle se fait l'écoulement et le niveau des eaux d'aval; $R+x$ ne serait plus la hauteur d'eau au-dessus du centre de l'orifice, mais la différence de niveau entre les eaux d'amont et d'aval.

Si l'écoulement se faisait par un seul déversoir, comme l'indique la figure 9 (pl. I), h représentant la hauteur du seuil de ce déversoir au-dessus du fond de la tranche dans laquelle se fait l'écoulement, φ serait représenté par une expression de la forme suivante, m désignant le coefficient de réduction de la dépense,

$$\varphi = mL(x-h)\sqrt{2g(x-h)}$$

ou

$$\varphi = mL\sqrt{2g(x-h)^3}. \tag{13}$$

Chaque système de vannes, ainsi que chaque déversoir placé à un niveau différent, introduira un terme de la forme (12) ou de la forme (13), de sorte qu'en définitive φ aura une expression générale de la forme suivante :

$$\left\{\begin{aligned} \varphi &= m'\omega'\sqrt{2g(R+x)} + m''\omega''\sqrt{2g(R_1+x)} + \cdots\cdots \\ &+ mL\sqrt{2g(x-h)^3} + m_1L_1\sqrt{2g(x-h_1)^3} + \cdots\cdots \end{aligned}\right. \tag{14}$$

ARTICLE 8.

USAGE QUE L'ON PEUT FAIRE DE CE QUI A ÉTÉ DIT DANS LES ARTICLES PRÉCÉDENTS POUR ÉTABLIR LA STATISTIQUE DU RÉGIME D'UN RÉSERVOIR.

Nous ne terminerons pas ces considérations préliminaires sans montrer le parti qu'on peut en tirer pour établir la statistique exacte du régime d'un réservoir.

Désignons par p la somme des volumes débités par les vannes et déversoirs du réservoir et par les filtrations apparentes pendant un temps déterminé, par p_1 la perte par évaporation, et par p_2 la perte par imbibition dans les terres pendant le même temps; par Q le volume total d'eau entré dans le réservoir pendant ce temps. Supposons la ligne AB (fig. 12, pl. I) prise pour section inférieure de la tranche dans laquelle a lieu l'oscillation du niveau de l'eau dans le réservoir, ligne à partir de laquelle se comptent les x. Supposons maintenant que les eaux du réservoir s'abaissent de la hauteur x' à la hauteur x'' pendant le temps auquel s'appliquent les pertes p, p_1 et p_2, et désignons par $w_{x'}$ $w_{x''}$ les volumes des tranches correspondantes aux hauteurs x' et x'', volumes qui se calculent par la formule (8 *bis*), ou au moyen de tables dressées d'après cette formule donnée plus haut; la réduction de volume due à l'abaissement $x'-x''$ sera

$$w_{x'} - w_{x''}.$$

On aura entre les diverses quantités qui viennent d'être indiquées la relation

$$(m) \qquad w_{x'} - w_{x''} = p + p_1 + p_2 - \text{Q}.$$

Si, tout en débitant par les vannes et déversoirs, le réservoir voyait son niveau monter de la cote x' à la cote x'' au lieu de baisser de la cote x' à la cote x'', cas de la figure 12, x'' serait plus grand que x', la formule précédente satisferait encore à la question, seulement $w_{x'} - w_{x''}$ serait négatif, et cette formule s'écrirait

$$w_{x''} - w_{x'} = \text{Q} - (p + p_1 + p_2),$$

ce qui revient au même.

La formule (m) peut donc s'appliquer aux deux cas.

Dans cette formule on connaît $w_{x'} - w_{x''}$ et p; $w_{x'} - w_{x''}$ se calculera par la formule (8 *bis*), puisqu'on connaît x' et x'', ou par les tables dressées pour le réservoir au moyen de cette formule. p sera la somme des aires des courbes des débits des vannes et déversoirs et des pertes apparentes calculées pour le temps qu'il a fallu au niveau du réservoir pour baisser ou monter de la quantité $x' - x''$.

La perte p_1 par évaporation peut se déterminer directement par l'expérience, et elle est proportionnelle à la surface. Soit c la hauteur d'eau qui se perd par évaporation[1] dans la contrée où est établi le réservoir, pendant le temps auquel s'applique la perte p_1; la surface moyenne entre les surfaces des sections qui se trouvent aux hauteurs x' et x'' au-dessus de la ligne AB (fig. 12) peut se calculer par la formule (6 *bis*), ou se trouver dans la table des surfaces, calculée une fois pour toutes pour le réservoir au moyen de cette formule. La hauteur de cette section moyenne au-dessus de la ligne AB est

$$x'' + \frac{x' - x''}{2} \quad \text{ou} \quad \frac{x' + x''}{2}.$$

Si nous désignons par S la surface qui correspond à cette hauteur dans la table, ou que l'on calculera par la formule (6) dans le cas où il n'y aurait pas de tables calculées pour le réservoir, on aura

$$p_2 = cS.$$

Le volume total Q entré dans le réservoir se compose de deux éléments : 1° du volume d'eau de pluie tombé directement dans le réservoir par ses versants; 2° du volume apporté par l'affluent ou les affluents qui l'alimentent. Si Q_1 désigne le premier de ces volumes et Q_2 le second, on a donc

$$(n) \qquad Q = Q_1 + Q_2.$$

Or Q_1 est facile à déterminer : on connaît exactement la surface des versants directs du réservoir et, au moyen d'un udomètre, on peut connaître de même la hauteur d'eau qui y est tombée pendant le temps que l'on considère; en multipliant cette surface

[1] Cette hauteur se détermine au moyen de bassins d'évaporation semblables à ceux que M. Tarbé a décrits dans les *Annales des ponts et chaussées* (année 1852).

par cette hauteur, le produit est égal à Q_1. Quant à Q_2, il est donné par la somme des aires des courbes des débits de l'affluent ou des affluents du réservoir, calculées pour le temps que l'on considère. On voit donc que tout est connu dans l'équation (*m*), excepté p_2, ou la perte par imbibition. On pourra donc la tirer de cette équation, ce qui détermine le degré de perméabilité du terrain sur lequel est établi le réservoir; et si l'on fait le calcul pour les quatre intervalles de temps qui correspondent aux quatre saisons, on aura les coefficients de perméabilité qui conviennent à chacune des parties de l'année, ce qui est très-intéressant et très-utile à connaître lorsqu'on veut se rendre compte des ressources d'un réservoir dont on a à faire le projet pour l'alimentation d'un canal. L'ingénieur qui pourrait trouver à sa disposition des coefficients déterminés sur un réservoir déjà construit, et dans des terrains analogues à celui qui l'occupe, s'estimerait très-heureux. Les résultats du calcul de p_2, qui vient d'être indiqué, ne seront d'ailleurs complets que pendant les premiers temps de la mise en eau; car les troubles tenus en suspension par les eaux affluentes auront bientôt étanché tout réservoir permanent.

On pourra encore se servir de la formule (*m*) pour voir, dans ce cas, la rapidité avec laquelle marche l'étanchement; car, s'il se fait convenablement, la valeur de p_2 donnée par le calcul doit aller en diminuant d'une expérience à l'autre. Si les pertes par imbibition étaient complétement nulles, comme cela arriverait dans un réservoir bétonné, on aurait $p_2 = 0$, et l'équation (*m*) donnerait une vérification; on en tirerait Q, les autres quantités étant connues ou calculées, et l'on verrait si cette valeur est la même que celle que l'on tirerait de l'équation (*n*).

On voit que ce qui a été exposé dans les articles précédents permet d'établir, pour tel intervalle de temps que l'on voudra, une statistique complète des dépenses et des ressources d'un réservoir, et de suivre pas à pas tous les mouvements de ses eaux et la marche de son étanchement; nous espérons donc que ces considérations auront quelque intérêt pour les ingénieurs.

Voyons maintenant l'usage que l'on peut faire des préliminaires que nous venons d'établir pour la résolution de notre question principale, celle de l'équation différentielle (M), à laquelle nous revenons, et rappelons-nous qu'il faut pour la traiter distinguer deux cas principaux :

1° Le débit affluent est constant;

2° Le débit affluent est variable.

CHAPITRE II.

CAS OÙ LE DÉBIT AFFLUENT EST CONSTANT.

ARTICLE I.

FORME GÉNÉRALE DE L'ÉQUATION DIFFÉRENTIELLE.

Reprenons ici l'équation fondamentale (M) :

$$Zdx = (q - \varphi)\, dt,$$

dans laquelle q est supposé constant.

Nous savons que Z a pour expression, d'après l'équation (6 *bis*),

$$Z = a + bx + cx^2,$$

a, b, c ayant les valeurs indiquées par les relations (A), (B), (C) données plus haut. Nous avons vu aussi que l'expression générale de φ est donnée par la relation (14) :

$$\varphi = m'\omega'\sqrt{2g(R+x)} + m''\omega''\sqrt{2g(R_1+x)} + \cdots\cdots + mL\sqrt{2g(x-h)^3} + m_1L_1\sqrt{2g(x-h_1)^3} + \cdots\cdots$$

de sorte que l'on pourra mettre l'équation différentielle (M) sous la forme générale suivante :

$$(15)\quad dt = \frac{-(a+bx+cx^2)\,dx}{m'\omega'\sqrt{2g(R+x)} + m''\omega''\sqrt{2g(R_1+x)} + \cdots + mL\sqrt{2g(x-h)^3} + m_1L_1\sqrt{2g(x-h_1)^3} + \cdots - q}$$

Cette équation, étant intégrée, conduira à une relation entre t et x, et la constante de l'intégrale se déterminera, si H désigne la hauteur de l'eau au-dessus du niveau inférieur de la tranche dans laquelle se fait l'écoulement, de manière que $x = \mathrm{H}$ lorsque $t = 0$, de sorte que, en définitive, la valeur de t que l'on tirera de cette intégrale représentera en fonction de x le temps qu'il faudra au liquide pour baisser de la quantité $\mathrm{H} - x$ ou pour s'élever de la quantité $x - \mathrm{H}$, suivant que, par le jeu des prises d'eau, le niveau s'abaissera ou s'élèvera dans le réservoir.

L'intégration de l'équation (15) ne présente pas d'impossibilité en général, lorsque l'on y a substitué des nombres pour les quantités

$$m, m_1, m', m'' \ldots \mathrm{R}, \mathrm{R}_1 \ldots h, h_1 \ldots q, a, b, c \ldots \omega', \omega'' \ldots \mathrm{L}, \mathrm{L}_1 \ldots.$$

On commence par chasser successivement les radicaux du dénominateur, en multipliant les deux termes de la fraction par un facteur tel, que l'on ait au dénominateur soit la différence de deux carrés, soit le produit d'une somme par une différence de deux termes. On ramène ainsi le dénominateur à la forme d'un polynôme, ordonné par rapport à x, ne renfermant que des puissances entières de cette variable, et le numérateur renfermera des polynômes à puissances entières de la variable, multipliés par des radicaux du second degré, sous lesquels la variable sera engagée, combinaison dont l'intégration n'est pas impossible. Mais on ne peut opérer ainsi que sur des équations numériques, ce qui force à chercher les intégrales pour chaque exemple particulier. Si l'on veut arriver à des expressions générales, il faut évidemment traiter des cas particuliers, c'est-à-dire ceux dans lesquels l'intégration générale est possible exactement, ce qui n'arrive que si le nombre des radicaux différents n'excède pas deux dans l'équation (15). Lorsqu'il y a trois ou quatre radicaux dans cette équation, les intégrales contiennent des fonctions elliptiques; au delà, elles deviennent encore plus compliquées. Les deux cas particuliers les plus simples qui se présentent dans la pratique sont ceux d'une seule vanne ou d'un seul déversoir, comme moyen d'écoulement du réservoir.

Commençons par l'écoulement de fond.

ARTICLE 2.

ÉCOULEMENT DE FOND PAR UN SEUL PERTUIS.

§ 1. *Cas général.* — Ce cas est représenté par la figure 8 (pl. I), et l'on a, q étant constant,

$$\varphi = m'\omega'\sqrt{2g(R+x)}.$$

L'équation (15) devient donc ici

$$dt = \frac{-(a+bx+cx^2)\,dx}{p\sqrt{R+x}-q}, \tag{16}$$

en posant

$$p = m'\omega'\sqrt{2g}. \tag{17}$$

L'intégrale de l'équation (16) est, en posant

$$q = p\delta, \tag{18}$$

$$b - 2cR = b', \tag{19}$$

$$cR^2 - bR + a = a', \tag{20}$$

en déterminant la constante de manière que $x = H$ pour $t = 0$, et en prenant les logarithmes ordinaires

$$t = -\frac{2}{p}\left\{\begin{aligned} &\frac{c}{5}\left[(R+x)^2\sqrt{R+x}-(R+H)^2\sqrt{R+H}\right] \\ &\quad+\frac{c\delta}{4}\left[(R+x)^2-(R+H)^2\right] \\ &+\frac{b'+c\delta^2}{3}\left[(R+x)\sqrt{R+x}-(R+H)\sqrt{R+H}\right] \\ &\quad+\frac{\delta(b'+c\delta^2)}{2}\left[(R+x)-(R+H)\right] \\ &+\left(a'+b'\delta^2+c\delta^4\right)\left(\sqrt{R+x}-\sqrt{R+H}\right) \\ &\quad+\delta\left(a'+b'\delta^2+c\delta^4\right)2.303\log\frac{\sqrt{R+x}-\delta}{\sqrt{R+H}-\delta}. \end{aligned}\right. \tag{21}$$

On calculera[1] par cette équation le temps qu'il faudra au niveau pour baisser de la quantité $H - x$, ou monter de la quantité $x - H$, suivant que l'eau baissera ou montera dans le réservoir. Ainsi, supposons que t_1 soit la valeur de t ou le temps qu'il a fallu pour que le niveau baissât de la hauteur $H_1 - x_1$; si w_1 désigne le volume qui correspond dans le réservoir à cet abaissement, et Φ_1 le volume total débité par l'orifice dans ce même temps t_1, on aura

$$\Phi_1 = qt_1 + w_1. \tag{23}$$

Si, au lieu de s'abaisser, le niveau s'élevait dans le réservoir d'une hauteur $x_2 - H_2$, et que t_2 fût la valeur de t correspondante calculée par l'équation (21), Φ_2 le volume total débité par l'orifice pendant ce temps, w_2 le volume correspondant dans le réservoir à l'exhaussement $x_2 - H_2$, on aurait

$$\Phi_2 = qt_2 - w_2, \tag{23 bis}$$

et les *volumes moyens* débités par seconde par l'orifice pendant les temps t_1 et t_2 seraient, si on les désignait par φ_1 et φ_2,

$$\frac{\Phi_1}{t_1} = q + \frac{w_1}{t_1} = \varphi_1, \tag{24}$$

$$\frac{\Phi_2}{t_2} = q - \frac{w_2}{t_2} = \varphi_2. \tag{25}$$

On n'a donc ici que *les débits moyens par seconde pendant un temps déterminé,* tandis que, dans le cas du niveau constant, *on a exactement le volume débité par seconde.* C'est là ce qui constitue la différence essentielle entre les réservoirs à niveau variable, que nous étudions ici, et les réservoirs à niveau constant que l'on trouve dans les traités d'hydraulique: on se rappellera d'ailleurs que, d'après l'équation (8 *bis*) donnée ci-dessus, les volumes contenus dans le réservoir au-dessus du fond de la tranche où se fait

[1] Le nombre 2.303 est le logarithme népérien de 10. On a L 10 = 2.302585 et, avec une approximation suffisante ici, 2.303.

le mouvement du niveau et jusqu'aux plans horizontaux situés aux hauteurs H_1, H_1, x_1, x_2 au-dessus de ce fond, sont représentés par les expressions :

(D) $$aH_1 + \frac{bH_1^2}{2} + \frac{cH_1^3}{3},$$

(E) $$aH_2 + \frac{bH_2^2}{2} + \frac{cH_2^3}{3},$$

(K) $$ax_1 + \frac{bx_1^2}{2} + \frac{cx_1^3}{3},$$

(L) $$ax_2 + \frac{bx_2^2}{2} + \frac{cx_2^3}{3};$$

de sorte qu'on aurait

$$w_1 = aH_1 + \frac{bH_1^2}{2} + \frac{cH_1^3}{3} - \left(ax_1 + \frac{bx_1^2}{2} + \frac{cx_1^3}{3}\right),$$

$$w_2 = ax_2 + \frac{bx_2^2}{2} + \frac{cx_2^3}{3} - \left(aH_2 + \frac{bH_2^2}{2} + \frac{cH_2^3}{3}\right):$$

d'où, substituant dans les expressions (23) et (23 *bis*),

(26) $$\Phi_1 = qt_1 + aH_1 + \frac{bH_1^2}{2} + \frac{cH_1^3}{3} - \left(ax_1 + \frac{bx_1^2}{2} + \frac{cx_1^3}{3}\right),$$

(27) $$\Phi_2 = qt_2 - \left(ax_2 + \frac{bx_2^2}{2} + \frac{cx_2^3}{3}\right) + aH_2 + \frac{bH_2^2}{2} + \frac{cH_2^3}{3}.$$

Ces expressions seront très-faciles à calculer, surtout si l'on se rappelle que les expressions (D), (E), (K), (L) se trouvent dans la table des volumes calculée, une fois pour toutes, pour le réservoir, ou se déterminent par le procédé graphique des courbes des volumes indiqué plus haut, si l'on n'a pas de table calculée.

Nous ne reviendrons plus, dans ce qui va suivre, sur le calcul de Φ_1 et Φ_2, d'où se déduisent les débits moyens par seconde $\varphi_1 = \frac{\Phi_1}{t_1}$ et $\varphi_2 = \frac{\Phi_2}{t_2}$.

Si l'on supposait la section horizontale constante et égale à A, on aurait

$$b = 0, \qquad c = 0, \qquad a = A,$$

d'où

$$b'=0, \qquad a'=a=A;$$

et l'équation (21) deviendrait, en y substituant pour δ sa valeur $\delta=\frac{q}{p}$ tirée de la relation (18),

$$(22) \quad t=\frac{2A}{p}\left(\sqrt{R+H}-\sqrt{R+x}\right)-\frac{4{\cdot}606\,Aq}{p^2}\log.\left(\frac{1-\frac{p}{q}\sqrt{R+x}}{1-\frac{p}{q}\sqrt{R+H}}\right),$$

expression qui s'obtiendrait aussi par l'intégration directe de l'équation différentielle (16), qui deviendrait ici

$$dt=\frac{-A\,dx}{p\sqrt{R+x}-q}.$$

§ 2. *Cas particulier où le débit* q *est nul.* — Dans ce cas, l'équation différentielle (M) deviendrait

$$(29) \qquad dt=-\frac{(a+bx+cx^2)\,dx}{p\sqrt{R+x}}.$$

Si la section horizontale, au lieu d'être variable, était constante, on sait qu'il faut, dans ce cas, si A désigne cette section, faire, dans les expressions (A), (B), (C) des coefficients a, b, c, $a=S=A$, $b=0$, $c=0$, et l'équation différentielle devient

$$(30) \qquad dt=\frac{-A\,dx}{p\sqrt{R+x}}.$$

L'intégrale de l'équation (29) se trouve facilement[1]; elle est,

[1] On ne peut pas déduire l'intégrale à chercher de l'intégrale (21) trouvée ci-dessus en faisant, comme il conviendrait ici, $q=0$, car la relation $\frac{q}{\delta}=p$, que l'on a posée dans l'intégration pour le cas de la formule (21), donne $p=0$ pour $q=0$, d'où résulte que la valeur de t se présente, dans cette formule (21), sous la forme $\frac{0}{0}$ pour ce cas particulier. Il devient donc nécessaire ici d'avoir recours à l'intégration directe de l'équation différentielle (29), qui correspond à l'hypothèse $q=0$.

en y substituant pour p sa valeur $p = m'\omega'\sqrt{2g}$,

$$(31)\qquad t = \frac{1}{m'\omega'\sqrt{2g}}\left\{\begin{array}{l}\sqrt{R+H}\Big[2\left(a+bH+cH^2\right) \\ \quad -\frac{4}{3}(b+2cH)(R+H)+\frac{16}{15}c\left(R+H\right)^2\Big] \\ -\sqrt{R+x}\Big[2\left(a+bx+cx^2\right) \\ \quad -\frac{4}{3}(b+2cx)(R+x)+\frac{16}{15}c\left(R+x\right)^2\Big],\end{array}\right.$$

et celle de l'équation (30) est

$$(32)\qquad t = \frac{2A}{m'\omega'\sqrt{2g}}\left(\sqrt{R+H}-\sqrt{R+x}\right).$$

Cette dernière se déduit aussi de l'expression (31), en y faisant $a = A$, $b = 0$, $c = 0$, et de l'équation générale (21), en y faisant $a = A$, $b = 0$, $c = 0$; d'où

$$\delta = 0, \qquad b' = 0, \qquad a' = a = A.$$

Si l'on avait $R = 0$, c'est-à-dire si l'on supposait l'orifice placé au fond de la tranche sur laquelle on opère, c'est-à-dire si l'on se plaçait dans l'hypothèse d'un vase rectangulaire à section constante, qu'on admet dans les traités d'hydraulique, l'équation (32) deviendrait

$$t = \frac{2A}{p}\left(\sqrt{H}-\sqrt{x}\right)$$

ou

$$(33)\qquad t = \frac{2A}{m'\omega'\sqrt{2g}}\left(\sqrt{H}-\sqrt{x}\right),$$

qui n'est autre chose que l'expression donnée, dans les traités, pour l'écoulement d'une vanne dans le cas d'un vase prismatique qui se vide; la formule générale reproduit donc ce cas particulier, comme on devait s'y attendre.

Si l'on suppose $x = 0$ dans la formule (31), elle donnera le temps qu'il faut pour que la tranche que l'on considère se vide, et ce temps aura, par conséquent, pour expression

$$(34)\qquad t=\frac{1}{m'\omega'\sqrt{2g}}\left\{\begin{aligned}&\sqrt{R+H}\Big[2\left(a+bH+cH^2\right)\\&\quad-\tfrac{4}{3}(b+2cH)(R+H)+\tfrac{16}{15}c\left(R+H\right)^2\Big]\\&-\sqrt{R}\left(2a-\tfrac{4}{3}bR+\tfrac{16}{15}cR^2\right),\end{aligned}\right.$$

et, si l'on suppose, comme tout à l'heure, $R=0$,

$$(35)\qquad t=\frac{\sqrt{H}}{m'\omega'\sqrt{2g}}\left[2\left(a+bH+cH^2\right)-\tfrac{4}{3}(b+2cH)H+\tfrac{16}{15}cH^2\right],$$

et, si la section est constante, $a=A$, $b=0$, $c=0$,

$$(36)\qquad t=\frac{2A\sqrt{H}}{m'\omega'\sqrt{2g}},$$

expression qui s'obtient aussi en faisant $x=0$ dans l'expression (33). Elle donne le temps qu'il faut pour vider un vase prismatique de section constante; cette expression est celle qui se trouve dans tous les traités d'hydraulique.

§ 3. *Rectification des procédés pratiques de calcul en usage.* — Voici le mode de calcul qu'indiquent la plupart des traités d'hydraulique pour un réservoir non prismatique : on divise le réservoir en tranches, et pour chacune de ces tranches on suppose qu'on la transforme en un prisme de section uniforme, en prenant pour cette section la moyenne des sections horizontales supérieure et inférieure de la tranche. On calcule ainsi le temps de tranche en tranche, comme on le fait dans le procédé plus exact que nous avons indiqué; mais la principale erreur que l'on commet est de prendre pour section horizontale la moyenne entre les sections extrêmes de la tranche. Si l'on veut employer un procédé approximatif plus expéditif que le procédé exact que l'on connaît maintenant, *il faut pour section moyenne prendre la moyenne entre les sections qui correspondent aux hauteurs de l'eau au-dessus du fond de la tranche, au commencement et à la fin de l'écoulement, et non la moyenne entre les sections extrêmes de la tranche.* Cela est facile à démontrer : si H est la hauteur de l'eau au-dessus du fond de la tranche au moment où l'écoulement commence, x_1 cette hauteur au moment où l'on s'arrête, la surface A constante, calculée par la moyenne entre les surfaces qui correspondent aux hauteurs H et x_1, est, en se rappelant l'expression (6 *bis*) de ces surfaces,

$$\text{(T)} \qquad A = \frac{a + bH + cH^2 + a + bx_1 + cx_1^2}{2}.$$

Si, au contraire, on calcule A par la moyenne entre les sections extrêmes de la tranche de hauteur K, on aura

$$\text{(T')} \qquad A = \frac{a + (a + bK + cK^2)}{2} = \frac{2a + bK + cK^2}{2}.$$

L'erreur E que l'on commet est représentée par la différence des expressions (T) et (T')

$$\text{(T'')} \qquad E = \frac{b(H + x_1 - K) + c(H^2 + x_1^2 - K^2)}{2}.$$

On voit que, K ou la hauteur totale de la tranche et H ou la hauteur de l'eau au commencement de l'écoulement étant données, l'erreur sera d'autant plus grande que x_1 sera plus grand, *c'est-à-dire que les plans de niveau aux hauteurs* H *et* x *au-dessus du fond de la tranche seront plus rapprochés;* l'erreur ne serait nulle que si l'on avait $K = H$ et $x_1 = 0$, car alors les expressions (T) et (T') sont identiques, et si l'on substitue pour a, b, c leurs expressions

$$\text{(A), (B), (C),} \qquad a = S, \qquad b = \frac{2D(S' - S)}{K(D + D')}, \qquad c = \frac{(S' - S)(D' - D)}{K^2(D + D')},$$

l'équation (T) donne

$$A = \frac{S + S'}{2},$$

c'est-à-dire la moyenne des surfaces supérieure et inférieure de la tranche.

Le procédé pratique indiqué dans les traités d'hydraulique peut donc conduire à de grossières erreurs, et, si l'on veut au procédé rigoureux que nous avons exposé substituer un procédé plus expéditif, *il faut, pour la section horizontale constante, adopter, non pas la moyenne des sections supérieure et inférieure de la tranche, mais bien la moyenne des sections qui correspondent au commencement et à la fin de l'écoulement.* Cette règle est facile à appliquer, les sections se calculant très-simplement par l'équation (6 *bis*)

$$Z = a + bx + cx^2;$$

elle donnera des résultats beaucoup moins inexacts que la règle pratique ordinaire.

§ 4. *Cas particulier d'un débit de pertuis constant.* — Ce cas se présente souvent dans l'alimentation d'un canal qui reçoit les eaux d'une rigole dérivée d'un réservoir. Le débit de la vanne de prise d'eau du canal doit être constant pendant que l'état du canal est lui-même constant, et alors les vannes se manœuvrent de manière à obtenir cette constance de débit; analytiquement, cette condition du débit sortant constant s'écrit

$$p\sqrt{R + x} = q',$$

de sorte que l'équation (29) devient ici

$$(29\ bis) \qquad dt = \frac{-(a + bx + cx^2)\,dx}{q'},$$

dont l'intégrale est, en déterminant la constante par la condition que $x = H$ pour $t = 0$,

$$(31\ bis) \qquad t = \frac{1}{q'}\left[aH + \frac{bH^2}{2} + \frac{cH^3}{3} - \left(ax + \frac{bx^2}{2} + \frac{cx^3}{3}\right)\right].$$

Or la quantité entre parenthèse n'est autre chose que la différence des volumes w (formule 8 *bis*) au-dessus du fond de la tranche qui correspondent aux hauteurs H et x au-dessus de ce fond, soit le volume de la partie du réservoir qui s'est vidée pendant l'écoulement. Si $x = 0$, c'est-à-dire si l'on exprime que la tranche se vide entièrement, l'expression $aH + \frac{bH^2}{2} + \frac{cH^3}{3}$ représentera le volume total de la tranche; et si toutes les tranches se vident successivement, la somme des temps qu'il faudra pour cela sera représentée par une expression analogue à celle de l'équation (31 *bis*), qui contiendra en numérateur la somme des volumes des tranches, soit la capacité totale du réservoir, et au dénominateur le débit constant par seconde des vannes : *c'est donc le rapport de la capacité totale du réservoir au débit par seconde qui donne, dans ce cas particulier, le temps qu'il faut pour vider le réservoir.*

Si la section était constante, on ferait dans l'équation (31 *bis*) $a = A$, $b = 0$, $c = 0$, et l'on en tirerait

(32 *bis*) $$t = \frac{A(H - x)}{q'}.$$

Cette expression s'obtiendrait aussi en intégrant directement l'équation différentielle, qui serait ici

$$dt = \frac{-Adx}{q'}.$$

Les formules (31 *bis*) et (32 *bis*) nous permettent, par leur simplicité, de montrer que la nouvelle règle que nous avons proposé plus haut de substituer à celle qui est généralement employée pour le calcul par tranches, en supposant la section constante dans chaque tranche, s'éloigne moins de la vérité. Il suffit pour cela de comparer les expressions de t calculées d'après ces deux règles avec son expression exacte (31 *bis*); l'expression de t, lorsque la section est constante, est l'expression (32 *bis*)

$$t = \frac{A(H - x)}{q'}.$$

Prenons une valeur particulière x_1 de x, la valeur exacte du temps sera (31 *bis*)

$$t_1 = \frac{1}{q'}\left[aH + \frac{bH^2}{2} + \frac{cH^3}{3} - \left(ax_1 + \frac{bx_1^2}{2} + \frac{cx_1^3}{3}\right)\right].$$

Si l'on calcule A ou la section constante moyenne par la règle que nous avons indiquée, c'est-à-dire en prenant la moyenne entre les sections qui correspondent aux hauteurs H et x_1, on aura, en ayant égard aux expressions (6 *bis*) de ces sections, l'expression (T) déjà donnée plus haut

$$\text{(T)} \qquad A = \frac{a + bH + cH^2 + a + bx_1 + cx_1^2}{2};$$

d'où, substituant dans l'équation (32 *bis*), on trouvera pour t une valeur particulière t'_1, qui sera

$$t'_1 = \frac{1}{q'}\left[aH + \frac{bH^2}{2} + \frac{cH^3}{2} - \left(ax_1 + \frac{bx_1^2}{2} + \frac{cx_1^3}{2}\right)\right] - \frac{cHx_1}{2q'}(H - x_1).$$

Enfin, si l'on adopte la pratique ordinaire qui consiste à prendre pour A la moyenne entre les surfaces supérieure et inférieure de la tranche, on aura, K désignant toujours la hauteur totale de cette tranche, l'expression (T') déjà indiquée dans ce qui précède

$$\text{(T')} \qquad A = \frac{2a + bK + cK^2}{2};$$

d'où, substituant dans (32 *bis*), on tirera une troisième valeur t''_1 de t, correspondant à cette hypothèse et à la valeur particulière x_1 de x,

$$t''_1 = \frac{1}{q'}\left[\left(a + \frac{bK}{2} + \frac{cK^2}{2}\right)H - \left(a + \frac{bK}{2} + \frac{cK^2}{2}\right)x_1\right].$$

On aura donc, pour comparer les deux procédés approximatifs au procédé exact,

$$(\gamma) \qquad t'_1 - t_1 = \frac{c}{6q'}(H^3 - x_1^3) - \frac{cHx_1}{2q'}(H - x_1),$$

$$(\gamma') \qquad t_1 - t''_1 = \frac{c}{3q}(H^3 - x_1^3) + \frac{b}{2q'}(H^2 - x_1^2) - \frac{bK + cK^2}{2q'}(H - x_1).$$

L'expression (γ) montre qu'en adoptant notre méthode approchée, qui consiste à prendre pour section constante la moyenne des sections qui correspondent aux hauteurs H et x_1 du commencement et de la fin de l'écoulement, on a pour le temps une erreur très-petite, mais que l'erreur est d'autant moindre que H diffère moins de x_1. L'expression (γ') montre, au contraire, qu'en calculant la section moyenne par le procédé pratique usité, c'est-à-dire en prenant la moyenne des sections extrêmes de la tranche, on peut commettre des erreurs énormes; l'expression de cette erreur renferme en effet K ou la hauteur de la tranche. Si donc K n'est pas très-petit, le troisième terme de l'expression (γ') peut devenir très-grand par rapport aux deux autres. Si K est très-petit, seul cas évidemment où cette méthode offre quelque chance d'exactitude, comme d'ailleurs c est toujours assez petit par rapport à b, ainsi que le montrent les expressions (B) et (C) de ces quantités, on peut négliger le terme cK^2 par rapport au terme bK, de sorte que l'on pourra écrire

$$t_1 - t''_1 = \frac{c}{3q'}\left(H^3 - x_1^3\right) - \frac{b}{2q'}\left[K(H - x_1) - (H^2 - x_1^2)\right].$$

K étant toujours plus grand que $H - x$, il s'ensuit que le second terme sera toujours négatif, mais il deviendra d'autant plus petit que K sera plus petit et que H se rapprochera davantage de K. de manière que l'erreur ira en s'approchant de la limite

$$(\gamma'') \qquad t_1 - t''_1 = \frac{c}{3q'}(H^3 - x_1^3).$$

En comparant cette expression à l'expression (γ), on voit qu'on fait, en employant le procédé approximatif ordinaire en usage, une erreur plus que double de celle que l'on fait en adoptant celui que nous proposons de lui substituer. On voit d'ailleurs que l'expression (γ) est indépendante de K; notre procédé approximatif s'appliquerait donc à des tranches de toute hauteur avec une erreur maxima de $\frac{c}{6q}(H^3 - x_1^3)$, tandis que, dans ce cas, le procédé ordinaire peut conduire à des erreurs considérables, pour peu que K ait une valeur un peu grande. L'erreur $\frac{c}{6q'}(H^3 - x_1^3)$ deviendrait d'ailleurs toujours importante dès que H différerait sensiblement de x; on est donc obligé, si l'on veut employer ce procédé approximatif, de diviser le réservoir en un très-grand nombre de tranches, pour avoir quelque exactitude dans les résultats du calcul. En employant le procédé exact, on n'a pas besoin de subdiviser en plus de tranches que n'en comporte la reproduction du relief réel du terrain. Si donc, d'un côté, on gagne du temps par la forme plus simple des calculs, on en perd, de l'autre, par leur multiplicité, de sorte qu'en définitive on ne gagne pas grand'chose à employer le procédé approximatif; il a le seul avantage de conduire à des calculs plus à la portée de tout le monde, et, avec les rectifications que nous y avons apportées, il est le moins inexact possible.

§ 5. *Détermination de l'abaissement de niveau dans un temps donné lorsque le réservoir se vide par un orifice donné.* — Les équations qui précèdent donnent t en fonction de x; il faudrait ici pouvoir en tirer x en fonction de t; cette opération, qui n'est pas praticable avec l'équation générale (21) donnée au paragraphe premier de l'article 2 de ce chapitre, le deviendrait avec l'équation (31), qui donnerait une équation du cinquième degré en x.

Si l'on suppose la section constante, la question se simplifie considérablement, car c'est l'équation (32) qu'il faut appliquer alors,

$$t = \frac{2A}{m'\omega'\sqrt{2g}}\left(\sqrt{R+H} - \sqrt{R+x}\right),$$

qui donne

$$(\mathcal{E}) \qquad x = \left(\sqrt{R+H} - \frac{tm'\omega'\sqrt{2g}}{2A}\right)^2 - R;$$

d'où

$$(\mathcal{E}'') \qquad H - x = \frac{tm'\omega'\sqrt{2g}}{A}\left(\sqrt{R+H} - \frac{tm'\omega'\sqrt{2g}}{4A}\right);$$

ce qui, pour ce cas particulier, résout la question d'une manière simple et complète.

Détermination du volume écoulé dans le temps t. — Le volume écoulé dans le temps t, en conservant l'hypothèse de la section constante, qui vient de nous conduire à l'équation ($\mathcal{E}''$), serait

$$\Phi = A(H - x),$$

expression dans laquelle il faut substituer pour $H - x$ sa valeur ($\mathcal{E}''$), d'où

$$(\lambda) \qquad \Phi = tm'\omega'\sqrt{2g}\left(\sqrt{R+H} - \frac{tm'\omega'\sqrt{2g}}{4A}\right).$$

En faisant dans cette formule $R = 0$, on trouve l'expression

$$(\lambda'') \qquad \Phi = tm'\omega'\sqrt{2g}\left(\sqrt{H} - \frac{tm'\omega'\sqrt{2g}}{4A}\right),$$

qui est donnée, dans les traités d'hydraulique, pour le volume débité, pendant le temps t, par un orifice de section ω', dans un vase prismatique qui se vide. Cette formule s'obtiendrait aussi en tirant $H - x$ de l'équation (33). Si l'on suppose A très-grand par rapport à ω', ce qui arrive dans tous les grands réservoirs, on peut, dans la formule (λ), négliger le second des termes qui sont dans la parenthèse, et elle devient

$$\Phi = tm'\omega'\sqrt{2g(R+H)},$$

et, si l'on supposait que t fût l'unité de temps,

$$\Phi = m'\omega'\sqrt{2g(R+H)},$$

ce qui n'est autre chose que la formule qui donne le débit par seconde, *lorsque le niveau du réservoir est constant*, à la hauteur H au-dessus du fond de la tranche que l'on considère.

Si donc on connaissait les abaissements du niveau de seconde en seconde, on calculerait les débits par la formule ordinaire du niveau constant, et, en ajoutant ces débits successifs, on aurait le débit total correspondant au temps t ou à l'abaissement de niveau $H - x$; mais comme, dans une seconde, l'abaissement du niveau de l'eau dans le réservoir serait imperceptible aux échelles, il faut, si l'on veut se servir de ce procédé de calcul, adopter un temps capable de faire apprécier l'abaissement du niveau. Prenons, par exemple, 6 heures, soit 21600 secondes : la formule (λ) devient alors

$$\Phi = 21600\, m'\omega'\sqrt{2g}\left(\sqrt{R+H} - \frac{21600\, m'\omega'\sqrt{2g}}{4A}\right),$$

et, si le rapport $\frac{\omega'}{4A}$ est encore assez petit pour qu'on puisse négliger le second terme de la parenthèse,

$$\Phi = 21600\, m'\omega'\sqrt{2g(R+H)},$$

ce qui est précisément le débit total que l'on trouverait pour 21600 secondes en calculant le débit par seconde, comme si le niveau restait constant; on calculerait de même le débit qui correspondrait aux 21600 secondes suivantes, et ainsi de suite.

Cette méthode de calcul, qui substitue aux procédés exacts, mais assez compliqués, du cas du niveau variable, les procédés simples et faciles du cas du niveau constant, est à conseiller chaque fois que les calculs devront être faits par des personnes n'ayant pas l'habitude des formules. Nous l'avons employée à l'étang de Gondrexange, où les calculs de jaugeage étaient faits par des agents secondaires des ponts et chaussées.

Nous terminerons cet article par l'examen de la question suivante, qui se présente assez souvent dans la pratique, à propos des écoulements d'eau des réservoirs.

§ 6. *Détermination de la levée de vanne qui doit, dans un temps donné, faire baisser le niveau du réservoir d'une quantité donnée.* — On peut être conduit à résoudre, à propos de l'écoulement d'un vase qui se vide, traité dans le paragraphe précédent, la question suivante : *Déterminer la levée de vanne nécessaire pour faire baisser, avec une largeur de vanne donnée, le niveau du réservoir d'une quantité, donnée, dans un temps donné.*

Il est évident que la forme de l'équation (31) ne se prête pas directement à ce calcul; car, outre ω' et t, elle contient R, qui varie avec ω', ou plutôt avec la levée de vanne l, R étant la hauteur du centre de l'orifice au-dessus du plan horizontal, limite de la tranche que l'on considère comme immédiatement inférieure. Mais on peut employer une méthode graphique qui permet d'arriver à la solution de la question avec une approximation suffisante pour la pratique. Prenons d'abord pour le calcul du temps la formule (31), qui est la plus générale ici, attendu qu'elle correspond au cas de la section horizontale variable, et supposons qu'on veuille faire baisser le réservoir d'une quantité donnée h au-dessous du niveau qui correspond à la hauteur H de l'eau au-dessus du fond de la tranche, on aura

$$H - x = h,$$

d'où

$$x = H - h.$$

La formule (31) donnera, avec une certaine valeur de ω', le temps t qu'il faudra pour faire baisser le niveau de la quantité h, en faisant dans cette formule $x = H - h$.

On donnera successivement dans cette formule (31), au moyen de diverses levées de vanne, diverses valeurs particulières à ω' [1] : $\omega' = \omega_2$, $\omega' = \omega_3$, $\omega' = \omega_4$; on déterminera les valeurs correspondantes de R pour chacune de ces levées de vanne, et par conséquent, au moyen de la formule (31), les valeurs t_2, t_3, t_4 du temps que l'eau mettra, pour ces diverses levées de vanne, à baisser de la quantité h dans le vase, ou à s'abaisser de la hauteur H à la hauteur $H - h$ au-dessus du fond de la tranche que l'on considère. On portera les valeurs ω_2, ω_3, ω_4 sur une ligne horizontale prise pour axe des ω', et les valeurs correspondantes t_2, t_3, t_4 du temps t sur les ordonnées verticales correspondantes aux abscisses ω_2, ω_3, ω_4. Ainsi (fig. 11, pl. I) on portera $\omega_2 = L'l_2$ (1) de A en B, $\omega_3 = L'l_3$ de A en C, $\omega_4 = L'l_4$ de A en D, etc. Les valeurs correspondantes

[1] Si L' désigne la largeur de la vanne, l la levée, on aura $\omega' = L'l$; si $l_2, l_3 \ldots$ sont des valeurs particulières de la levée l, $\omega_2, \omega_3, \ldots$, les valeurs de ω' correspondantes, on aura toujours $\omega_2 = L'l_2$, $\omega_3 = L'l_3$, etc.

de t seront portées sur les ordonnées correspondant à ces abscisses, savoir : t_2 de B en H, t_3 de C en K, t_4 de D en M, etc. L'équation (31) montre d'ailleurs que, pour $\omega' = 0$, on a $t = \infty$; la courbe des temps a donc l'axe des t pour asymptote; on pourra dès lors construire assez exactement cette courbe par points. Supposons-la construite au moyen de quelques valeurs particulières de ω'; il sera facile de déterminer la section ω_n qui permettrait de faire baisser l'eau en un temps t_n de la quantité donnée h. Il suffira en effet pour cela de porter sur l'axe des t la quantité t_n de A en F; par le point F on mènera une parallèle à l'axe des ω'; on déterminera ainsi le point G où cette horizontale coupe la courbe des temps t, et en abaissant du point G, ainsi déterminé, une perpendiculaire sur l'axe des ω', la valeur particulière cherchée ω_n sera égale à AE, que l'on prendra à l'échelle sur la figure. La levée de vanne correspondante serait d'ailleurs évidemment

$$l_n = \frac{AE}{L'},$$

L' étant la largeur de la vanne, puisque l'on a

$$\omega_n = L'l_n,$$

d'où

$$l_n = \frac{\omega_n}{L'} = \frac{AE}{L'}.$$

Dans le cas où la section horizontale est constante, le calcul peut se faire directement au moyen de l'équation (32). En effet, si L' désigne toujours la largeur de la vanne, l sa levée, et si M désigne la hauteur du fond de la tranche que l'on considère au-dessus du seuil de la vanne, on aura ici

$$\omega' = L'l, \qquad R = M - \frac{l}{2},$$

d'où, substituant dans l'équation (32),

$$(32\ ter) \qquad t = \frac{2A}{m'L'l\sqrt{2g}}\left(\sqrt{M+H-\frac{l}{2}} - \sqrt{M+x-\frac{l}{2}}\right).$$

Si, dans cette dernière équation, on fait $x=H-h$ pour exprimer que le niveau baisse de la quantité h; si l'on y donne d'ailleurs à t une valeur particulière t_n, elle ne contiendra plus que la seule inconnue l, qu'il sera dès lors toujours possible d'en tirer. Mais cela conduirait à une équation du quatrième degré en l, et les calculs à faire pour déterminer la racine applicable ici ne paraissent guère plus simples que le procédé graphique que nous venons d'indiquer pour le cas général, procédé qui devra dès lors s'appliquer dans tous les cas.

Ce procédé permet d'ailleurs de pousser l'approximation aussi loin qu'on voudra. Ainsi, supposons qu'on ait trouvé, par un ou deux tâtonnements, qui sont faciles d'après la forme de l'équation (32 *ter*), deux valeurs de ω' qui comprennent celle que l'on cherche; il est facile d'en déduire une première valeur approchée de la valeur de ω'. Supposons, par exemple, que les deux valeurs $\omega_2=AB$ (fig. 11, pl. I), $\omega_3=AC$, comprennent la valeur cherchée; que les deux valeurs t_2 et t_3 de t correspondantes à ces valeurs (toujours pour la valeur de $x=H-h$) soient représentées sur la figure par les deux ordonnées correspondantes $t_2=BH$, $t_3=CK$, on prendra, sur l'axe des t, $AF=t_n$, t_n étant le temps donné pour lequel on cherche la valeur de ω', qui fera baisser le niveau de la quantité h.

En menant FG parallèle à l'axe des ω', on détermine un point G sur la courbe des temps, et, en abaissant la perpendiculaire GK sur l'axe des ω', on aura la valeur cherchée de ω' qui sera sur la figure

$$\omega_n=AE.$$

Or, d'après les relations de la figure 11, en supposant que les deux éléments de courbes HG et GK soient une même ligne droite, c'est-à-dire en supposant que les deux ordonnées soient assez rapprochées pour que, dans leur intervalle, il n'y ait que peu de différence entre l'élément de la courbe et la ligne droite qui joint les extrémités des deux ordonnées, on a la proportion

$$PG:RK::HP:GR,$$

ou

$$BE : EC :: HP : GR,$$

d'où

$$BE + EC : BE :: HP + GR : HP;$$

mais on a aussi

$$BE = AE - AB = \omega_n - \omega_2,$$
$$EC = AC - AE = \omega_3 - \omega_n,$$
$$HP = HB - GE = t_2 - t_n,$$
$$GR = GE - KC = t_n - t_3;$$

d'où, substituant dans la dernière des proportions ci-dessus et réduisant, on déduit

$$(\delta) \qquad \omega_n = \omega_2 + \frac{(t_2 - t_n)(\omega_3 - \omega_2)}{t_2 - t_3},$$

équation qui détermine ω_n en fonction de $\omega_2, \omega_3, t_2, t_3$, qui sont connus, et de t_n, qui l'est aussi, puisque l'on se donne le temps pendant lequel la section ω_n cherchée doit débiter l'eau nécessaire pour faire baisser le niveau de l'eau de la quantité donnée h dans le réservoir.

Si l'on voulait pousser plus loin l'approximation, rien ne l'empêcherait; il faudrait substituer la valeur particulière ω_n de ω', ainsi déterminée, dans l'équation (31) ou l'équation (32), suivant que l'on voudrait se servir de la formule exacte ou de la formule approchée, et calculer le temps correspondant à cette valeur. Si la valeur de t ainsi déterminée diffère sensiblement de t_n, valeur donnée *a priori*, on en conclura que la valeur de ω_n n'est pas encore assez approchée; mais cette valeur servira, au moyen de la formule (δ), à en trouver une nouvelle, qui sera plus approchée que la première, puisque l'on aura ainsi deux valeurs entre lesquelles la valeur cherchée sera comprise. En un mot, on peut, par ce mode de calcul, resserrer autant qu'on voudra les limites de la valeur de ω' que l'on cherche pour le temps donné t_n et l'abaissement de niveau donné h.

ARTICLE 3.

ÉCOULEMENT DE SUPERFICIE PAR UN PERTUIS.

§ 1. *Cas général.* — Ce cas est représenté par les figures 9, 10 et 10 *bis* (planche I). La figure 9 s'applique au cas où le seuil du déversoir est au-dessus du fond, comme cela arrive dans les déversoirs établis sur les réservoirs des canaux; la figure 10 s'appliquerait au cas où l'écoulement se fait par un pertuis ouvert sur toute la hauteur (fig. 10 *bis*) du barrage, comme à la digue de Pinay sur la Loire. Ces deux cas peuvent se ramener à la même formule, comme il est facile de le démontrer. Prenons d'abord le cas de la figure 9.

Comme, par hypothèse, q est constant et que l'on a ici

$$\mathcal{Q} = m\mathrm{L}\sqrt{2g\,(x-h)^3}, \tag{13}$$

l'équation (15) devient

$$dt = \frac{-(a+bx+cx^2)\,dx}{r\,(x-h)\sqrt{x-h}-q}, \tag{16 bis}$$

en posant

$$r = m\mathrm{L}\sqrt{2g}. \tag{28}$$

Dans le cas de la figure 10, c'est-à-dire des pertuis ayant, comme à la digue de Pinay, leur seuil au niveau du fond, l'expression de $\mathcal{Q}$ serait, pour la hauteur de x au-dessus du fond de la tranche dans laquelle se fait l'écoulement, de la forme suivante :

$$\mathcal{Q} = m'''\mathrm{L}\,(\mathrm{R}'''+x)\sqrt{\frac{2g\,(\mathrm{R}'''+x-y)}{1-\dfrac{\mathrm{L}\,(\mathrm{R}'''+x)}{\mathrm{L}_1\mathrm{H}_1}}}, \tag{d}$$

R''' désignant la hauteur du fond de la tranche au-dessus du seuil, $\mathrm{R}'''+x-y$ étant la chute entre les plans d'eau d'amont et d'aval, L_1 étant la largeur moyenne de la section du réservoir en amont du pertuis, H_1 la hauteur d'eau dans cette section. Cette formule est, aux notations près, celle que M. Boileau a posée dans son traité sur la mesure des eaux courantes (page 251); elle se déduit d'ailleurs trop facilement du principe des forces vives pour qu'il soit nécessaire d'en donner ici le calcul de détail.

Or on a évidemment $H_1 = R''' + x$, et la largeur L est très-petite par rapport à la largeur L_1; on peut donc avec une approximation suffisante poser

$$\varphi = m'''L(R''' + x)\sqrt{2g(R''' + x - y)}.$$

Mais quand la largeur du pertuis est, comme ici, très-petite par rapport à celle du réservoir, les expériences de M. Boileau démontrent que l'on peut poser

$$\text{(a)} \qquad \text{chute } R''' + x - y = n(R''' + x),$$

n étant un coefficient à déterminer par l'expérience. En ayant égard à cette relation, la valeur de φ devient

$$\varphi = m'''L(R''' + x)\sqrt{2gn(R''' + x)},$$

ou

$$\text{(13 } bis) \qquad \varphi = m'''L\sqrt{2gn}\sqrt{(R''' + x)^3}.$$

En comparant cette expression à l'expression (13)

$$\varphi = mL\sqrt{2g}\sqrt{(x-h)^3},$$

donnée ci-dessus pour le déversoir ordinaire, on voit qu'elles sont exactement de même forme, et qu'il suffit dès lors d'intégrer l'équation (16 *bis*), qui satisfera à tous les cas. En effet, l'équation différentielle qui s'appliquerait au cas du pertuis ayant son seuil au niveau du fond serait

$$\text{(16 } ter) \qquad dt = \frac{-(a + b + cx^2)\,dx}{r'(R''' + x)\sqrt{R''' + x} - q},$$

en posant

$$\text{(28 } bis) \qquad r' = m'''L\sqrt{2gn}.$$

Or l'équation (16 *bis*) reproduit l'équation (16 *ter*), en exprimant d'abord que le seuil est au niveau du fond, ce qui donne $h = 0$ (fig. 10), et en remplaçant x par $R''' + x$. Il suffira donc d'intégrer l'équation (16 *bis*) pour satisfaire à tous les cas.

Si l'on voulait, dans le cas du pertuis ayant son seuil au niveau du fond, se servir de la formule du déversoir incomplet, on arriverait encore à une équation différentielle de même forme; on aurait en effet, dans ce cas,

$$\varphi = mL(R''' + x - y)\sqrt{2gn(R''' + x)} + m'Ly\sqrt{2g(R''' + x - y)},$$

ou, ayant égard à la relation (a) déjà indiquée ci-dessus,

$$\varphi = mLn(R''' + x)\sqrt{2gn(R''' + x)} + m'Ly\sqrt{2gn(R''' + x)};$$

d'où, tirant de la relation (a)

$$y = (R''' + x)(1 - n),$$

on a

$$\varphi = mLn\sqrt{2gn}\sqrt{(R''' + x)^3} + m'L(1 - n)\sqrt{2gn}\sqrt{(R''' + x)^3},$$

ou

$$\varphi = \left(mn\sqrt{2gn} + m'(1 - n)\sqrt{2gn}\right)L\sqrt{(R''' + x)^3},$$

ou

$$\varphi = r''\sqrt{(R''' + x)^3},$$

si l'on pose

$$(28\ ter) \qquad r'' = \left(mn\sqrt{2gn} + m'(1 - n)\sqrt{2gn}\right)L$$

On voit donc que l'on est encore ici exactement ramené à la forme de l'équation différentielle (16 *ter*) ou de l'équation (16 *bis*), dont on la déduit. *C'est une simple différence de coefficients qui fait la différence des équations, dont la forme reste toujours la même, quelle que soit l'espèce de déversoir à laquelle on a affaire.* Nous avons donc à intégrer l'équation différentielle générale (16 *bis*) : or l'intégrale de cette équation est, en déterminant la constante de manière que $x=\mathrm{H}$ pour $t=0$ et prenant les logarithmes ordinaires et en posant

(18 *bis*) $$q=n^3r,$$

bis) $$t=\frac{2\cdot 303}{r}\left\{\begin{aligned}&-\frac{2}{2\cdot 303}\left[\frac{c}{3}\left(\sqrt{(x-h)^3}-\sqrt{(\mathrm{H}-h)^3}\right)\right]+\left(\frac{a+n^2b}{3n}-\frac{2n^3c}{3}\right)\log\frac{\sqrt{(x-h)^3}-n^3}{\sqrt{(\mathrm{H}-h)^3}-n^3}\\&-\frac{a+n^2b}{n}\log\frac{\sqrt{x-h}-n}{\sqrt{\mathrm{H}-h}-n}\\&-\frac{2\sqrt{3}}{3\times 2\cdot 303}\,\frac{a-n^2b}{n}\left(\operatorname{arc\,tang}\frac{n+2\sqrt{x-h}}{n\sqrt{3}}-\operatorname{arc\,tang}\frac{n+2\sqrt{\mathrm{H}-h}}{n\sqrt{3}}\right).\end{aligned}\right.$$

Si l'on suppose la section horizontale constante, c'est-à-dire $a=\mathrm{A}$, $b=0$, $c=0$, cette équation devient

(22 *bis*) $$\left\{\begin{aligned}t=\frac{2\cdot 303\,\mathrm{A}}{3rn}&\left[\log\frac{\sqrt{(x-h)^3}-n^3}{\sqrt{(\mathrm{H}-h)^3}-n^3}-3\log\frac{\sqrt{x-h}-n}{\sqrt{\mathrm{H}-h}-n}\right.\\&\left.-\frac{2\sqrt{3}}{2\cdot 303}\left(\operatorname{arc\,tang}\frac{n+2\sqrt{x-h}}{n\sqrt{3}}-\operatorname{arc\,tang}\frac{n+2\sqrt{\mathrm{H}-h}}{n\sqrt{3}}\right)\right],\end{aligned}\right.$$

expression qui peut encore se mettre sous la forme suivante, un peu plus simple pour le calcul numérique :

(48) $$t=\frac{2\cdot 303\,\mathrm{A}}{3rn}\left\{\begin{aligned}&\log\frac{x-h+n\sqrt{x-h}+n^2}{\mathrm{H}-h+n\sqrt{\mathrm{H}-h}+n^2}-2\log\frac{\sqrt{x-h}-n}{\sqrt{\mathrm{H}-h}-n}\\&-\frac{2\sqrt{3}}{2.303}\left[\operatorname{arc\,tang}\frac{2\sqrt{x-h}+n}{n\sqrt{3}}-\operatorname{arc\,tang}\frac{2\sqrt{\mathrm{H}-h}+n}{n\sqrt{3}}\right].\end{aligned}\right.$$

Il suffit, pour cela, de faire remarquer que l'on peut poser

$$\log\frac{\sqrt{(x-h)^3}-n^3}{\sqrt{(\mathrm{H}-h)^3}-n^3}=\log\left[\frac{\sqrt{x-h}-n}{\sqrt{\mathrm{H}-h}-n}\times\frac{x-h+n\sqrt{x-h}+n^2}{\mathrm{H}-h+n\sqrt{\mathrm{H}-h}+n^2}\right].$$

Au moyen de cette relation on passe aisément de l'équation (22 *bis*) à l'équation (48). Cette équation servira à calculer t en fonction de x : elle donnera le temps qu'il faut au niveau pour s'abaisser de la hauteur $\mathrm{H}-x$ ou s'élever de la hauteur $x-\mathrm{H}$; on calculera, d'ailleurs, les débits Φ correspondants à ces variations du niveau, par les formules (26) et (27) déjà indiquées à l'article 2, § 1, de ce chapitre.

§ 2. *Cas particulier du débit affluent nul.* — En faisant $q = 0$ dans l'équation différentielle (16 *bis*), celle-ci devient

$$dt = \frac{-(a + bx + cx^2)\,dx}{r(x-h)\sqrt{x-h}}, \tag{37}$$

dont l'intégrale est, en déterminant la constante de manière que $x = H$ pour $t = 0$, et se rappelant que l'on a $r = mL\sqrt{2g}$,

$$t = \frac{1}{mL\sqrt{2g}} \left\{ \begin{array}{l} \dfrac{2(a+bx+cx^2)}{\sqrt{x-h}} - \sqrt{x-h}\left[4(b+2cx) - \dfrac{16}{3}c(x-h)\right] \\ \dfrac{-2(a+bH+cH^2)}{\sqrt{H-h}} + \sqrt{H-h}\left[4(b+2cH) - \dfrac{16}{3}c(H-h)\right]. \end{array} \right. \tag{38}$$

Dans le cas où la section horizontale A serait constante, il faudrait dans l'équation (38) faire $a = A$, $b = 0$, $c = 0$, d'où l'on déduit

$$t = \frac{2A}{mL\sqrt{2g}}\left(\frac{1}{\sqrt{x-h}} - \frac{1}{\sqrt{H-h}}\right), \tag{39}$$

équation qui se déduit aussi directement par intégration de l'équation différentielle qui convient à ce cas,

$$dt = \frac{-A\,dx}{r(x-h)\sqrt{x-h}}.$$

Elle devrait se déduire encore de l'équation générale (21 *bis*) en y faisant $a = A$, $b = 0$, $c = 0$, et dans laquelle, puisque $q = 0$, on aurait aussi $n = 0$; mais cette valeur $n = 0$ conduit, dans l'équation (21), à des coefficients infinis, et cette expression ne se prête pas à l'hypothèse de $q = 0$; il faut, dans ce cas, avoir recours à l'équation différentielle modifiée et l'intégrer directement comme nous l'avons fait.

Si l'on se rappelle que h désigne la hauteur du seuil au-dessus du fond de la tranche dans laquelle se fait l'écoulement (fig. 9, pl. I), et que l'on fasse $h = 0$, c'est-à-dire que l'on suppose que le seuil soit placé dans le plan horizontal du fond de la tranche, l'expression (38) devient

$$(40) \quad t = \frac{1}{mL\sqrt{2g}} \left\{ \begin{array}{l} \dfrac{2(a+bx+cx^2)}{\sqrt{x}} - \sqrt{x}\left[4(b+2cx) - \dfrac{16}{3}cx\right] \\ -\dfrac{2(a+bH+cH^2)}{\sqrt{H}} + \sqrt{H}\left[4(b+2cH) - \dfrac{16}{3}cH\right]. \end{array} \right.$$

Dans le cas de la section horizontale constante, cette équation devient, en y faisant $a = A$, $b = 0$, $c = 0$,

$$(41) \qquad t = \frac{2A}{mL\sqrt{2g}}\left(\frac{1}{\sqrt{x}} - \frac{1}{\sqrt{H}}\right),$$

expression qui se déduirait aussi de l'expression (39) en y faisant $h = 0$.

Cette expression (41) n'est autre que celle qui se trouve dans les traités d'hydraulique, et qui exprime le temps que met l'eau à baisser, dans un vase à section constante qui se vide, de la hauteur H à la hauteur x au-dessus du seuil du réservoir par lequel se fait l'écoulement. Dans le cas où l'on voudrait se servir des formules approchées (39) et (41) au lieu d'employer les formules exactes (38) et (40), il nous reste à déterminer la valeur de A qu'il faudra adopter pour le calcul, c'est-à-dire la surface de la section horizontale du vase prismatique fictif que l'on substitue, pour simplifier les calculs, au vase réel non prismatique. Or, dans l'écoulement en déversoir, la forme du vase influe évidemment sur l'écoulement dans toute la hauteur de la lame qui passe sur le seuil; il faudra donc ici prendre pour A la moyenne des surfaces des sections horizontales qui correspondent, d'un côté, à la hauteur de l'eau au-dessus du seuil, au commencement de l'écoulement, et, de l'autre, au niveau du seuil lui-même. Cette moyenne est celle des surfaces qui, dans la table des surfaces calculée une fois pour toutes pour le réservoir, correspondent à la hauteur $H - h$ et à la hauteur h au-dessus du fond de la tranche dans laquelle l'écoulement se fait, ou aux hauteurs H et zéro si le seuil est placé au fond de la tranche, cas des formules (40) et (41). Il ne faut d'ailleurs pas s'exagérer la difficulté du calcul par les formules exactes (38) et (40), attendu que les quantités $a+bx+cx^2$ et $a+bH+cH^2$ ne sont autre chose, d'après l'expression (6 *bis*), que les surfaces des sections horizontales correspondantes aux hauteurs x et h, surfaces qui se trouvent toutes calculées dans la table des surfaces qui aura été dressée une fois pour toutes pour le réservoir.

Abaissement du niveau correspondant à un temps donné. — Pour calculer cet abaissement, il faudrait tirer x de l'équation (38), ce qui conduirait à une équation du troisième degré en x, les autres quantités étant réduites en nombres.

Dans le cas de la section constante, on tire directement x de l'équation (41)

$$(\varepsilon') \qquad x = \frac{4A^2}{\left(tmL\sqrt{2g} + \frac{2A}{\sqrt{H}}\right)^2},$$

d'où

$$H - x = H - \frac{4A^2}{\left(tmL\sqrt{2g} + \frac{2A}{\sqrt{H}}\right)^2}.$$

Détermination du volume débité pendant le temps t. — Le volume Φ débité pendant le temps t serait

$$\Phi = A(H - x),$$

ou, substituant la valeur ci-dessus de $H - x$,

$$(\lambda') \qquad \Phi = A\left(H - \frac{4A^2}{\left(tmL\sqrt{2g} + \frac{2A}{\sqrt{H}}\right)^2}\right),$$

équation qui se met encore sous la forme

$$\Phi = \frac{4A^2\,tmLH\sqrt{2gH} + AH\left(tmL\sqrt{2gH}\right)^2}{4A^2 + 4A\,tmL\sqrt{2gH} + \left(tmL\sqrt{2gH}\right)^2}.$$

Lorsque la section A est très-grande, on peut négliger A par rapport à A^2 et le terme $\left(tmL\sqrt{2gH}\right)^2$ par rapport aux autres termes du dénominateur, et l'on a

$$\Phi = tmLH\sqrt{2gH},$$

et, si $t = 1''$,

$$\varphi = mLH\sqrt{2gH},$$

qui n'est autre chose que la formule connue donnant le débit par seconde d'un déversoir, lorsque le niveau du réservoir demeure constant pendant l'écoulement.

ARTICLE 4.

COMBINAISONS LES PLUS USUELLES DES DEUX ÉCOULEMENTS DE FOND ET DE SUPERFICIE ANALYSÉS DANS LES DEUX ARTICLES PRÉCÉDENTS ET POUR LESQUELS L'INTÉGRATION GÉNÉRALE EST ENCORE POSSIBLE.

§ 1. *Écoulement simultané par deux systèmes de vannes dont l'un serait de débit constant.* — Si nous désignons par q'' le débit constant par seconde d'un des systèmes de vannes, l'équation différentielle générale devient ici

$$(42) \qquad dt = \frac{-(a+bx+cx^2)\,dx}{p\sqrt{R+x}+q''-q}.$$

Il peut arriver que q'' soit plus grand ou plus petit que q; supposons d'abord

$$q'' > q,$$

et posons

$$q''-q = q_1,$$

l'équation (42) deviendra

$$(43) \qquad dt = \frac{-(a+bx+cx^2)\,dx}{p\sqrt{R+x}+q_1}.$$

Cette équation n'est autre que l'équation (16), au signe de q près. Il s'ensuit que l'intégrale (21) de l'équation (16) s'appliquera encore ici, en y changeant simplement le signe de δ qui a pour valeur $\delta = \frac{q}{p}$, et qui serait ici $\delta = \frac{q_1}{p}$.

Si de plus on suppose que la section horizontale A est constante, on fera dans cette intégrale $a = A$, $b = 0$, $c = 0$, d'où $b' = 0$, $a' = a = A$, ce qui la réduira à

$$(44) \quad t = \frac{4{,}606\,Aq_1}{p^2} \log\left(\frac{1 + \frac{p}{q_1}\sqrt{R+x}}{1 + \frac{p}{q_1}\sqrt{R+H}}\right) + \frac{2A}{p}\left(\sqrt{R+H} - \sqrt{R+x}\right).$$

Si l'on supposait $q'' < q$, on poserait

$$q - q'' = q_2,$$

et l'équation (42) deviendrait

$$(45) \qquad dt = \frac{-(a + bx + cx^2)\,dx}{p\sqrt{R+x} - q_2},$$

équation qui est identique de forme avec l'équation (16), et à laquelle s'applique par conséquent l'intégrale (21), en y changeant q en q_2.

Si l'on supposait A constant, l'intégrale (22), cas particulier de l'intégrale (21), s'appliquerait ici en y changeant q en q_2; elle est

$$(46) \quad t = \frac{-4{,}606\,Aq_2}{p^2} \log\left(\frac{1 - \frac{p}{q_2}\sqrt{R+x}}{1 - \frac{p}{q_2}\sqrt{R+H}}\right) + \frac{2A}{p}\left(\sqrt{R+H} - \sqrt{R+x}\right).$$

On se rappellera d'ailleurs que la valeur de p est

$$p = m'\omega'\sqrt{2g}.$$

Si l'on voulait ici calculer la variation de niveau en fonction du temps, l'opération ne serait plus possible directement; on ne peut pas, en effet, tirer x des équations ci-dessus, et si l'on voulait calculer la section d'orifice, ou plutôt la levée de vanne qui ferait baisser le réservoir d'une quantité donnée, il faudrait recourir au procédé graphique que nous avons déjà eu occasion d'exposer dans ce qui précède. Ce procédé s'applique à toutes les intégrales qui donnent t dégagé en fonction de x, mais qui ne permettent pas de tirer directement x en fonction de t.

§ 2. *Écoulement simultané par deux systèmes de vannes dont les seuils sont à des niveaux différents, dans l'hypothèse d'un débit affluent nul.* — Ce cas se présente souvent dans les réservoirs des canaux.

En ayant égard aux notations de la figure 13 (pl. I), et en posant pour la vanne B

$$f = m''\omega''\sqrt{2g}, \qquad R' - h' = R_1,$$

l'équation différentielle générale deviendrait ici

$$dt = \frac{-(a + bx + cx^2)\,dx}{p\sqrt{R + x} + f\sqrt{R_1 + x} - q}.$$

Cette équation peut s'intégrer assez facilement lorsqu'on a $q = 0$; elle devient alors

$$(49) \qquad dt = \frac{-(a + bx + cx^2)\,dx}{p\sqrt{R + x} + f\sqrt{R_1 + x}}.$$

L'intégrale se met, en rendant le dénominateur rationnel, sous la forme

$$t = \int \frac{-\left[(a + bx + cx^2)\,p\sqrt{R + x}\right]dx}{p^2R - f^2R_1 + (p^2 - f^2)x} - \int \frac{-\left[(a + bx + cx^2)\,f\sqrt{R_1 + x}\right]dx}{p^2R - f^2R_1 + (p^2 - f^2)x},$$

et si nous appelons t' et t'' les intégrales de ces deux termes, on aura

$$t = t' - t''.$$

On voit d'abord que, l'un des termes étant intégré, l'intégration de l'autre s'en déduira facilement. Posons

$$\sqrt{R + x} = z,$$
$$a - bR + cR^2 = a',$$
$$b - 2cR = b';$$

on en déduira

$$t' = \int \frac{-[(a+bx+cx^2)p\sqrt{R+x}]\,dx}{p^2R - f^2R_1 + (p^2-f^2)x} = \frac{-2p}{p^2-f^2}\int \frac{(a'z^2+b'z^4+cz^6)\,dz}{\frac{f^2(R-R_1)}{p^2-f^2}+z^2}.$$

Il y a deux cas à distinguer : $R-R_1$ et p^2-f^2 peuvent être de même signe ou de signes contraires. Supposons-les d'abord de même signe, et posons

$$\frac{f^2(R-R_1)}{p^2-f^2} = k^2,$$

on en déduira

$$t' = \frac{-2p}{p^2-f^2}\int \frac{(a'z^2+b'z^4+cz^6)\,dz}{k^2+z^2},$$

en effectuant la division et intégrant,

$$t' = \frac{-2p}{p^2-f^2}\left[\frac{cz^5}{5} + \frac{b'-ck^2}{3}z^3 + [a' - k^2(b' - ck^2)]\,z - k\,[a' - k^2(b' - ck^2)]\right.$$
$$\left.\text{arc tang}\,\frac{z}{k}\right] + \text{const.}$$

Pour calculer t'', on posera

$$\sqrt{R_1+x} = z_1,$$
$$a - bR_1 + cR_1^2 = a'',$$
$$b - 2cR_1 = b'',$$

d'où

$$t'' = \frac{-2f}{p^2-f^2}\int \frac{(a''z_1^2+b''z_1^4+cz_1^6)\,dz_1}{p^2\frac{R-R_1}{p^2-f^2}+z_1^2};$$

mais on a

$$\frac{p^2(R-R_1)}{p^2-f^2} = \frac{f^2(R-R_1)}{p^2-f^2}\,\frac{p^2}{f^2} = k^2\frac{p^2}{f^2};$$

la valeur de t'' se déduira donc de celle de t' en y remplaçant a', b', k^2, z, par a'', b'', $k^2\frac{p^2}{f^2}$, z_1 ; d'où

$$t'' = \frac{-2f}{p^2-f^2}\left\{\begin{aligned}&\frac{cz_1^5}{5} + \left(b'' - ck^2\frac{p^2}{f^2}\right)\frac{z_1^3}{3} + \left[a'' - \frac{p^2}{f^2}k^2\left(b'' - \frac{cp^2}{f^2}k^2\right)\right]z_1\\ &- \frac{kp}{f}\left[a'' - k^2\frac{p^2}{f^2}\left(b'' - ck^2\frac{p^2}{f^2}\right)\right]\text{arc tang}\,\frac{z_1}{k\frac{p}{f}}.\end{aligned}\right.$$

Remplaçant z et z_1 par leurs valeurs en x, on a pour l'expression complète de t

$$(50)\quad t = \frac{-2}{p^2 - f^2}\left\{\begin{aligned} & c\left[p\frac{(R+x)^{\frac{5}{2}}}{5} - f\frac{(R_1+x)^{\frac{5}{2}}}{5}\right] \\ & \quad + p\,(b' - ck^2)\frac{(R+x)^{\frac{3}{2}}}{3} - f\left(b'' - ck^2\frac{p^2}{f^2}\right)\frac{(R_1+x)^{\frac{3}{2}}}{3} \\ & + p\left[a' - k^2(b' - ck^2)\right](R+x)^{\frac{1}{2}} \\ & \quad - f\left[a'' - k^2\frac{p^2}{f^2}\left(b'' - ck^2\frac{p^2}{f^2}\right)\right](R_1+x)^{\frac{1}{2}} \\ & - kp\left[a' - k^2(b' - ck^2)\right]\text{arc tang}\,\frac{z}{k} \\ & \quad + kp\left[a'' - k^2\frac{p^2}{f^2}\left(b'' - ck^2\frac{p^2}{f^2}\right)\right]\text{arc tang}\,\frac{z}{k\frac{p}{f}} + \text{const.} \end{aligned}\right.$$

et la constante se déterminerait par la condition que $x = H$ pour $t = 0$.

Si l'on suppose maintenant que $R - R_1$ et $p^2 - f^2$ sont de signes contraires, on posera

$$f^2\frac{R - R_1}{p^2 - f^2} = -k^2,$$

et l'on trouverait

$$(51)\quad t = \frac{-2}{p^2 - f^2}\left\{\begin{aligned} & c\left[p\frac{(R+x)^{\frac{5}{2}}}{5} - f\frac{(R_1+x)^{\frac{5}{2}}}{5}\right] \\ & \quad + p\,(b' + ck^2)\frac{(R+x)^{\frac{3}{2}}}{3} - f\left(b'' + ck^2\frac{p^2}{f^2}\right)\frac{(R_1+x)^{\frac{3}{2}}}{3} \\ & + p\left[a' + k^2(b' + ck^2)\right](R+x)^{\frac{1}{2}} \\ & \quad - f\left[a'' + k^2\frac{p^2}{f^2}\left(b'' + ck^2\frac{p^2}{f^2}\right)\right](R_1+x)^{\frac{1}{2}} \\ & - \frac{kp}{2}\left[a' + k^2(b' + ck^2)\right]\log\frac{z+k}{z-k} \\ & \quad + \frac{kp}{2}\left[a'' + k^2\frac{p^2}{f^2}\left(b'' + ck^2\frac{p^2}{f^2}\right)\right]\log\frac{z + k\frac{p}{f}}{z - k\frac{p}{f}} + \text{const.} \end{aligned}\right.$$

Lorsque l'on a $f = p$, ce qui a lieu souvent en pratique, ces expressions ne sont plus applicables, et il faut recourir alors à l'équation différentielle, qui devient

$$dt = \frac{-1}{p} \frac{(a + bx + cx^2)\,dx}{\sqrt{R+x} + f\sqrt{R_1 + x}}.$$

En posant, comme ci-dessus,

$$a - bR + cR^2 = a',$$
$$b - 2cR = b',$$
$$a - bR_1 + cR_1^2 = a'',$$
$$b - 2cR_1 = b'',$$

et effectuant l'intégration, on trouve facilement

$$(52) \quad t = \frac{-2}{p(R - R_1)} \left\{ \begin{aligned} & c\left[\frac{(R+x)^{\frac{7}{2}}}{7} - \frac{(R_1+x)^{\frac{7}{2}}}{7}\right] + b'\frac{(R+x)^{\frac{5}{2}}}{5} - b''\frac{(R_1+x)^{\frac{5}{2}}}{5} \\ & + a'\frac{(R+x)^{\frac{3}{2}}}{3} - a''\frac{(R_1+x)^{\frac{3}{2}}}{3} + \text{const.} \end{aligned} \right.$$

la constante se déterminant toujours par la condition que $x = H$ pour $t = 0$.

Si l'on avait d'ailleurs $R = R_1$, cette expression elle-même se présenterait sous la forme $\frac{0}{0}$, et il faudrait de nouveau recourir à l'équation différentielle, qui devient alors

$$dt = \frac{-(a + bx + cx^2)\,dx}{2p\sqrt{R+x}},$$

dont l'intégrale est, en posant

$$a - bR + cR^2 = a',$$
$$b - 2cR = b',$$

$$(53) \qquad t = \frac{-1}{p}\left[c\,\frac{(R+x)^{\frac{5}{2}}}{5} + b'\,\frac{(R+x)^{\frac{3}{2}}}{3} + a'(R+x)^{\frac{1}{2}}\right] + \text{const.}$$

Lorsque la section est constante, ces expressions se simplifient d'une manière notable; on a alors, si A est cette section,

$$c = 0, \qquad b = 0, \qquad a = A.$$

L'expression (50) devient, en déterminant la constante par la condition de $x = H$ pour $t = 0$,

$$(50\ bis)\quad t = \begin{cases} \dfrac{2Ap}{p^2-f^2}\Bigg\{\sqrt{R+H} - \sqrt{R+x} \\ \qquad + f\dfrac{\sqrt{R-R_1}}{\sqrt{p^2-f^2}}\Bigg[\text{arc tang}\,\dfrac{\sqrt{(p^2-f^2)(R+x)}}{f\sqrt{R-R_1}} \\ \qquad\qquad - \text{arc tang}\,\dfrac{\sqrt{(p^2-f^2)(R+H)}}{f\sqrt{R-R_1}}\Bigg]\Bigg\} \\ \dfrac{-2Af}{p^2-f^2}\Bigg\{\sqrt{R_1+H} - \sqrt{R+x} \\ \qquad + p\dfrac{\sqrt{R-R_1}}{\sqrt{p^2-f^2}}\Bigg[\text{arc tang}\,\dfrac{\sqrt{(p^2-f^2)(R_1+x)}}{p\sqrt{R-R_1}} \\ \qquad\qquad - \text{arc tang}\,\dfrac{\sqrt{(p^2-f^2)(R_1+H)}}{p\sqrt{R-R_1}}\Bigg]\Bigg\}. \end{cases}$$

L'expression (51) devient, en remplaçant d'ailleurs les logarithmes népériens par les logarithmes ordinaires,

$$(51\ bis)\quad t = \begin{cases} \dfrac{2Ap}{p^2-f^2}\Bigg\{\sqrt{R+H} - \sqrt{R+x} \\ \qquad + \dfrac{1{,}151\, f\sqrt{R_1-R}}{\sqrt{p^2-f^2}}\Bigg[\log\dfrac{\sqrt{(p^2-f^2)(R+x)} + f\sqrt{R_1-R}}{\sqrt{(p^2-f^2)(R+x)} - f\sqrt{R_1-R}} \\ \qquad\qquad - \log\dfrac{\sqrt{(p^2-f^2)(R+H)} + f\sqrt{R_1-R}}{\sqrt{(p^2-f^2)(R+H)} - f\sqrt{R_1-R}}\Bigg]\Bigg\} \\ \dfrac{-2Af}{p^2-f^2}\Bigg\{\sqrt{R_1+H} - \sqrt{R+x} \\ \qquad + \dfrac{1{,}151\, p\sqrt{R_1-R}}{\sqrt{p^2-f^2}}\Bigg[\log\dfrac{\sqrt{(p^2-f^2)(R_1+x)} + p\sqrt{R_1-R}}{\sqrt{(p^2-f^2)(R_1+x)} - p\sqrt{R_1-R}} \\ \qquad\qquad - \log\dfrac{\sqrt{(p^2-f^2)(R_1+H)} + p\sqrt{R_1-R}}{\sqrt{(p^2-f^2)(R_1+H)} - p\sqrt{R_1-R}}\Bigg]\Bigg\}. \end{cases}$$

L'expression (52) devient

$$(52\ bis)\qquad t=\frac{2A}{p(R-R_1)}\left[(R+H)^{\frac{3}{2}}-(R+x)^{\frac{3}{2}}-(R_1+H)^{\frac{3}{2}}+(R_1+x)^{\frac{3}{2}}\right],$$

et l'expression (53) devient

$$(53\ bis)\qquad \begin{cases} t=\dfrac{A}{p}\left[\sqrt{R+H}-\sqrt{R+x}\right] \\ \text{ou} \\ t=\dfrac{2A}{2p}\left[\sqrt{R+H}-\sqrt{R+x}\right], \end{cases}$$

expression qui n'est autre chose que l'expression (32), dans laquelle p serait remplacé par $2p$, comme on devait s'y attendre.

§ 3. *Écoulement simultané par un déversoir et une vanne dans le cas particulier d'un débit affluent nul.* — L'équation différentielle générale devient ici

$$(49\ bis)\qquad dt=\frac{-(a+bx+cx^2)\,dx}{r(x-h)\sqrt{x-h}+p\sqrt{R+x}}.$$

Cette équation se mettra sous la forme

$$dt=\frac{(a+bx+cx^2)\,p\,(R+x)^{\frac{1}{2}}\,dx}{r^2(x-h)^3-p^2(R+x)}-\frac{(a+bx+cx^2)(x-h)^{\frac{3}{2}}\,dx}{r^2(x-h)^3-p^2(R+x)}.$$

Dans le cas où les racines de l'équation

$$(54)\qquad r^2(x-h)^3-p^2(R+x)=0$$

sont réelles et inégales, l'intégration de cette équation peut se faire encore par une formule générale, en posant, α, β, γ étant les trois racines de l'équation (54),

$$D=\frac{a+b\alpha+c\alpha^2}{3r^2(\alpha-h)^2-p^2},\qquad E=\frac{a+b\beta+c\beta^2}{3r^2(\beta-h)^2-p^2},\qquad F=\frac{a+b\gamma+c\gamma^2}{3r^2(\gamma-h)^2-p^2},$$

et, en déterminant la constante de manière que l'on ait $x=H$ pour

$t = 0$, l'intégrale est [1]

$$
(55)\quad t = \left\{
\begin{aligned}
&2p(\mathrm{D}+\mathrm{E}+\mathrm{F})\left(\sqrt{\mathrm{R}+x}-\sqrt{\mathrm{R}+\mathrm{H}}\right)\\
&-p\mathrm{D}\sqrt{\mathrm{R}+\alpha}\left\{\log\frac{\sqrt{\mathrm{R}+x}+\sqrt{\mathrm{R}+\alpha}}{\sqrt{\mathrm{R}+x}-\sqrt{\mathrm{R}+\alpha}}\right.\\
&\qquad\qquad\left.-\log\frac{\sqrt{\mathrm{R}+\mathrm{H}}+\sqrt{\mathrm{R}+\alpha}}{\sqrt{\mathrm{R}+\mathrm{H}}-\sqrt{\mathrm{R}+\alpha}}\right\}\\
&-p\mathrm{E}\sqrt{\mathrm{R}+\beta}\left\{\log\frac{\sqrt{\mathrm{R}+x}+\sqrt{\mathrm{R}+\beta}}{\sqrt{\mathrm{R}+x}-\sqrt{\mathrm{R}+\beta}}\right.\\
&\qquad\qquad\left.-\log\frac{\sqrt{\mathrm{R}+\mathrm{H}}+\sqrt{\mathrm{R}+\beta}}{\sqrt{\mathrm{R}+\mathrm{H}}-\sqrt{\mathrm{R}+\beta}}\right\}\\
&-p\mathrm{F}\sqrt{\mathrm{R}+\gamma}\left\{\log\frac{\sqrt{\mathrm{R}+x}+\sqrt{\mathrm{R}+\gamma}}{\sqrt{\mathrm{R}+x}-\sqrt{\mathrm{R}+\gamma}}\right.\\
&\qquad\qquad\left.-\log\frac{\sqrt{\mathrm{R}+\mathrm{H}}+\sqrt{\mathrm{R}+\gamma}}{\sqrt{\mathrm{R}+\mathrm{H}}-\sqrt{\mathrm{R}+\gamma}}\right\}\\
&-\frac{2r}{3}(\mathrm{D}+\mathrm{E}+\mathrm{F})\left[\sqrt{(x-h)^3}-\sqrt{(\mathrm{H}-h)^3}\right]\\
&\qquad-2r\left[(\alpha-h)\mathrm{D}+(\beta-h)\mathrm{E}\right.\\
&\qquad\left.+(\gamma-h)\mathrm{F}\right]\left(\sqrt{x-h}-\sqrt{\mathrm{H}-h}\right)\\
&+r\mathrm{D}\sqrt{(\alpha-h)^3}\left\{\log\frac{\sqrt{x-h}+\sqrt{\alpha-h}}{\sqrt{x-h}-\sqrt{\alpha-h}}\right.\\
&\qquad\qquad\left.-\log\frac{\sqrt{\mathrm{H}-h}+\sqrt{\alpha-h}}{\sqrt{\mathrm{H}-h}-\sqrt{\alpha-h}}\right\}\\
&+r\mathrm{E}\sqrt{(\beta-h)^3}\left\{\log\frac{\sqrt{x-h}+\sqrt{\beta-h}}{\sqrt{x-h}-\sqrt{\beta-h}}\right.\\
&\qquad\qquad\left.-\log\frac{\sqrt{\mathrm{H}-h}+\sqrt{\beta-h}}{\sqrt{\mathrm{H}-h}-\sqrt{\beta-h}}\right\}\\
&+r\mathrm{F}\sqrt{(\gamma-h)^3}\left\{\log\frac{\sqrt{x-h}+\sqrt{\gamma-h}}{\sqrt{x-h}-\sqrt{\gamma-h}}\right.\\
&\qquad\qquad\left.-\log\frac{\sqrt{\mathrm{H}-h}+\sqrt{\gamma-h}}{\sqrt{\mathrm{H}-h}-\sqrt{\gamma-h}}\right\}.
\end{aligned}
\right.
$$

[1] Les logarithmes sont ici népériens. Pour les transformer en logarithmes ordinaires, il faudrait, comme on l'a déjà dit plus haut, multiplier par 2.303 les termes affectés du signe *log*.

On voit quelle complication introduit tout de suite le débit d'un déversoir combiné avec celui d'une vanne, dans le cas même le plus simple de cette combinaison.

Hors des combinaisons particulières que nous venons d'examiner dans cet article, on ne peut plus, comme nous l'avons du reste fait remarquer, intégrer l'équation différentielle (15) qu'en y substituant des nombres et en opérant directement sur l'équation différentielle numérique relative à la combinaison de vannes et de déversoirs que l'on aura à traiter, et l'on peut d'ailleurs toujours, q étant constant, recourir à la méthode de Simpson. On voit donc qu'il n'est aucun réservoir, quelque compliqué que soit son système de débit, qui ne puisse être complétement analysé lorsque le débit affluent est constant.

Les formules que nous avons données dans ce qui précède sont celles dont l'application est la plus fréquente. Les formules (21), (22), (31), (32), (21 *bis*), (22 *bis*), (44), (46), (38), (39) sont d'une application usuelle dans la plupart des réservoirs d'alimentation des canaux de navigation ou d'irrigation.

Le calcul des formules qui donnent l'expression du temps t en fonction de x est assez compliqué; mais on peut le simplifier considérablement en pratique en construisant les courbes qui représentent ces expressions; elles sont toutes de la forme

$$t = f(x, \mathrm{K}),$$

K étant la hauteur de tranche. On peut, en calculant quelques valeurs de t correspondant à des valeurs données de x plus petites que K, et en remarquant que pour $x = \mathrm{K}$ on a toujours $t = 0$, construire par points la courbe des x et des t correspondante à la hauteur de tranche K; on la prolongera en opérant de même pour la tranche suivante K', et ainsi de suite, et l'on aura la courbe complète des hauteurs d'eau en fonction du temps. Une fois cette courbe calculée, on peut prendre à l'échelle une ordonnée x correspondante à une abscisse quelconque t, ce qui donne presque toujours une approximation suffisante en pratique et simplifie considérablement l'usage des formules exactes.

Lorsqu'on a affaire à un réservoir dont les versants sont très-escarpés, on peut d'ailleurs simplifier encore ces formules, comme nous allons le montrer. Rappelons ici les expressions de b et de c qui peuvent se mettre sous la forme

$$b = \frac{S' - S}{K(D + D')} \times 2D,$$

$$c = \frac{S' - S}{K(D + D')} \times \frac{D' - D}{K} = \frac{b}{2D} \frac{D' - D}{K} = \frac{b}{2K}\left(\frac{D'}{D} - 1\right).$$

On voit que la valeur de c tend à se rapprocher de zéro à mesure que $\frac{D'}{D}$ se rapproche de l'unité, c'est-à-dire que les développements des deux sections extrêmes de la tranche que l'on considère diffèrent moins entre eux.

La valeur de b se rapproche d'ailleurs de zéro beaucoup moins rapidement que celle de c, attendu qu'elle contient la différence des surfaces, qui diminue moins rapidement que celle des développements des sections. Lorsque les versants sont rapides, et que dès lors il n'y a pas entre les développements des sections extrêmes des tranches de grandes différences, la valeur de c est toujours assez petite par rapport à celle de b pour qu'on puisse la négliger.

Supposons que la hauteur des tranches soit de 50 centimètres, ce qui donne $K = 0,50$, et admettons que la longueur du développement D' de la section supérieure surpasse de $\frac{1}{10}$ celle du développement de la section inférieure de la tranche, on aura

$$D' = 1,10\, D,$$

d'où l'on tirera, par la formule précédente,

$$c = 0,10\, b.$$

Si les développements ne différaient que de $\frac{1}{20}$, on aurait

$$D' = 1,05\, D,$$
$$c = 0,05\, b.$$

On voit d'ailleurs que, dans l'expression

$$a + bx + cx^2,$$

c est multiplié par le carré d'un nombre qui est toujours plus petit que l'unité, puisque, si l'on veut opérer avec quelque exactitude, la hauteur K d'une tranche ne devra jamais dépasser 1 mètre. On voit donc que cx^2 diminue très-rapidement par rapport à bx, lorsque c diminue par rapport à b. Il suit de là que, en pratique, pour les réservoirs dont les versants sont très-rapides, c'est-à-dire pour les vallées très-escarpées, on pourra faire $c = 0$ dans toutes les formules qui donnent t en fonction de x, ce qui les simplifiera notablement, et l'usage des formules complètes se réduirait aux réservoirs construits dans les vallées à pentes douces.

Nous devons borner ici les développements théoriques de cette première partie de la question, c'est-à-dire de l'hypothèse où le débit affluent est constant, et l'on trouvera au chapitre IV quelques applications des formules que nous venons d'indiquer. Passons maintenant à la seconde partie de la question, c'est-à-dire à l'hypothèse du débit affluent variable.

CHAPITRE III.

CAS OÙ LE DÉBIT AFFLUENT EST VARIABLE.

ARTICLE I.

PROCÉDÉS DE CALCUL DE L'ÉQUATION DIFFÉRENTIELLE. — COURBE DES HAUTEURS D'EAU DANS LE RÉSERVOIR; SA COMBINAISON AVEC LES COURBES DES DÉBITS ENTRANTS ET SORTANTS.

§ 1. *Calcul de la courbe des hauteurs d'eau.* — Lorsque, dans l'équation différentielle (M), qui est

$$Z dx = (q - \varphi)\, dt,$$

q devient variable en fonction de t, Z et φ étant toujours, comme on l'a vu plus haut par leurs expressions (6 *bis*) et (14), des fonctions de x, l'intégration de l'équation (M) devient entièrement impossible, et l'on ne peut même pas lui appliquer la méthode de Simpson; on ne peut la traiter que par le calcul des différences.

Mettons d'abord cette équation sous la forme

$$dx = \frac{q - \varphi}{Z} dt.$$

Supposons que le niveau des eaux du réservoir soit, au bout du temps t_x, à une hauteur x au-dessus du fond de la tranche dans laquelle se fait l'écoulement (fig. 8, pl. I, par exemple). Au bout de ce temps, on connaît q et φ; q_x sera l'ordonnée de la courbe des débits affluents qui correspond à la valeur t_x du temps pour laquelle la hauteur d'eau du réservoir au-dessus du fond de la tranche où oscille son niveau est x. On connaît aussi la valeur φ_x correspondante du débit par seconde du pertuis ou des pertuis par lesquels se fait l'écoulement. φ_x sera, d'après ce qui a été dit plus haut, une somme d'expressions de la forme

$$m'\omega'\sqrt{2g(R+x)}$$

pour les écoulements de fond, et

$$mL\sqrt{2g(x-h)^3} = mL(x-h)\sqrt{2g(x-h)}$$

pour les écoulements de superficie. On pourra donc calculer φ pour la valeur de x que l'on considère. Enfin Z se calcule aussi en fonction de x par la relation (6 *bis*)

$$Z = a + bx + cx^2.$$

Ce calcul est tout donné par la table des surfaces que l'on aura calculée une fois pour toutes pour le réservoir, ou par l'ordonnée Z, qui correspond à l'abscisse x de la courbe des surfaces (fig. 4, pl. I). Pour faciliter le calcul de φ, on se servira d'une table qui donne, connaissant h', la vitesse théorique

$$V = \sqrt{2gh'}.$$

On calculera ainsi très-simplement les valeurs de φ puisqu'on connaîtra immédiatement par la table les valeurs $\sqrt{2g(R+x)}$ et $\sqrt{2g(x-h)}$ qui y entrent.

On peut d'ailleurs, si l'on est pressé, calculer un certain nombre de valeurs de φ correspondant à des valeurs de x, et établir ainsi la courbe des débits du pertuis MNPQ (fig. 7 *bis*, pl. I), sur laquelle on calculera le débit φ_x correspondant à la valeur x de la hauteur d'eau dans le réservoir, connaissant les valeurs φ_0 et φ_1 qui la comprennent et qui correspondent aux valeurs x_0 et x_1 de la hauteur d'eau, comme on calcule q_x sur la courbe des débits affluents (fig. 7), connaissant les deux valeurs q_0 et q_1 entre lesquelles elle tombe.

On voit donc que, en définitive, il est très-facile de calculer, pour une hauteur d'eau donnée du réservoir, les débits q et φ et la surface Z, de sorte que tout est déterminé dans l'équation

$$\text{(M)} \qquad dx = \frac{q-\varphi}{Z}\,dt,$$

d'où l'on tirerait ainsi $\frac{dx}{dt}$ ou la tangente de l'angle que fait avec l'axe des t la tangente à la courbe des hauteurs d'eau dans le réservoir (fig. 14, pl. I).

Voici maintenant comment on pourra faire servir cette équation à calculer la courbe elle-même. Cette méthode nous a été indiquée par M. Bresse, à propos de l'examen qu'il fit d'un premier travail que nous avions rédigé sur la question des réservoirs des rivières et qui lui fut communiqué en 1857.

On connaît à un certain instant une valeur x_0 de x et une valeur q_0 de q; donnant au temps un accroissement très-petit Δt_0, on connaîtra encore par la courbe des débits affluents la valeur q_1 de q au bout de cet accroissement du temps t, et l'on peut prendre la moyenne $\frac{q_0+q_1}{2}$. On calculera Z_0 et φ_0, valeurs de Z et de φ qui correspondent à $x=x_0$, ce qui ne peut plus offrir aucune difficulté, d'après ce que nous venons de dire. On aura dès lors par la formule fondamentale (M), en y mettant les différences de x et t au lieu de leurs différentielles,

$$(M_1) \qquad \Delta x = \frac{q-\varphi}{Z}\Delta t,$$

et, en y faisant $\Delta t = \Delta t_0$, $q=\frac{1}{2}(q_0+q_1)$, $\varphi=\varphi_0$, $Z=Z_0$,

$$(M') \qquad \Delta x_0 = \frac{\frac{1}{2}(q_0+q_1-\varphi_0)}{Z_0}\Delta t_0,$$

d'où l'on tirera Δx_0.

On pourra d'ailleurs se vérifier en cherchant les valeurs Z_1, φ_1 de Z et φ qui correspondent à $x_1=x_0+\Delta x_0$, et l'on calculera à nouveau Δx_0 par la formule

$$(M'') \qquad \Delta x_0 = \frac{q_0+q_1-\varphi_0+\varphi_1}{Z_0+Z_1}\Delta t_0,$$

formule qui s'explique d'elle-même, car elle exprime tout simplement que, pendant l'intervalle Δt, q, φ et Z ont, dans l'équation donnée ci-dessus

$$\Delta x = \frac{q-\varphi}{Z}\Delta t,$$

leurs valeurs moyennes

$$q=\frac{q_0+q_1}{2}, \qquad \varphi=\frac{\varphi_0+\varphi_1}{2}, \qquad Z=\frac{Z_0+Z_1}{2}.$$

Si la valeur de Δx_0 tirée de la formule (M″) différait sensiblement de celle qui aurait été calculée par la formule (M′), on serait averti par là que la valeur de l'accroissement Δt_0 du temps que l'on s'était donnée était trop grande, et l'on recommencerait le calcul avec un intervalle plus petit. Il faut toujours satisfaire, dans ces sortes de calculs, à la condition que, pour les accroissements corrélatifs Δx_0, Δt_0, les différences $q_1 - q_0$, $\varphi_1 - \varphi_0$, $Z_1 - Z_0$ soient faibles comparativement à q_0, φ_0, Z_0.

Ayant obtenu Δx_0, comme il vient d'être dit, on procéderait, à l'égard de $x_1 = x_0 + \Delta x_0$, comme on vient de le faire par rapport à x_0, c'est-à-dire qu'on calculerait le Δx_1 correspondant à un nouvel accroissement de temps Δt_1 assez petit pour que $q_2 - q_1$, $\varphi_2 - \varphi_1$, $Z_2 - Z_1$ soient faibles comparativement à q_1, φ_1, Z_1, et ainsi de suite, en ayant soin de vérifier à chaque calcul les résultats de la formule (M') par ceux de la formule (M'').

On pourra donc déterminer ainsi avec une exactitude suffisante la courbe des hauteurs d'eau dans le réservoir[1]. Ainsi (fig. 14, pl. I) les temps t_0, t_1, t_2 étant portés comme abscisses sur un axe horizontal, les ordonnées correspondantes x_0, x_1, x_2, etc. représenteront les hauteurs de l'eau dans le réservoir au bout des temps t_0, t_1, t_2, ...

Les courbes des débits d'entrée et de sortie, combinées avec la courbe des hauteurs d'eau dans le réservoir, permettent de résoudre toutes les questions qui peuvent se présenter dans un réservoir pour des orifices donnés; c'est ce que nous allons montrer.

§ 2. *Combinaison de la courbe des hauteurs avec les courbes des débits.* — *Supposons d'abord qu'il s'agisse de savoir, pour une hauteur d'eau donnée x dans le réservoir, quels sont les débits d'entrée et de sortie.* On portera comme abscisse la valeur de x sur l'axe des abscisses de la figure 7 *bis* (pl. I), et φ_x sera le débit de sortie par seconde; on portera le temps t_x correspondant à la valeur de x de la figure 14 sur l'axe des abscisses de la figure 7, et le débit q_x correspondant sera le débit d'entrée.

Si l'on voulait savoir, pour un débit sortant φ_x donné, quels sont le

[1] Nous avons raisonné pour une tranche du réservoir, mais il est évident qu'en descendant ou montant de tranche en tranche suivant la nature du mouvement, on arrivera successivement à avoir toutes les valeurs de x et, par conséquent, la courbe complète des hauteurs d'eau du réservoir.

débit entrant et la hauteur d'eau dans le réservoir, on porterait l'abscisse x correspondante à ce débit sortant φ_x (fig. 7 *bis*) sur l'axe des x de la figure 14, en oo', on tirerait $o'r$ parallèle à l'axe des t sur cette figure : le point r, où cette ligne rencontre la courbe des hauteurs d'eau du réservoir, donnerait, par son ordonnée, la hauteur x, ce qui déterminerait l'abscisse correspondante t_x (fig. 14, pl. I); cette abscisse t_x se porterait ensuite sur l'axe des abscisses de la figure 7, et l'ordonnée q_x correspondante serait le débit entrant.

Enfin, *si, pour une hauteur d'eau donnée dans le réservoir et un débit entrant donné, on voulait avoir le débit sortant*, on prendrait le débit entrant q_x sur la courbe des débits entrants (fig. 7), et l'abscisse correspondante t_x de cette figure serait ensuite portée sur l'axe des abscisses de la figure 14, ce qui déterminera l'ordonnée x correspondante sur cette figure; on porterait ensuite cette ordonnée sur l'axe des abscisses de la figure 7 *bis*, et l'ordonnée φ_x correspondante serait le débit cherché.

On voit de quelle utilité sont ici ces trois courbes, qui établissent le régime complet du réservoir : elles peuvent d'ailleurs servir à faire des expériences très-intéressantes et à vérifier si, par exemple, les coefficients de contraction dont on s'est servi pour calculer φ dans les expressions $m'\omega'\sqrt{2g}(R+x)$ et $mL(x-h)\sqrt{2g(x-h)}$ sont exacts. Il suffira pour cela d'observer directement la courbe des hauteurs d'eau du réservoir, ce qui sera très-facile en notant, d'intervalle en intervalle, les hauteurs lues à l'échelle hydrométrique de ce réservoir. La courbe RSTU (fig. 14) sera ainsi parfaitement connue, et ne devra pas différer sensiblement de celle que donnera le calcul, si les coefficients de réduction de la dépense qui ont servi à calculer φ, d'une part, ou la courbe des débits sortants, et les procédés de jaugeage des eaux courantes qui ont servi à calculer q, d'autre part, ou la courbe des débits entrants, sont exacts. Si l'on a affaire à un réservoir où le débit entrant puisse se régler de manière à rester constant, la courbe des débits entrants sera une parallèle à son axe des temps, et dès lors on sera conduit, dans ce cas particulier, à une vérification des coefficients de réduction des écoulements de fond et de superficie en faisant jouer isolément chacun de ces systèmes d'écoulement, vérification qui pourra être d'autant plus exacte que, dans ce cas, les formules établies au chapitre précédent donnent, pour la courbe des hauteurs d'eau dans le réservoir, une relation tout à fait exacte entre x et t.

ARTICLE 2.

APPLICATION SPÉCIALE AUX RÉSERVOIRS D'INONDATION DE LA THÉORIE QUI VIENT D'ÊTRE EXPOSÉE POUR LE CAS DES DÉBITS AFFLUENTS VARIABLES.

§ 1. *Comment se pose la question.* — Supposons qu'il s'agisse de défendre une ville contre les inondations d'un cours d'eau, et que cette défense doive se faire par l'abaissement des crues, que produirait un réservoir placé sur le cours d'eau en amont de la ville à défendre. La question peut se résoudre par les principes de la théorie qui vient d'être exposée dans ce chapitre. Voici comment cette question se présente en pratique. *Il s'agit de déterminer le pertuis et la hauteur de barrage qui, pour la courbe des débits de la plus grande crue connue de la rivière au point où doit être établi le barrage, conduisent à une réduction donnée du débit maximum.* Dans ce qui précède, le pertuis est supposé donné; il s'agit ici au contraire de le déterminer. C'est une question analogue à celle de la détermination que nous avons faite, au chapitre précédent, de la levée de vanne qui doit produire un abaissement donné dans le réservoir.

§ 2. *Considérations préliminaires.* — Supposons que l'on connaisse, au point où doit être établi le barrage sur la rivière, la courbe des débits de la plus grande crue connue de cette rivière. Soit ABCD (fig. 1, pl. II) cette courbe, qui se déduirait, comme on l'a déjà dit, par les procédés de jaugeage des eaux courantes, de la courbe A'B'C'D' des hauteurs observées pour cette crue à l'échelle placée au point de la rivière où doit être établi notre barrage de réservoir[1].

[1] On place ordinairement les barrages en maçonnerie de ces réservoirs dans des

Le barrage a d'ailleurs la forme[1] indiquée par la figure 2 (pl. II). La pente de la rivière est exagérée dans cette figure pour la raccourcir, mais il n'en est pas moins vrai que, si l'on place le seuil du pertuis au niveau du fond d'amont, on peut, en le faisant horizontal, le faire déboucher en aval assez haut au-dessus du fond de la vallée pour que cet orifice puisse être considéré comme n'étant pas noyé à l'aval. Les barrages, pour être efficaces, doivent avoir de très-grandes hauteurs, ainsi qu'il est facile de le voir par l'expression 8 *bis* du volume retenu dans une tranche du réservoir, qui montre combien ce volume w croît rapidement avec x ou la hauteur. *Il est donc évident que, dans la question d'inondation, on ne pourrait espérer de résultats sérieux qu'en faisant des barrages très-élevés.* Or le profil à adopter pour ces constructions leur donne de très-grandes épaisseurs à la base, et dès lors, en tenant le fond du pertuis horizontal, on gagne immédiatement, par la pente de la vallée, assez de chute pour que l'orifice ne soit pas noyé à l'aval, ce qui simplifie notablement les calculs. La figure 2 (pl. II), suppose d'ailleurs un pertuis débitant de fond; ces pertuis sont évidemment plus avantageux que ceux qui débiteraient de superficie, comme celui de la digue de Pinay ou celui qui est indiqué en coupe par la figure 10 *bis* (pl. I). En effet, un pertuis comme celui de la figure 10 *bis* sépare le mur en deux sur toute sa hauteur et y introduit, par conséquent, des chances de destruction. Un pertuis qui ne fait que le traverser par le bas n'a pas cet inconvénient, et ce pertuis peut même, dans la plupart des cas, se remplacer par

parties resserrées de la vallée, en amont desquelles se trouvent des parties plus larges, afin que le cube de la maçonnerie et, par conséquent, le prix du mètre cube d'eau retenu soient un minimum.

[1] La forme de ces barrages est, à très-peu près, un profil d'égale résistance. M. l'ingénieur ordinaire Delocre, à qui nous avions confié l'étude spéciale de ce profil, a écrit un mémoire dans lequel il est arrivé, par l'analyse, à cette forme, qui a été adoptée pour le barrage du Furens, approuvé par le Conseil général des ponts et chaussées et exécuté pour défendre la ville de Saint-Étienne contre les inondations de cette rivière. Ce mémoire, inséré aux *Annales des ponts et chaussées* (1866), a obtenu la grande médaille d'or annuelle décernée par le suffrage des ingénieurs.

un petit souterrain percé dans l'un des versants contre lesquels s'appuie la construction. Celle-ci devient alors un véritable monolithe qui est indestructible. Il est évident d'ailleurs que, pour des constructions de cette hardiesse (40 à 50 mètres de hauteur), il faut mettre toutes les bonnes chances de son côté, et dès lors on doit, à notre avis, exclure le type du pertuis ouvert, comme celui de la digue de Pinay, sur toute la hauteur du barrage; la forme du pertuis de Pinay a, du reste, déjà produit son effet, car un des côtés de la digue a été complétement ruiné par les crues de la Loire. Il sera donc très-rare qu'on ait à s'occuper de ce type dans les grands barrages des réservoirs, et le type vidant de fond est, sous tous les rapports, préférable. Du reste nous donnerons la solution dans les deux cas. Supposons d'abord qu'on ait affaire au pertuis dont le type est indiqué par la figure 2 (pl. II).

Il est évident que, ABCD (fig. 1, pl. II) représentant la courbe des débits de la rivière au point où est le barrage, la courbe des débits du pertuis sera une courbe AMCNS, qui se confondra avec la courbe de la rivière tant que les eaux de celle-ci passeront librement dans le pertuis. Supposons qu'au moment où le débit de la rivière est q_0, représenté sur la figure 1 par l'ordonnée AE, l'eau retenue commence à monter dans le réservoir. Il est évident qu'à partir de ce moment de la crue, les deux courbes se séparent, et la courbe des débits du pertuis deviendra une courbe AMCNS, qui coupera quelque part en C la courbe des débits de la rivière et qui sera beaucoup plus aplatie que cette courbe. Elle serait entièrement nulle si le pertuis n'existait pas, et, dans ce cas, la crue entière serait emmagasinée dans le réservoir, s'il était d'ailleurs de hauteur suffisante pour la contenir. Il est donc évident qu'entre ce cas, où le pertuis nul supprime toute la crue, et celui où l'absence de barrage laisse à la crue tout son volume, il y a une infinité de dimensions de pertuis, qui doivent plus ou moins diminuer ce volume.

Voyons comment on pourra déterminer celles du pertuis à adopter.

§ 3. *Détermination des dimensions du pertuis.* — Soient ABCD et AMCNS les courbes des débits de la rivière et du pertuis en fonction du temps; considérons ce qui se passe pendant un intervalle de temps Δt égal à la différence des abscisses $EK = OK - OE$ (fig. 1, pl. II).

L'équation différentielle (M) du mouvement est, comme on l'a vu plus haut,

$$Zdx = qdt - \varphi dt,$$

ou, en substituant les différences finies aux différentielles,

$$Z\Delta x = q\Delta t - \varphi\Delta t,$$

ou

$$Z\Delta x = q\Delta t - \varphi\Delta x \frac{\Delta t}{\Delta x}.$$

Le terme $q\Delta t$ représente (fig. 1, pl. II) l'aire EAaK de la courbe des débits de la rivière correspondante à $\Delta t = EK$; le terme $Z\Delta x$ représente (fig. 4, pl. I) l'aire ax_0x_1M de la courbe des surfaces du réservoir ou l'élément de volume correspondant à la différence $x_1 - x_0 = \Delta x$ des valeurs de x ou de la hauteur d'eau dans le réservoir, qui correspondent à l'intervalle de temps Δt; enfin $\varphi\Delta x$ est représenté par l'aire Mx_0x_1N (fig. 7 *bis*, pl. I) et $\varphi\Delta x \frac{\Delta t}{\Delta x}$ par l'aire AEKb de la courbe AMCNS (fig. 1, pl. II) pour le même intervalle de temps Δt. Cette courbe n'est autre chose que la courbe des débits du pertuis calculée comme fonction de fonction en fonction du temps; en effet, les ordonnées φ de cette courbe se calculent par les formules des débits de fond ou de superficie en fonction de x, et cette dernière variable elle-même est calculée en fonction de t par les équations (M') et (M''). Il résulte de ce qui précède que, *pour un instant de durée donnée, la différence des aires des courbes des débits* ABC *et* AMC *de la rivière et du pertuis est égale à l'aire correspondante de la courbe des surfaces ou à l'élément de volume emmagasiné dans le réservoir, qui est, par conséquent, représenté par l'aire* Aab (fig. 1, pl. II). La même chose serait vraie pour la somme de ces aires prise entre des limites données; de sorte que la différence des aires EAaBCG et EAMCG (fig. 1, pl. II), ou l'aire AaBCMA, représentera la capacité qu'il faut donner au réservoir pour que la courbe des débits ABCD soit transformée dans la courbe AMCNS. Donc, si Q représente le cube total débité par la crue jusqu'au temps t_n, soit l'aire EAaBCG; si Φ représente le cube total débité par le pertuis dans le même temps, soit l'aire EAbMCG, et si V désigne le volume total emmagasiné dans le réservoir pour le même temps, on aura la relation

$$(M_2) \qquad V = Q - \Phi.$$

Or la courbe des débits de la rivière est connue, la courbe des surfaces et celle des volumes sont connues (puisqu'on sait les calculer et qu'on peut même les remplacer par des tables, comme nous l'avons déjà expliqué); la courbe des débits du pertuis en fonction du temps, c'est-à-dire la courbe dont les abscisses sont les temps et les ordonnées des débits, se calcule aussi facilement lorsque la section est donnée. En effet, il suffit de calculer d'abord la courbe des hauteurs d'eau dans le réservoir, ce qui se fait sans difficulté, au moyen des équations (M') et (M''), données plus haut. Connaissant cette courbe, qui donne x en t (fig. 14, pl. I), on calcule φ, qui est toujours une fonction de x, par les formules d'écoulement de fond ou de superficie :

$$\varphi = m'\omega'\sqrt{2g(\mathrm{R}+x)}, \quad \varphi = m\mathrm{L}(x-h)\sqrt{2g(x-h)},$$

ce qui donne φ en t et, par conséquent, les ordonnées de la courbe des débits du pertuis (fig. 1, pl. II).

Ainsi, le pertuis étant donné, on peut calculer exactement le volume de la crue qui s'emmagasinera dans le réservoir; il sera donné par l'équation (M_2); mais le pertuis n'est pas donné, et c'est précisément ce qu'il y a à déterminer. Voyons comment se fera ce calcul.

Le premier moyen qui se présente à l'esprit est d'essayer plusieurs sections et de voir celle qui permet de satisfaire approximativement à l'équation (M_2); mais ce calcul serait d'une complication extrême, si l'on ne trouvait un moyen d'abréger les tâtonnements. Remarquons, d'abord, qu'il faut que le pertuis soit tel qu'il puisse débiter, par seconde, le débit initial de la crue (ordonnée AE de la figure 1, pl. II), lorsqu'il commence à retenir les eaux, laissant ainsi passer sans gêne les eaux moyennes dont la hauteur à l'échelle correspond au débit par seconde, représenté par l'ordonnée AE de la figure 1; et il faut de plus que, l'eau étant arrivée à la hauteur limite X du barrage (fig. 2 pl. II), le débit par seconde du pertuis, à ce moment de maximum, ne dépasse pas la valeur q_n du débit par seconde de la rivière, représenté par l'ordonnée GC de la courbe des débits (fig. 1), qui correspond, sur la courbe des hauteurs d'eau de la rivière, à l'ordonnée G'C', à laquelle on veut réduire la crue pour la rendre inoffensive, crue qui, sans l'existence du barrage, prendrait la hauteur B'F', correspondante à l'ordonnée BF du maximum de la courbe des débits de la rivière.

Voilà donc deux limites extrêmes des débits de notre pertuis déterminées, ce sont les ordonnées q_0 et q_n (AE et GC sur la figure 1), entre lesquelles on veut contenir les débits de la crue modifiée par la construction du barrage. Comme la forme de la courbe des débits du pertuis A*b*MC n'est pas connue, puisqu'on ne connaît pas la section, il faut lui substituer une courbe connue et qui par sa nature permette de faire facilement le calcul de ses aires. La parabole est la plus convenable, et dans les applications nombreuses que nous avons eu à faire de ces sortes de calculs, nous avons toujours trouvé que l'aire différait très-peu de la parabole à la courbe exacte[1], c'est-à-dire que le terme Φ reste sensiblement le même, que l'on prenne la courbe exacte ou la parabole. Cela a peu d'importance d'ailleurs, car cette hypothèse ne nous servira qu'à calculer la section du pertuis; cette section sera

[1] La parabole ponctuée sur la figure 1 coupe la courbe réelle dans sa partie ascendante, cette dernière courbe exacte ayant une inflexion que n'a point la parabole.

déjà très-près de la vérité, et si l'on veut alors en approcher plus encore, on calculera la courbe des hauteurs d'eau du réservoir et, par conséquent, la courbe des débits du pertuis, pour deux ou trois sections s'éloignant peu de la section calculée par l'hypothèse que nous venons de faire, et l'on trouvera ainsi cette section très-vite, tandis qu'elle est introuvable, à moins de calculs sans fin, si l'on commence par essayer des sections arbitraires jusqu'à ce qu'on en puisse trouver une qui, sa courbe des débits calculée, produise l'effet demandé.

Supposons donc que la courbe des débits du pertuis soit une parabole, ce qui permet de faire φ fonction de t, tandis qu'il est réellement fonction de x; AZ (fig. 1, pl. II) étant l'axe de cette parabole, son équation serait de la forme

$$y^2 = 2pz,$$

les z étant comptés sur la ligne AZ, et son aire a pour expression

$$\frac{2}{3}yz.$$

Si la parabole doit passer par le point C dont les abscisses et ordonnées sont sur la courbe des débits de la rivière

$$z = t_n - t_0,$$
$$y = q_n - q_0,$$

son aire sera

$$\frac{2}{3}(q_n - q_0)(t_n - t_0),$$

et l'aire EAMCG ou Φ sera

$$\text{(N)} \qquad \Phi = \frac{2}{3}(q_n - q_0)(t_n - t_0) + q_0(t_n - t_0),$$

d'où, substituant dans l'équation (M_2) (voir la note n° 2, p. 144),

$$(M_3) \qquad V = Q - (t_n - t_0)\left(\frac{2}{3}q_n + \frac{1}{3}q_0\right).$$

Cette équation fort simple, qui donne *le volume à emmagasiner,* sert à calculer d'abord, en se donnant q_0 et q_n, la capacité V qu'il faut donner au réservoir, puisqu'on y connaît tout excepté V, Q n'étant autre chose que l'aire EABCG de la courbe des débits de la rivière entre les deux ordonnées q_0 et q_n (fig. 1, pl. II). La capacité du réservoir étant calculée, la hauteur du barrage s'ensuit; elle est donnée immédiatement en regard de ce volume par la table ou la courbe des capacités du réservoir dont on a déjà eu souvent occasion de parler dans cet écrit. Mais on ne peut pas faire des barrages d'une hauteur indéfinie, et la limite qu'il paraît prudent d'adopter est 50 à 55 mètres [1]. Il faut donc que la hauteur déduite par les tables de la valeur de V calculée par l'équation (M_3) soit moindre que 55 mètres, si toutefois la configuration des versants de la vallée permet d'adopter cette grande hauteur. En un mot, il y a pour chaque barrage une hauteur limite H déterminée par les circonstances locales, et qui, en aucun cas, ne paraît devoir dépasser 55 mètres. Il faut donc, pour parler plus généralement, que la hauteur donnée par les tables, ou la courbe des volumes du réservoir en regard du volume V calculé par la formule (M_3), ne soit pas plus grande qu'une hauteur donnée H. Si elle est plus grande, on recommence le calcul de V, en prenant sur la courbe des débits de la rivière (fig. 1, pl. II) une valeur q_n plus petite que la première, c'est-à-dire plus rapprochée de l'ordonnée initiale q_0; on opérerait d'une manière inverse, si la hauteur trouvée était notablement plus petite que H, et l'on arrivera ainsi, par quelques tâtonnements très-simples, à déterminer q_n de manière à avoir pour le barrage une hauteur différant très-peu de la hauteur H, que les circonstances locales permettent de lui donner.

Si X désigne la hauteur de notre barrage qui a servi à déterminer, par le tâtonnement qui vient d'être indiqué, la valeur de q_n ou de l'ordonnée d'intersection de la courbe des débits de la ri-

[1] Il y a en Espagne un barrage construit près d'Alicante par les Maures, qui a 41 mètres de hauteur; c'est la plus haute construction de cette espèce que l'on ait faite avant celle du barrage du Furens, près de Saint-Étienne, terminé en 1866, et qui a 50 mètres de hauteur d'eau à supporter et une hauteur totale de 53 mètres.

vière et de celle du pertuis supposée être une parabole, il est évident que, pour cette hauteur X de l'eau au-dessus du fond, il faut que le débit par seconde du pertuis soit égal à q_n (ordonnée CG de la figure 1, pl. II) et à q_0 pour la hauteur h_0 qui correspond sur la courbe des hauteurs d'eau dans le réservoir, dont l'action ne commence, par hypothèse, qu'à ce moment. En deux mots, *pour la hauteur d'eau maxima devant le barrage, le débit par seconde du pertuis est égal à q_n, et pour la hauteur minima, il doit être égal à q_0*, et c'est là la seule condition que l'on puisse trouver pour déterminer la section.

Il y a maintenant deux cas à distinguer :

1° Le pertuis débite de fond;

2° Le pertuis débite de superficie.

1° *Débit de fond.* — Si le pertuis débite de fond, on a pour φ une valeur de la forme connue

$$\varphi = m'\omega'\sqrt{2gh'},$$

h' étant la charge sur l'orifice, ω' la section, m' le coefficient de réduction de la dépense. Si nous appelons 2α la hauteur du pertuis, L sa largeur; si x représente maintenant la hauteur d'eau au-dessus du seuil du pertuis (fig. 2, pl. II), on aura pour le débit correspondant, en se rappelant que $\omega' = 2\alpha L$,

$$\text{(K)} \qquad \varphi = m' 2\alpha L \sqrt{2g(x-\alpha)},$$

ou

$$\text{(K')} \qquad \varphi = p' 2\alpha L \sqrt{(x-\alpha)}\ ^{(1)},$$

en posant $p' = m'\sqrt{2g}$.

En faisant dans cette équation (K') $\varphi = q_n$ et $x = X$, comme cela doit être pour le point C (fig. 1, pl. II), où les courbes des débits de la rivière et du pertuis se coupent, on en déduira la relation

$$\text{(T)} \qquad q_n = p' 2\alpha L \sqrt{X-\alpha}.$$

Cette relation, dans laquelle tout est connu excepté α et L, ser-

(1) Si l'on se rappelle que l'on a posé (chapitre II, art. 2) la relation (17) $p = m'L\sqrt{2g}$, il s'ensuit que l'on aurait $p' = \frac{p}{L}$.

vira à déterminer l'une de ces quantités, en se donnant l'autre; le calcul est plus simple pour L que pour α, de sorte qu'on mettra cette équation sous la forme

$$(\mathrm{T}') \qquad \mathrm{L} = \frac{q_n}{p' 2 \alpha \sqrt{\mathrm{X} - \alpha}}.$$

Si, après s'être donné une première valeur de 2α ou de la hauteur du pertuis, la valeur de L qu'on tirera de l'équation (T′) est trop grande ou trop petite par rapport à la hauteur pour donner une section commode, on fera un second calcul, en se donnant une valeur de α plus grande ou plus petite que la première; avec ce tâtonnement des plus simples, on arrivera très-facilement à une section convenable. Nous supposerons toujours cette section rectangulaire, pour faciliter les calculs; en exécution, on lui substituerait une voûte de même section et de même hauteur, sans que cela pût modifier, d'une manière appréciable, les conditions d'écoulement du pertuis.

Les dimensions du pertuis étant calculées, il restera à voir à quelle hauteur d'eau dans le réservoir correspondra le débit initial q_0, que l'on a supposé pris pour point de départ, afin de voir si cela ne réduit pas, d'une manière appréciable, la capacité V du réservoir trouvée par les calculs qui précèdent. Il est très-facile de déterminer cette hauteur x, au moyen de l'équation (K′)

$$\varphi = p' 2 \alpha \mathrm{L} \sqrt{x - \alpha},$$

d'où l'on tirera

$$(\mathrm{K}'') \qquad x = \alpha + \frac{\varphi^2}{4 p'^2 \alpha^2 \mathrm{L}^2}.$$

On trouve dans la table des volumes, dressée une fois pour toutes, ou par la courbe des volumes, si l'on n'a pas eu le temps de dresser cette table, quel est le volume d'eau qui correspond, dans le réservoir, à cette hauteur x au-dessus du seuil ou au plan horizontal BC de la figure 2 (pl. II). Soit w ce volume, V étant le volume qui correspond à la hauteur X. Il est évident que, si, pour le débit initial q_0 que l'on a supposé, la hauteur d'eau dans le réservoir est x, la capacité totale devant emmagasiner la crue sera $V-w$. Si w est très-petit par rapport à V, il n'y aura plus de calculs à faire, car on donne toujours aux barrages de 1 à 2 mètres de hauteur de plus qu'il ne faut, pour empêcher les vagues de passer sur leurs couronnements. Il n'y a donc pas nécessité ici d'arriver tout à fait juste pour la valeur de V, puisqu'il est parfaitement certain que la capacité sera toujours suffisante; si w' est le volume ajouté par l'excédant de hauteur qu'on donne au barrage pour préserver son couronnement de toute dégradation, il est évident que, tant que w sera plus petit que w', sa capacité sera suffisante. Dans le cas où w serait plus grand que w', cela indiquerait que l'on a pris pour le débit initial q_0 une valeur trop grande, et il faudrait alors partir d'un point plus bas de la courbe des débits de la rivière et recommencer le calcul de la section du pertuis, ce qui arrivera très-rarement, et n'offrirait du reste aucun inconvénient, vu la simplicité des calculs.

Les calculs qui viennent d'être indiqués exigent des tâtonnements qui paraissent compliqués au premier abord, mais qui deviennent des plus simples une fois qu'on a un peu l'habitude de ces sortes de calculs. On le verra clairement dans le chapitre IV, où nous en donnons des applications.

2° *Débit de superficie.* — Si, au lieu d'un pertuis débitant de fond, on avait un pertuis débitant de superficie sur toute hauteur, comme celui de Pinay, les calculs seraient absolument les mêmes; seulement, au lieu d'avoir la relation (K)

$$\varphi = m' 2\alpha L \sqrt{2g(x-\alpha)},$$

on aurait la relation propre aux déversoirs de toute forme, en déterminant le coefficient r par les expressions (28), (28 *bis*) et (28 *ter*), chapitre II, article 3, suivant les cas examinés à cet article; et en divisant chacune de ces expressions par L, on aurait, pour les trois cas de déversoirs auxquels elles s'appliquent :

$$r_1 = m\sqrt{2g}, \qquad r_1 = m\sqrt{2gn}, \qquad r_1 = \left[mn + m'(1-n)\right]\sqrt{2gn}.$$

Nous rappelons d'ailleurs que m, m', n sont des coefficients déterminés par expérience, comme on l'a expliqué déjà à l'article 3 du chapitre II.

L'équation générale relative au déversoir est donc ici

$$(K_1) \qquad \varphi = r_1 L x \sqrt{x},$$

et pour $\varphi = q_n$, $x = X$, c'est-à-dire pour le point C de la figure 1 (pl. II),

$$q_n = r_1 L X \sqrt{X},$$

d'où

$$(K_2) \qquad L = \frac{q_n}{r_1 X \sqrt{X}}.$$

Cette équation donnera la largeur du pertuis, et l'on opérera exactement, du reste, comme dans le cas du débit de fond qui vient d'être examiné tout à l'heure.

§ 4. *Quelques considérations sur la forme de la courbe des débits du pertuis et simplifications de calcul qui en résultent.* — La courbe des débits de la rivière, ayant la forme ABCD indiquée par la figure 1 (pl. II), a, en général, un point d'inflexion entre le débit initial q_0 de la crue et son débit maximum q_n. La courbe des débits du pertuis, calculée d'après les procédés expliqués dans ce qui précède, a nécessairement un point d'inflexion analogue; de sorte que la parabole qu'on lui substitue par hypothèse, pour faciliter le calcul du pertuis et de la hauteur du barrage, la coupe quelque part en n (fig. 1). Il suit de là que, de A en n, l'aire de la courbe réelle est plus petite que celle de la parabole; de n en C, au contraire, elle est plus grande. Ces deux différences se compensent à très-peu près, ainsi que nous l'ont démontré surabondamment tous les calculs numériques que nous avons eu à faire dans nos projets de réservoirs; de sorte que, comme la parabole n'entre que par ses aires dans les calculs donnés plus haut, il s'ensuit que la substitution de cette courbe déterminée à une courbe inconnue encore, puisqu'on ne peut la calculer que lorsqu'on connaît la section du pertuis, n'a rien d'inexact quant aux résultats du calcul. Dans la branche descendante CNS (fig. 1 pl. II) de la courbe des débits du pertuis, non-seulement les aires de la courbe exacte et de la parabole, mais leurs figures mêmes ne diffèrent pas sensiblement. Dans la partie ascendante, elles diffèrent d'autant moins que les limites extrêmes q_n et q_0 des débits du pertuis diffèrent moins l'une de l'autre, et elles tendent toutes deux à se rapprocher, à mesure que $q_n - q_0$ diminue, de la forme d'une ligne droite passant par les points A et C (fig. 1), qui aurait AZ pour limite. La courbe des débits se réduirait à cette ligne AZ, parallèle à l'axe des temps, dans le cas où le débit du pertuis serait constant et égal à q_0, c'est-à-dire où la différence $q_n - q_0$ entre les débits maximum et minimum serait nulle; plus $q_n - q_0$ est grand, plus le point d'inflexion de la courbe réelle des débits est prononcé; à mesure que $q_n - q_0$ diminue, cette inflexion s'aplatit, et la courbe se confond sensiblement avec la parabole, pour devenir, à très-peu près, une ligne droite passant par les points A et C (fig. 1), lorsque $q_n - q_0$ est très-petit. Il est donc utile de connaître les équations de la parabole et des lignes droites à employer dans le calcul.

L'équation de la parabole passant par les points A et C, dont les abscisses sont t_0 et t_n et les ordonnées q_0 et q_n, est

$$(\mathrm{N}) \qquad (\varphi - q_0)^2 = \frac{(q_n - q_0)^2}{t_n - t_0}(t - t_0),$$

qui se met sous la forme suivante, la plus commode pour le calcul,

$$(\mathrm{N}') \qquad \varphi = q_0 + \frac{q_n - q_0}{\sqrt{t_n - t_0}}\sqrt{t - t_0}.$$

Il est inutile, sans doute, de répéter que les différences $t - t_0$, $t_n - t_0$ doivent être exprimées en secondes.

La courbe des débits en fonction du temps, c'est-à-dire la courbe AMCN de la figure 1, se calcule donc directement au moyen de l'équation (N'), d'une manière très-simple et avec une exactitude suffisante chaque fois qu'il n'y a pas de très-grande différence entre q_n et q_0; et si l'on veut avoir la courbe des hauteurs d'eau dans le réservoir, on la calculera par les expressions (K') et (K_1), suivant que l'on a affaire à des débits de fond ou de superficie, équations desquelles on tirera x en fonction de φ, et qui donnent, la première, c'est-à-dire pour des débits de fond,

$$(K'') \qquad x = \alpha + \frac{\varphi^2}{4p'^2\alpha^2 L^2},$$

et la seconde, c'est-à-dire pour les débits de superficie,

$$(K_3) \qquad x = \sqrt[3]{\frac{\varphi^2}{r_1^2 L^2}}.$$

On pourrait d'ailleurs avoir les équations directes de la courbe des hauteurs du réservoir, en substituant, dans l'équation (N') de la parabole, les valeurs de φ données par les expressions (K') et (K_1), qui sont

$$\varphi = p' 2\alpha L\sqrt{x-\alpha} \quad \text{et} \quad \varphi = r_1 L x\sqrt{x}.$$

On arriverait ainsi à l'équation

$$(V) \qquad p' 2\alpha L\sqrt{x-\alpha} = q_0 + \frac{q_n - q_0}{\sqrt{t_n - t_0}}\sqrt{t - t_0},$$

pour le cas des débits de fond, et à l'équation

$$(V') \qquad r_1 L x\sqrt{x} = q_0 + \frac{q_n - q_0}{\sqrt{t_n - t_0}}\sqrt{t - t_0},$$

pour le cas des débits de superficie; mais on ne sera que très-rarement dans le cas de se servir de ces équations, attendu que, la courbe des débits calculée, il est plus simple d'en déduire celle des hauteurs d'eau du réservoir par les relations (K'') et (K_3).

Dans la partie descendante CNS (fig. 1, pl. II), la courbe des débits se rapproche presque toujours assez de la parabole par sa forme, pour que l'on puisse lui substituer complétement cette dernière courbe, ce qui dispensera d'employer le calcul assez compliqué du procédé exact, qui consiste, comme on l'a vu plus haut, à calculer d'abord la courbe des hauteurs d'eau du réservoir au moyen de l'équation (M′) aux différences, qui donne x en t, et à en déduire ensuite la courbe des débits du pertuis par les relations (K) et (K_1) de φ en x, suivant que l'on a affaire à des débits de fond ou de superficie. Ce calcul est l'inverse de celui que l'on fait au moyen des paraboles. Ici on est obligé de calculer la courbe des hauteurs d'eau dans le réservoir pour avoir la courbe des débits du pertuis en fonction du temps; par les paraboles, on calcule d'abord cette dernière courbe, pour en déduire ensuite celle des hauteurs d'eau dans le réservoir.

Montrons maintenant comment se calcule la parabole descendante. Après avoir atteint son maximum C (fig. 1, pl. II), la courbe des débits du pertuis descend en s'allongeant jusqu'à ce qu'on ait un débit P″P égal au débit AE, auquel on a supposé que commençait l'action du réservoir, c'est-à-dire jusqu'à ce que le débit soit revenu à sa valeur initiale. Soit t_m le temps qui correspond à l'ordonnée P″P; l'aire CNSP″R″DC doit être évidemment égale à l'aire A*a*BCM*b*A ou à l'aire A*a*BCM*n*A, suivant que l'on a pris la courbe exacte des débits du pertuis ou la parabole, c'est-à-dire au volume emmagasiné.

Faisons remarquer maintenant que la courbe des débits de la rivière descend plus rapidement que celle du pertuis. Le débit P″P sera donc sur la courbe des débits de la rivière en un point comme R″ qui est antérieur au point P″ sur la ligne AZ, et l'on peut supposer, pour faciliter le calcul, qu'à partir de R″ le débit de la rivière reste constant et égal à P″P pendant un certain temps (ce qui arrive du reste presque toujours en pratique); on a donc

$$\text{aire } CNSP''R''DC = \text{aire } AaBCMbA = V,$$

mais

$$\text{aire } CNSP''R''DC = \text{aire } G''CNSP''R''G'' - \text{aire } G''CDR''G''.$$

Cette dernière aire est connue; elle se déduit de la courbe des débits de la rivière; appelons-la V′. L'aire parabolique G″CNSP″R″G″ a pour expression, q_m étant l'ordonnée du point P″, q_n celle du point C,

$$\frac{2}{3}(q_n - q_m)\Delta;$$

Δ étant la distance ou l'intervalle de temps G″P″ cherché, on aura donc

$$\text{aire CNSP''R''DC} = \frac{2}{3}(q_n - q_m)\Delta - V';$$

d'où

$$\text{(R)} \qquad \Delta = \frac{3}{2}\frac{V + V'}{q_n - q_m}.$$

Cette équation est, comme on le voit, des plus simples; elle détermine le sommet P″ de la parabole descendante; l'équation de cette parabole sera dès lors, par rapport aux cordonnées φ et t,

$$\text{(N'')} \qquad \varphi = q_m + \frac{q_n - q_m}{\sqrt{t_m - t_n}}\sqrt{t_m - t}.$$

On peut d'ailleurs, à partir du moment où le débit de la rivière devient constant, c'est-à-dire à partir du point R″ de la figure 1 (pl. II), arriver à un calcul tout à fait exact de la courbe des débits. Il suffit pour cela de se rappeler que, dans ce cas particulier du débit constant, on peut intégrer l'équation différentielle (M); ce sont les intégrales (21) et (21 *bis*) qui s'appliqueront ici, en remplaçant, dans la première, R par $-\alpha$, ou en faisant, dans la seconde, $h = 0$, pour conserver les notations de la figure 2 (pl. II), qui sont les plus commodes pour les calculs de la section du pertuis donnée dans ce qui précède. La valeur à donner à H dans l'intégrale sera d'ailleurs la hauteur à laquelle se trouve l'eau dans le réservoir au moment où la courbe des débits de la rivière atteint son ordonnée constante R″R (fig. 1). Le calcul de cette hauteur ne peut offrir de difficultés, d'après les développements donnés plus haut. On peut donc calculer tout à fait exactement une bonne partie de la queue de la courbe des débits du pertuis, mais la forme des équations (21) et (21 *bis*) qu'il faudrait employer complique ce calcul, et il sera presque toujours suffisant d'employer uniquement la parabole, dont l'équation (N″) vient d'être donnée ci-dessus. Si aux paraboles ascendante et descendante on substituait des lignes droites, leurs équations seraient

$$(N''') \qquad \varphi = q_0 + \frac{q_n - q_0}{t_n - t_0}(t - t_0)$$

pour la ligne droite ascendante et, pour la descendante,

$$(N_4) \qquad \varphi = q_m + \frac{q_n - q_m}{t_m - t_n}(t_m - t).$$

Les équations correspondantes des paraboles seraient, comme on l'a vu plus haut :

$$(N') \qquad \varphi = q_0 + \frac{q_n - q_0}{\sqrt{t_n - t_0}}\sqrt{t - t_0},$$

$$(N'') \qquad \varphi = q_m + \frac{q_n - q_m}{\sqrt{t_m - t_n}}\sqrt{t_m - t}.$$

Prenons les équations (N′) et (N‴) qui correspondent à la parabole et à la ligne droite ascendantes, par exemple, et appelons φ' l'ordonnée de la ligne droite qui correspond à l'ordonnée φ de la parabole, la différence de ces deux ordonnées sera

$$\varphi - \varphi' = (q_n - q_0)\left[\frac{\sqrt{t - t_0}}{\sqrt{t_n - t_0}} - \frac{t_n - t_0}{t - t_0}\right].$$

Or cette expression montre évidemment que, pour une même valeur de t, $\varphi - \varphi'$ est d'autant plus petit que $q_n - q_0$ est plus petit; la parabole tendra donc, comme nous l'avons dit plus haut, d'autant plus à se rapprocher de la ligne droite que q_n différera moins de q_0, et les deux lignes se confondent lorsque $q^n - q_0 = 0$, puisque alors $\varphi - \varphi' = 0$. Dans ce cas, les équations (N′) et (N‴) se réduisent toutes deux à $\varphi = q_0$, qui représente la ligne AZ (fig. 1, pl. II), parallèle à l'axe des temps, et un débit constant. Si maintenant on remonte à l'équation (M_3) qui a servi à calculer V, elle devient, dans ce cas de $q_n = q_0$,

$$V = Q - q_0(t_n - t_0),$$

c'est-à-dire que, dans le cas d'un débit constant, la capacité du réservoir serait égale au cube total Q débité par la crue moins le cube $q_0 (t_n - t_0)$ donné par le débit constant q_0 pendant la durée $t_n - t_0$ de l'action du pertuis, conclusion évidente *a priori* et à laquelle devaient nécessairement ici nous conduire nos formules.

La section du pertuis étant calculée d'après les procédés qui viennent d'être exposés, il faudra, chaque fois que q_n et q_0 seront très-différents l'un de l'autre, c'est-à-dire dans le cas où l'on ne peut plus regarder la courbe des débits du pertuis comme se rapprochant de la forme de la parabole, calculer la courbe réelle des débits par la méthode indiquée plus haut. On calculera facilement, maintenant qu'on connaît la section du pertuis, la courbe des hauteurs d'eau dans le réservoir par l'équation (M_1); cette courbe, qui donne x en t, permet de calculer aussi, en t, φ qui est donné en x par les formules (K') et (K_1). Il arrivera presque toujours que la courbe exacte ANC′ (fig. 1 *bis*, pl. II), ainsi calculée, et partant de l'ordonnée initiale q_0, coupera la courbe des débits de la rivière en un point C′ qui sera un peu au-dessus ou un peu au-dessous du point C par lequel passe la parabole ANC (fig. 1, pl. II), qui a servi à calculer la section du pertuis. Si la différence des ordonnées était assez grande, il faudrait sans doute recommencer ce calcul; mais, le plus souvent, ce sera inutile, attendu que, la section du pertuis restant la même, cela reviendra, si q'_n est un peu plus grand ou plus petit que q_n (fig. 1 *bis*), à augmenter ou diminuer un peu la hauteur maxima d'eau dans le réservoir, ce qui n'a aucun inconvénient, puisque, en définitive, on donne toujours au barrage 1 à 2 mètres de plus qu'il ne faut, comme nous l'avons déjà dit. Le calcul exact de la courbe des débits n'a donc aucun intérêt quant aux effets du réservoir lui-même, mais il devient nécessaire lorsqu'on veut avoir exactement sa forme, ce qui peut devenir assez important une fois que l'on a à transformer les courbes successives par suite de l'établissement de plusieurs réservoirs.

On voit, par ce qui vient d'être dit, que l'hypothèse d'une courbe parabolique des débits du pertuis permet de calculer avec une approximation suffisante la section du pertuis, opération qui serait inabordable par simple tâtonnement au moyen de courbes exactes, et nous croyons cette hypothèse complétement justifiée. Une des applications qui seront données plus loin en établira d'ailleurs la justification pratique la plus complète.

§ 5. *Détermination de la réduction de hauteur de crue due à l'influence du barrage.* — La courbe ACNS des débits du pertuis (fig. 1, pl. II) remplaçant maintenant la courbe de la crue ABCD, le débit maximum de la crue qui aurait été l'ordonnée BF sera, par la transformation due à l'établissement du réservoir, l'ordonnée CG, et, pour voir quelle serait la hauteur qui lui correspondrait dans la rivière un peu en aval du barrage, la section de cette rivière restant la même que celle qui correspond au point où a été calculée la courbe des débits ABCD de la rivière, il suffira de construire la courbe A′C′N′S′ (fig. 1, pl. II) des hauteurs qui correspondrait dans la rivière à la courbe AMCNS des débits. Cela est très-facile : prenons un point quelconque *n* de la courbe des débits du pertuis (fig. 1); on ramène ce point en *r* sur la courbe des débits de la rivière, par une parallèle *nr* à l'axe des *t*; du point *r* on abaisse une perpendiculaire sur cet axe, qui va rencontrer au point *r′* la courbe A′B′C′D′ des hauteurs d'eau dans la rivière correspondant à la courbe ABCD des débits, et l'on tire de ce point *r′* une parallèle à l'axe des temps dont la rencontre avec l'ordonnée *nn′* donne le point *n′*, qui appartient à la courbe cherchée. Le point C′ de cette courbe s'obtient d'ailleurs directement par la rencontre de l'ordonnée CG qui passe par le point C, prolongée avec la courbe A′B′C′D′, de sorte que, en définitive, la courbe des hauteurs A′B′C′D′ est remplacée dans la rivière, par suite de la construction du barrage, par la courbe A′*n*′C′N′S′, et la hauteur maxima de crue est réduite de l'ordonnée B′F′ à l'ordonnée C′G′.

Ce qui vient d'être dit dans cet article permet de résoudre toutes les questions relatives à un réservoir d'inondation.

§ 6. *Cas où un barrage d'inondation peut en même temps être utilisé pour l'industrie ou l'irrigation.* — Il arrive souvent que la hauteur d'un barrage, calculée pour la seule atténuation des crues, soit moindre que la plus grande hauteur de barrage possible dans le point de la vallée que l'on considère. Il est évident que, dans ce cas, on peut utiliser l'excédant de hauteur pour un emmagasinement permanent, qui pourrait servir à créer des ressources pour l'irrigation ou des forces motrices pour l'industrie.

Nous pensons que, chaque fois qu'on pourra créer ainsi des sources fécondes de richesse, il n'y aura pas à hésiter un seul instant à exécuter des barrages plus élevés pour les approprier à un double service. Nous aurons occasion, dans les applications, de parler de semblables réservoirs.

Voici comment on opère dans ce cas : on commence (fig. 3, pl. II) par calculer, au moyen de la formule (M_3), le volume V de la capacité qu'il faut donner à la partie du réservoir destinée à emmagasiner les crues ; la table ou la courbe des volumes calculée pour le réservoir donnera, par une opération très-simple, la hauteur X à partir du plan supérieur qui correspondra au volume V; si DE est le plan inférieur qui limite ce volume, on placera le pertuis P′ (fig. 3, pl. II) à ce niveau, et tous les calculs de détail de la section et de la courbe des débits du pertuis se feront d'après les procédés qui viennent d'être expliqués. Il restera une hauteur $X - X'$ disponible pour la retenue permanente DEA destinée aux irrigations ou à l'industrie, et la table ou la courbe des volumes donnera la capacité disponible pour ce service. Donnons d'ailleurs l'équation au moyen de laquelle on déterminera la hauteur X′, la table ou la courbe des volumes donnant d'abord le volume V_X qui correspond à la hauteur totale X. Si X_1 désigne la hauteur au-dessus du point A du seuil inférieur du plan, et si $V_{X'}$ désigne la capacité égale à la valeur de V calculée par la formule (M_3) et qui correspond à la hauteur X′, on aura

$$V_{X'} = V_X - V_{X_1},$$

d'où

$$V_{X_1} = V_X - V_{X'}.$$

V_X et $V_{X'}$ sont connus; d'où l'on déduit V_{X_1}, et la table ou la courbe donne X_1 en regard de ce volume. Connaissant X_1, on en déduit $X' = X - X_1$.

ARTICLE 3.

EFFET D'UN RÉSERVOIR CALCULÉ POUR UNE CRUE DONNÉE, SUR UNE AUTRE, DIFFÉRENTE DE CELLE QUI A SERVI À FAIRE LE CALCUL DE CE RÉSERVOIR.

Nous avons vu dans ce qui précède comment, une crue étant donnée par ses courbes des débits, on en déduit l'effet que produit sur cette crue un barrage dont la hauteur et les pertuis seraient calculés d'après ces courbes. Il reste à voir maintenant comment ce système agira sur toute autre crue du même cours d'eau. Supposons que le réservoir ait été calculé sur une crue dont la courbe des débits serait ABCD (fig. 5, pl. II). Il s'agit de savoir quel effet ce réservoir fera sur un autre courbe AB″D″, dont le débit maximum et le débit total seraient plus grands. Il est évident d'abord que, le pertuis restant le même, les eaux vont s'élever à une plus grande hauteur dans le réservoir, et que, dès lors, le barrage sera surmonté par la nouvelle crue, si l'on n'augmente sa hauteur. Il faut donc commencer par calculer cette hauteur. Reprenons à cet effet [1] les équations (M_3), (T') :

$$(M_3) \qquad V = Q - (t_n - t_0)\left(\frac{2}{3}q_n + \frac{1}{3}q_0\right),$$

$$(T') \qquad L = \frac{q_n}{p' 2\alpha\sqrt{X - \alpha}}.$$

Cette dernière équation pourrait aussi se mettre sous la forme

$$(K''') \qquad X = \alpha + \frac{q_n^2}{p'^2 4\alpha^2 L^2}.$$

[1] Nous ne raisonnons d'ailleurs ici que dans le cas d'un débit de fond; on raisonnerait d'une manière analogue dans le cas d'un débit superficiel.

Les valeurs de $t_n - t_0$, q_n, q_0 ont été déterminées pour la courbe ABCD (fig. 5, pl. II), et l'on en a tiré, au moyen des équations qui viennent d'être indiquées et de la table ou de la courbe des volumes du réservoir, les valeurs de V, X, α et L. Il est évident, d'après ce qui a été dit plus haut, que, α et L restant les mêmes, X doit être plus grand pour la courbe AB″C″D″ que pour la courbe ABCD; d'où suit que q_n doit être plus grand aussi. L'équation (K‴) montre en effet que, p', α et L restant les mêmes, q_n augmente avec X. Nous supposerons d'ailleurs que q_0 est le même pour les deux courbes; on sera donc conduit à essayer pour la courbe AB″C″D″ une valeur C″m″ de q_n plus grande que la valeur Cm qu'avait q_n pour la courbe ABCD sur laquelle a été calculée la section du pertuis. On prendra donc une première valeur numérique de q_n plus grande que Cm, et on la substituera dans l'équation (K‴), qui donnera la valeur de X correspondante. La table ou la courbe des volumes donnera le volume V correspondant à cette hauteur. Il ne restera plus qu'à voir si ce volume V est à peu près égal à la valeur de V ou du volume à emmagasiner, qui se tirerait de l'équation (M_3) après y avoir substitué q_0, et pour q_n et $t_n - t_0$ les valeurs *an*, C″m″ et *nm″* (fig. 5) et la valeur Q déduite de la courbe des débits AB″C″D″. Si la valeur de V calculée par l'équation (M_3) est plus grande que celle qui est donnée par la table ou la courbe des volumes en regard de la hauteur X calculée par l'expression (K‴), dans laquelle on aura donné à q_n la valeur *c″n″*, cela prouvera que cette dernière valeur est trop petite, et il faudra en essayer une plus grande. Si au contraire la valeur de V ou du volume à emmagasiner calculée par l'équation (M_3) était plus petite que la capacité que donnerait la table ou la courbe des volumes en regard de la hauteur X, cela prouverait que la valeur essayée de q_n était trop grande. On arrivera ainsi à deux valeurs de q_n entre lesquelles seront limités les essais, et l'on obtiendra assez facilement la valeur de q_n, pour laquelle l'équation (M_3) donnera à peu près le même volume que la table ou la courbe des volumes. La hauteur correspondante X, donnée par la table ou la courbe, sera la nouvelle hauteur qu'il faudra donner au barrage pour qu'il ne soit pas surmonté par une crue dont la courbe des débits AB''C''D'' aurait un débit maximum et un débit total plus grands que la courbe ABCD, sur laquelle ont été calculées les dimensions du pertuis. Les applications numériques démontreront clairement plus loin que q_n dépend beaucoup moins du débit maximum par seconde que du débit total de la crue. Ainsi une crue AB'D' (fig. 5, pl. II), beaucoup plus haute mais de moindre débit total que la crue ABCD, monterait, dans le réservoir calculé pour cette dernière crue, à une hauteur plus petite, tandis qu'une crue AB'''D''', plus basse mais plus longue et de plus grand débit total, monterait plus haut dans le réservoir que la crue ABD, pour laquelle le pertuis du réservoir a été calculé.

Nous savons maintenant, le pertuis d'un réservoir étant calculé sur une crue donnée, déterminer l'effet qu'il produit sur toute autre crue. Il suit d'ailleurs de ce qui vient d'être dit que, si l'on veut que les barrages ne soient jamais surmontés, il faut calculer leurs hauteurs et leurs pertuis sur la grande crue qui a le plus grand débit total. Toutes les autres, eussent-elles un débit maximum par seconde plus considérable, s'élèveraient à de moindres hauteurs dans le réservoir.

ARTICLE 4.

CONSIDÉRATIONS SUR LES COEFFICIENTS DE RÉDUCTION DE LA DÉPENSE.

Nous ne terminerons pas la partie théorique de ce travail sans parler des coefficients de réduction de la dépense, appelés aussi par certains auteurs *coefficients de contraction*. Les deux formules (K') et (K_1) qui servent au calcul des débits φ du pertuis, suivant que l'on a affaire à des débits de fond ou de superficie, sont, comme on l'a vu aux articles 2 et 3 du chapitre II :

(K') $$\varphi = p' 2\alpha L \sqrt{x-\alpha},$$

(K_1) $$\varphi = r_1 L x \sqrt{x}.$$

Dans la première de ces formules, on a

$$p' = m' \sqrt{2g}.$$

Dans ces formules, p' et r_1 sont déterminés, comme on l'a vu dans ces deux articles, en fonction des coefficients de réduction de la dépense théorique des orifices.

Pour l'écoulement de fond, on aurait

$$p' = m'\sqrt{2g},$$

m' étant le coefficient de réduction applicable à l'orifice sur lequel on opère.

Pour l'écoulement de superficie ou par déversoir, on aurait, dans le cas ordinaire où le seuil serait en contre-haut du fond du réservoir,

$$r_1 = m\sqrt{2g},$$

m étant le coefficient de réduction.

Si le seuil était au niveau du fond du réservoir, on aurait

$$r_1 = m\sqrt{2gn},$$

m étant un coefficient de réduction, n un coefficient également déterminé par l'expérience.

Enfin, si le seuil était noyé à l'aval, on aurait

$$r_1 = \left[mn + m'(1 - m)\right]\sqrt{2gn},$$

m, m', n étant un des coefficients déterminés par expérience.

Dans la pratique, les formes les plus usuelles des deux modes d'écoulement se réduisent aux deux cas

$$p' = m'\sqrt{2g},$$
$$r_1 = m\sqrt{2g},$$

m' et m étant les coefficients de réduction applicables à la nature de l'orifice pour l'écoulement de fond et l'écoulement de superficie.

Dans les expériences faites jusqu'ici sur les écoulements de fond, on a trouvé que le coefficient de réduction ne variait pas sensiblement avec la charge, et l'on prend, en général,

$$m' = 0,615;$$

mais ce coefficient s'applique à des orifices en mince paroi. Pour les pertuis de réservoirs, l'orifice, en général, n'est pas en mince paroi, et il est plutôt comparable aux orifices à ajutages. Or, pour les ajutages cylindriques, le coefficient varie entre 0,82 et 0,85. Il faut évidemment adopter un coefficient qui se rapproche de ces valeurs; la forme du pertuis n'étant pas cylindrique, le coefficient sera un peu plus faible, et nous avons adopté pour nos applications

$$m' = 0,80.$$

Maintenant ce coefficient, quelle que soit d'ailleurs sa valeur réelle, restera-t-il à peu près constant ou variera-t-il pour des charges qui pourront varier entre zéro et 50 mètres? On peut penser, par analogie avec ce qui se passe dans les petits réservoirs expérimentés jusqu'ici, que la variation du coefficient devient peu sensible passé certaines charges, ce qui a conduit les praticiens à le regarder comme constant dans leurs calculs usuels.

Dans les expériences de MM. Poncelet et Lesbros sur les déversoirs, le coefficient de contraction m'' a varié entre 0,424 et 0,39 pour des hauteurs de lame variant de 0,01 à 0,20. Qu'arriverait-il dans des pertuis de fond avec des charges de 45 à 50 mètres? C'est ce que personne ne sait, et ce point restera obscur jusqu'à ce qu'on ait pu faire des expériences sur des déversoirs à grandes charges.

Il nous reste à montrer que, si les coefficients étaient variables, les calculs ne seraient pas plus difficiles que dans le cas où on les suppose constants, comme nous le ferons dans les applications du chapitre suivant.

Les valeurs de φ qui servent à calculer la courbe des débits du pertuis et la courbe des hauteurs du réservoir sont toujours données par les équations (K') et (K_1); si les coefficients étaient variables avec x, on commencerait par établir la courbe de ces coefficients. Ainsi, prenant le coefficient m', on construirait une courbe ayant pour abscisses les charges et pour ordonnées les valeurs correspondantes du coefficient. Si l'on avait à calculer une valeur quelconque φ par la formule (K')

$$\varphi = p' 2\alpha L \sqrt{x-\alpha},$$

ou

$$\varphi = m'\sqrt{2g} . 2\alpha L \sqrt{x-\alpha},$$

on prendrait, sur l'axe des abscisses représentant les charges (fig. 4, pl. II), $OM = x_1 - \alpha$, et l'ordonnée correspondante MR serait la valeur de p' qu'il faudrait prendre pour calculer par la formule (K') la valeur φ_1 de φ qui correspondrait à la valeur $x_1 - \alpha$ de la charge, les ordonnées de la courbe des coefficients (fig. 4, pl. II) étant les produits du nombre $\sqrt{2g}$ par les valeurs du coefficient de réduction m qui correspondent aux différentes charges sur l'orifice, prises pour abscisses. En un mot, si les coefficients étaient variables avec la charge, on aurait

$$p' = f(x-\alpha),$$

et l'équation (K) deviendrait

$$\varphi = f(x-\alpha)\ 2\alpha L \sqrt{x-\alpha},$$

qui n'est pas plus difficile à calculer que l'équation (K) lorsqu'on connaît $f(x-\alpha)$.

Ce que nous venons de dire montre que tous les calculs indiqués dans ce chapitre s'appliqueraient aussi bien au cas où les coefficients de contraction varieraient avec la charge qu'à celui où ces coefficients resteraient constants. Seulement ils deviendraient plus compliqués par suite de cette variation; il est donc très-heureux que l'on puisse la négliger en pratique[1].

[1] Depuis que ce mémoire a été présenté à l'Académie, des expériences ont été

Passons maintenant aux applications de la théorie exposée dans ce qui précède. Pour ces applications, nous choisirons les cas les plus intéressants qui se sont présentés dans les travaux et les études que nous avons eu à diriger comme ingénieur.

CHAPITRE IV.

APPLICATIONS DE LA THÉORIE DES RÉSERVOIRS À NIVEAU VARIABLE.

ARTICLE I.

ÉTANG DE GONDREXANGE, RÉSERVOIR DU CANAL DE LA MARNE AU RHIN.

§ 1. *Quelques indications sur l'étang de Gondrexange.* — Le canal de la Marne au Rhin traverse l'étang de Gondrexange, suivant les indications du plan général (fig. 6, pl. II) et du profil en travers (fig. 7, pl. II). En F (fig. 6) se trouve, de chaque côté du canal, une ventellerie de prise d'eau dans le côté correspondant de l'étang, et les deux côtés peuvent être mis, à volonté, en communication par-dessous le canal au moyen de tuyaux en fonte. En E et en G, dans la chaussée de l'étang, existent deux vannes de fond, et de plus il y a un déversoir de superficie au-dessus de la vanne de décharge E. Il y a aussi en C deux prises d'eau, mais elles ne communiquent pas entre elles par-dessous le canal, comme celles du point F du plan général (fig. 6, pl. II). Il y a d'ailleurs, contre la prise d'eau C du côté gauche de l'étang, un déversoir de superficie qui vide l'étang dans le canal. On voit donc que chaque côté de l'étang constitue un réservoir, ayant sa prise d'eau et ses décharges, et que l'on peut, à volonté, interrompre ou établir la communication entre ces deux réservoirs par-dessous le canal.

faites, sous notre direction, au réservoir du Furens. Elles confirment entièrement ces errements de la pratique, le coefficient n'ayant pas varié sensiblement entre des charges de 10 mètres et 40 mètres sur les orifices d'écoulement de fond sur lesquels on a opéré. Ces expériences ont donné aussi, eu égard à la nature de l'orifice spéciale au réservoir du Furens, un coefficient s'éloignant peu de celui de 0,80, que nous avons indiqué plus haut.

Ces explications préliminaires étant données, passons au calcul des tables.

§ 2. *Calcul des tables relatives à l'étang de Gondrexange.* — L'étang étant pour chaque côté divisé en tranches par des plans horizontaux distants de $0^m,50$ les uns des autres, les surfaces des sections faites par ces plans et les développements des courbes qui les limitent étant déterminés par des opérations sur le terrain, on pouvait, dans chaque tranche, calculer la surface Z correspondante à une hauteur x au-dessus du fond de la tranche, la hauteur totale de la tranche étant représentée par K au moyen de la formule (6 *bis*)

$$(6\ bis) \qquad Z = a + bx + cx^2,$$

a, b, c ayant les valeurs suivantes données plus haut

$$a = S, \qquad b = \frac{2D(S'-S)}{K(D+D')}, \qquad c = \frac{(S'-S)(D'-D)}{K^2(D+D')},$$

S, S′ désignant les surfaces des sections horizontales supérieure et inférieure de la tranche, D, D′ les développements des courbes qui limitent le contour de ces sections, surfaces et développements exactement déterminés par des opérations sur le terrain. Il a été expliqué d'ailleurs que, dans cette tranche, les volumes w correspondants à une hauteur x au-dessus de la section inférieure de la tranche se calculeraient par la formule (8 *bis*)

$$(8\ bis) \qquad w = ax + \frac{bx^2}{2} + \frac{cx^3}{3}.$$

Les coefficients constants de cette formule sont a, $\frac{b}{2}$, $\frac{c}{3}$; a, b, c ayant les mêmes valeurs que ci-dessus.

La première tranche est ici celle qui est comprise entre les plans correspondants aux cotes 264 mètres et $264^m,50$ au dessus du niveau de la mer (voir la figure 8, pl. II).

La seconde est entre les plans $264^m,60$ et 265 mètres.

La troisième est entre les plans 265 mètres et $265^m,50$.

La quatrième est entre les plans 265^{m},50 et 266 mètres.

La cinquième est entre les plans 266 mètres et 266^{m},50.

La sixième est entre les plans 266^{m},50 et 267 mètres.

Dans chacune de ces tranches, S, S', D, D' ont des valeurs particulières déterminées par des opérations sur le terrain. La surface S', qui est la surface de la section supérieure d'une tranche, est d'ailleurs évidemment aussi la surface inférieure de la section qui est immédiatement au-dessus; il en est de même de D'.

Les opérations sur le terrain se bornent donc à déterminer les surfaces des sections horizontales et les développements des courbes qui forment leur contour pour les altitudes : 264 mètres, 264^{m},50, 265 mètres, 265^{m},50, 266 mètres, 266^{m},50, 267 mètres.

Les valeurs de a, b, c se calculent une fois pour toutes pour chaque tranche en fonction de ces données, et pour toutes les tranches on a $K = 0^{m},50$.

Les formules (6 *bis*) et (8 *bis*) ont donc, pour chaque tranche, des coefficients numériques constants.

Considérons une tranche quelconque; pour calculer les surfaces correspondant à des valeurs de x, croissant de centimètre en centimètre, ou les volumes au-dessus du fond de cette tranche limitée par ces surfaces, il suffira de multiplier les mêmes coefficients par ces valeurs de x élevées aux puissances indiquées dans les formules (6 *bis*) et (8 *bis*), et de faire les opérations indiquées par ces formules, opérations qui sont des plus simples. Comme il résulte évidemment de ces formules que les mêmes valeurs particulières de x, croissant de centimètre en centimètre, s'appliquent à toutes les tranches, les calculs se simplifient beaucoup en faisant d'abord, depuis 1 centimètre jusqu'à 50 centimètres, une table des carrés et des cubes de x qui sont les multiplicateurs des coefficients constants des formules (6 *bis*) et (8 *bis*), déterminés pour chaque tranche.

Pour les tranches inférieures à la cote 265 mètres du plan d'eau du canal, nous n'avons calculé que les volumes totaux des tranches, parce que cette partie de l'étang n'est jamais utilisée, et que dès lors son volume ne sert qu'à s'ajouter aux volumes des tranches supérieures pour établir, par addition, le volume total compris entre le fond de l'étang et une cote d'eau donnée au-dessus du niveau de la mer.

Le volume inférieur à la cote 264 mètres a été calculé d'ailleurs approximativement sur le terrain, parce qu'au-dessous de cette cote on ne peut plus tracer de courbes horizontales, à 50 centimètres au-dessous de la cote 264 mètres, le fond de l'étang étant plus haut que $263^m,50$, et d'ailleurs trop peu régulier pour comporter ce mode de calcul.

Ce volume, en s'ajoutant successivement en remontant aux autres, complète les volumes totaux au-dessus du fond qui correspondent à des cotes données.

Il y a dans la table n° 2 (voir ci-après), à côté de la colonne qui donne le volume w, une colonne intitulée : *somme des volumes des tranches inférieures*, et à côté de celle-ci, une autre qui donne les volumes totaux à partir du fond jusqu'à une cote donnée, en ajoutant la somme des volumes des tranches inférieures à celui qui correspond à cette cote dans la tranche que l'on considère. Cela explique pourquoi l'on commence le calcul par la tranche inférieure.

Nous ne parlons pas d'ailleurs des détails des calculs numériques de ces tables, qui sont des plus simples.

Les surfaces et les volumes d'eau n'ont été calculés dans chaque table que de centimètre en centimètre, depuis la cote 265 mètres jusqu'à la cote 267 mètres, ce qui suffit pour le plus grand nombre des cas; mais, au moyen de la colonne des différences qui se trouve à côté des surfaces et des volumes dans les tables n°s 1 et 2, *on peut obtenir ces mêmes quantités de millimètre en millimètre de hauteur*, avec une approximation suffisante, en supposant qu'elles croissent, d'un centimètre à l'autre, proportionnellement au nombre de millimètres de hauteur. Il suffit pour cela d'ajouter au volume ou à la surface que l'on considère autant de dixièmes de la différence qui le suit immédiatement, qu'il y a de millimètres au-dessus de cette cote correspondant à ce volume ou à cette surface.

Ainsi, pour avoir la surface correspondant à la cote	265,653
pour le côté droit de l'étang, on prendrait la surface correspondant à.	265,65
qui est (table n° 1).	1012626
et l'on ajouterait les trois dixièmes de la différence qui la suit immédiatement ou. . . . . . 0,3 × 2345 =	703
ce qui donnerait.	1013329

pour le volume correspondant à la cote 265^{m},653.

On peut également, au moyen de ces tables, résoudre la question inverse, c'est-à-dire *trouver la cote du plan d'eau correspondant à une surface ou à un volume d'eau donné*, en se servant d'un procédé analogue à celui que l'on emploie pour trouver, dans les tables de logarithmes, le nombre correspondant à un logarithme donné.

Ainsi proposons-nous, par exemple, de trouver la cote correspondant à la surface d'eau donnée 2776618 mètres carrés, pour le côté gauche de l'étang.

Si cette surface se trouvait dans la table, on y lirait immédiatement la cote du plan d'eau cherchée qui se trouverait en regard; mais comme cette surface ne se trouve pas dans la table, on considère les deux surfaces entre lesquelles elle se trouve comprise, et l'on cherche la différence entre la surface donnée et la plus petite de ces deux surfaces, que l'on multiplie par le quotient du nombre *dix millièmes* par la différence qui se trouve dans la table, et le produit donnera le nombre de millièmes à ajouter à la cote correspondant à la plus petite des deux surfaces considérées ci-dessus, pour avoir la cote correspondant à la surface donnée.

Voici d'ailleurs le calcul :

Surface donnée. . . . . 2776618^{mq}

Surfaces de la table n° 1 (côté gauche) entre lesquelles se trouve la surface donnée :

265,46. 2772319

265,47. . . . . 2782538^{mq}

Différence entre la plus petite de ces surfaces et la surface donnée. 4 299

Quotient de dix millièmes par la différence des tables 10219. . . . . 0 010

Produit de ce quotient par la différence ci-dessus 0^{m},004

En ajoutant la plus petite des deux cotes ci-dessus. . . . . 265^{m},46

on trouve que la surface donnée correspond à la cote. . . . . 265^{m},464

Le calcul serait absolument le même, s'il s'agissait de trouver la diminution de volume correspondant à un abaissement de 40 centimètres, par exemple, dans le plan d'eau du côté gauche de l'étang, la cote de ce plan d'eau étant 266^{m},45; on chercherait dans la table n° 2 les volumes d'eau à la cote

$$266^{m},45 - 0^{m},40 = 266^{m},05$$

par les procédés indiqués ci-dessus, et la différence entre ces deux volumes donnerait le volume dont l'étang a diminué par suite de cet abaissement.

Ainsi, le volume à 266^{m},45 étant de. 6424457

et le volume à la cote 266^{m},45 — 0^{m},40 = 266^{m},05 étant de. 4952969

la différence. 1471488

donne le volume d'eau dont l'étang a diminué par suite de l'abaissement de 0^{m},40 dans les hauteurs de son plan d'eau.

La question inverse peut aussi se résoudre, par exemple, *si l'on*

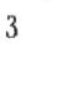

voulait connaître de combien le plan d'eau du côté droit de l'étang se serait abaissé ou élevé si l'on en tirait ou s'il y entrait 60000 mètres cubes d'eau, la cote de ce plan d'eau étant 265^m,50.

Supposons le cas où l'on tirerait 60000 mètres cubes d'eau du côté droit.

On trouverait dans la table n° 2 que le volume d'eau correspondant à cette cote 265^m,50 est de. . . . . 958650^{mc}
après l'avoir diminué de. 60000

on trouverait un cube de. 898650^{mc}

qui correspond, dans la table n° 2, à la cote de. . . 265^m,438
dont la différence avec la cote primitive de l'étang. 265 ,500

donne. . . . . 0^m,062
pour l'abaissement cherché, par suite de cette prise d'eau de 60000 mètres cubes.

Pour le cas où l'on suppose qu'il entrerait dans l'étang 60000 mètres cubes, on chercherait dans la table n° 2 le volume correspondant à la cote 265^m,50, qui est de. . . . . 958650^{mc}
après l'avoir augmenté de. 60000

on trouverait un volume de. . . . . 1018650^{mc}

qui correspond, dans la table, à la cote de. . . . . . 265^m,561
dont la différence avec la cote primitive de l'étang. . 265 ,500

donne . . . . 0^m,061
pour l'élévation cherchée de l'eau dans l'étang, par suite de l'entrée de 60000 mètres cubes.

Établissons maintenant les formules numériques destinées à calculer les surfaces et les volumes dans chaque tranche. L'étang de Gondrexange a été divisé, comme on l'a dit ci-dessus, sur sa hauteur, en six tranches, qui correspondent aux cotes suivantes au-dessus du niveau de la mer :

1re tranche, entre les cotes. . . . . 264^m,00 et 264^m,50

2e tranche, entre les cotes......... 264^{m},50 et 265^{m},00
3e tranche, entre les cotes......... 265 ,00 et 265 ,50
4e tranche, entre les cotes......... 265 ,50 et 266 ,00
5e tranche, entre les cotes......... 266 ,00 et 266 ,50
6e tranche, entre les cotes......... 266 ,50 et 267 ,00

Voici les données résultant des opérations directes sur le terrain pour chacune de ces tranches :

	CÔTÉ DROIT DE L'ÉTANG.		CÔTÉ GAUCHE.	
1re tranche.	S = 191400^{mq} D = 2236^{m}	S′ = 532180^{mq} D′ = 3081^{m}	S = 1053576^{mq} D = 9399^{m}	S′ = 1862224^{mq} D′ = 11846^{m}
2e tranche..	S = 532180^{mq} D = 3081^{m}	D′ = 788580^{mq} S′ = 6627^{m}	S = 1862224^{mq} D = 11846^{m}	S′ = 2332140^{mq} D′ = 14710^{m}
3e tranche..	S = 788580^{mq} D = 6627^{m}	S′ = 981444^{mq} D′ = 8263^{m}	S = 2332140^{mq} D = 14710^{m}	S′ = 2813362^{mq} D′ = 16987^{m}
4[e] tranche..	S = 981444^{mq} D = 8263^{m}	S′ = 1114552^{mq} D′ = 15794^{m}	S = 2813362^{mq} D = 16987^{m}	S′ = 3488482^{mq} D′ = 20340^{m}
5[e] tranche..	S = 1114552^{mq} D = 15794^{m}	S′ = 1391560^{mq} D′ = 16963^{m}	S = 3488482^{mq} D = 20340^{m}	S′ = 3869010^{mq} D′ = 20354^{m}
6e tranche..	S = 1391560^{mq} D = 16963^{m}	S′ = 1588674^{mq} D′ = 17958^{m}	S = 3869010^{mq} D = 20354^{m}	S′ = 3879336^{mq} D′ = 21914^{m}

Au moyen de ces données, on calcule les valeurs particulières des formules (6 *bis*) et (8 *bis*) qui conviennent à chacune des six tranches, de sorte que, pour calculer la table n° 1 de ces surfaces, on a :

	CÔTÉ DROIT DE L'ÉTANG.	CÔTÉ GAUCHE.
Tranche n° 1.	$Z = 191408 + 573230\,x + 216628\,x^2$	$Z = 1053576 + 1431016\,x + 372560\,x^2$
Tranche n° 2.	$Z = 533581 + 325492\,x + 374617\,x^2$	$Z = 1862224 + 838473\,x + 202717\,x^2$
Tranche n° 3.	$Z = 788580 + 343347\,x + 84762\,x^2$	$Z = 2332140 + 893305\,x + 138277\,x^2$
Tranche n° 4.	$Z = 981444 + 182878\,x + 166677\,x^2$	$Z = 2813362 + 1228951\,x + 242578\,x^2$
Tranche n° 5.	$Z = 1114552 + 534245\,x + 39542\,x^2$	$Z = 3488482 + 760794\,x + 524\,x^2$
Tranche n° 6.	$Z = 1391560 + 382995\,x + 22465\,x^2$	$Z = 3869010 + 19890\,x + 1524\,x^2$

et, pour calculer la table n° 2 des volumes :

	CÔTÉ DROIT DE L'ÉTANG.	CÔTÉ GAUCHE.
Tranche n° 1.	$w = 191408\,x + 286615\,x^2 + 72209\,x^3$	$w = 1053576\,x + 715508\,x^2 + 124187\,x^3$
Tranche n° 2.	$w = 532180\,x + 162746\,x^2 + 124872\,x^3$	$w = 1862224\,x + 419237\,x^2 + 67572\,x^3$
Tranche n° 3.	$w = 788580\,x + 171674\,x^2 + 28254\,x^3$	$w = 2332140\,x + 446653\,x^2 + 46092\,x^3$
Tranche n° 4.	$w = 981444\,x + 91439\,x^2 + 55559\,x^3$	$w = 2813362\,x + 614475\,x^2 + 80859\,x^3$
Tranche n° 5.	$w = 1114552\,x + 267122\,x^2 + 13181\,x^3$	$w = 3488482\,x + 380397\,x^2 + 175\,x^3$
Tranche n° 6.	$w = 1391560\,x + 191498\,x^2 + 7488\,x^3$	$w = 3869010\,x + 9945\,x^2 + 508\,x^3$

C'est au moyen de ces formules qu'on a calculé les tables n°s 1 et 2 de l'étang de Gondrexange, tables dont nous donnons ci-après des extraits qui suffisent pour les applications que nous comptons donner dans ce chapitre.

TABLE N° 1 : DES SURFACES DES SECTIONS HORIZONTALES CORRESPONDANT À DES COTES DE HAUTEUR DE CENTIMÈTRE EN CENTIMÈTRE.

INDICATION des tranches.	HAUTEUR au-dessus de la cote inférieure de la tranche.	COTE du plan d'eau correspondant aux hauteurs x ci-contre.	CÔTÉ DROIT DE L'ÉTANG.		CÔTÉ GAUCHE DE L'ÉTANG.	
			Surfaces Z.	Différences.	Surfaces Z.	Différences.
	m	m	m q		m q	
1	″	264 00	191408	″	1053576	″
	…	…	…	…	…	…
	…	…	…	…	…	…
	…	…	…	…	…	…
	…	…	…	…	…	…
	…	…	…	…	…	…
	0 50	264 50	532180	″	1862224	″
2	″	264 50	532180	″	1862224	″
	…	…	…	…	…	…
	…	…	…	…	…	…
	…	…	…	…	…	…
	0 50	265 00	788580	″	2332140	″
3	″	265 00	788580	″	2332140	″
	…	…	…	…	…	…
	…	…	…	…	…	…
	0 46	265 46	964456	4221	2772319	10219
	0 47	265 47	968677		2782538	
	…	…	…	…	…	…
	…	…	…	…	…	…
	0 50	265 50	981444	″	2813362	″
4	″	265 50	981444	″	2813362	″
	…	…	…	…	…	…
	…	…	…	…	…	…
	…	…	…	…	…	…
	0 15	265 65	1012626	2345	…	…
	0 16	265 66	1014971		…	…
	…	…	…	…	…	…
	…	…	…	…	…	…
	…	…	…	…	…	…
	0 50	266 00	1114552	″	3488482	″
5	″	266 00	1114552	″	3488482	″
	…	…	…	…	…	…
	…	…	…	…	…	…
	…	…	…	…	…	…
	0 20	266 20	1222983	″	3640662	″
	…	…	…	…	…	…
	…	…	…	…	…	…
	0 40	266 40	1334577	″	3792884	″
	…	…	…	…	…	…
	0 48	266 48	1380100	″	3853784	″
	…	…	…	…	…	…
	0 50	266 50	1391560	″	3869010	″
6	″	266 50	1391560	″	3869010	″
	…	…	…	…	…	…
	…	…	…	…	…	…
	0 10	266 60	1430084	″	3871014	″
	…	…	…	…	…	…
	…	…	…	…	…	…
	…	…	…	…	…	…
	0 50	267 00	1588673	″	3879336	″

TABLE N° 2 : DES VOLUMES OU CAPACITÉS DE CENTIMÈTRE EN CENTIMÈTRE DE HAUTEUR.

INDICATION des tranches.	HAUTEURS au-dessus de la cote inférieure de la tranche.	COTE du plan d'eau correspondant aux hauteurs x ci-contre.	CÔTÉ DROIT DE L'ÉTANG.				CÔTÉ GAUCHE DE L'ÉTANG.			
			VOLUMES w au-dessus de la cote inférieure de la tranche.	VOLUMES des tranches inférieures.	CAPACITÉS totales.	Différences.	VOLUMES w au-dessus de la cote inférieure de la tranche.	VOLUMES des tranches inférieures.	CAPACITÉS totales.	Différences.
	m	m	m c	m c	m c	m c	m c	m c	m c	m c
1	"	264 00	"	19141	19141	"	"	158136	158136	"
	....	....	....	....	....	....	....	....	....	....
	0 50	264 50	176384	19141	195525	"	721188	158136	879324	"
2	"	264 50	"	195525	195525	"	"	879324	879324	"
	....	....	....	....	....	....	....	....	....	....
	0 50	265 00	322385	195525	517910	"	1044368	879324	1923692	"
3	"	265 00	"	517910	517910	"	"	1923692	1923692	"
	....	....	....	....	....	....	....	....	....	....
	0 43	265 43	373078	517910	890988	9540	"	"	"	"
	0 44	265 44	382618	517910	900528	9582	"	"	"	"
	0 45	265 45	392200	517910	910110					
	....	....	....	....	....	....	....	....	....	....
	0 50	265 50	440740	517910	958650	"	1283495	1923692	3207187	"
4	"	265 50	"	958650	958650	"	"	3207187	3207187	"
	....	....	....	....	....	....	....	....	....	....
	0 06	265 56	59228	958650	1017878	9940	"	"	"	"
	0 07	265 57	69168	958650	1027818					
	....	....	....	....	....	....	....	....	....	....
	0 50	266 00	520527	958650	1479177	"	1570407	3207187	4777594	"
5	"	266 00	"	1479177	1479177	"	"	4777594	4777594	"
	....	....	....	....	....	....	....	....	....	....
	0 05	266 05	56398	1479177	1535575	"	175375	4777594	4952969	"
	....	....	....	....	....	....	....	....	....	....
	0 20	266 20	233700	1479177	1712787	"	"	"	"	"
	....	....	....	....	....	....	....	....	....	....
	0 40	266 40	489405	1479177	1968582	"	1456268	4777594	6233861	"
	....	....	....	....	....	....	....	....	....	....
	0 45	266 45	"	1479177	"	"	1646863	4777594	6424457	"
	....	....	....	....	....	....	....	....	....	....
	0 48	266 48	597988	1479177	2077165	13829	1762133	4777594	6539727	38577
	0 49	266 49	611817	1479177	2090994	13887	1800710	4777594	6578304	38652
	0 50	266 50	625704	1479177	2104881		1839362	4777594	6616956	
6	"	266 50	"	2104881	2104881	"	"	6616956	6616956	"
	....	....	....	....	....	....	....	....	....	....
	0 50	267 00	744591	2104881	2849471	"	1937055	6616956	8554011	"

§ 3. *Application à l'étang de Gondrexange des calculs pour l'écoulement par une vanne.* — Supposons que l'on veuille calculer le temps qu'il faut pour faire baisser le côté gauche de l'étang de la cote $266^m,50$, où se trouvent les eaux, à la cote $266^m,20$, en levant de $0^m,40$ la vanne de fond établie au point G du plan général (fig. 6, pl. II), en supposant, d'ailleurs, que le réservoir ne reçoive point d'eau pendant l'écoulement. On aura, d'après la figure 8 (pl. II), qui s'applique à cette vanne,

$$R = 3^m,80 - \frac{0^m,40}{2} = 3^m,60.$$

La largeur de l'orifice de la vanne étant d'ailleurs 1 mètre, on aura

$$\omega' = 0^m,40 \times 1^m = 0^{mq},40.$$

La hauteur H est ici la hauteur de la tranche (266 mètres à $266^m,50$) dans laquelle se fera l'écoulement, puisque la cote de l'eau est, par hypothèse, $266^m,50$, lorsque cet écoulement commence; on aura donc

$$H = 0^m,50,$$

correspondant à la cote $266^m,20$. Comme l'écoulement doit cesser lorsque l'eau aura atteint la cote $266^m,20$, il s'ensuit que l'on aura ici

$$x = 0^m,20,$$

correspondant à la cote $266^m,20$.

La formule qui s'applique à ce cas, en supposant la section horizontale variable, pour traiter d'abord le cas le plus général, est la formule (31) du chapitre II :

$$(31)\quad t = \frac{1}{m'\omega'\sqrt{2g}}\left\{\begin{aligned} &\sqrt{R+H}\Big[2(a+bH+cH^2) \\ &\qquad -\tfrac{4}{3}(b+2cH)(R+H)+\tfrac{16}{15}c(R+H)^2\Big] \\ &-\sqrt{R+x}\Big[2(a+bx+cx^2) \\ &\qquad -\tfrac{4}{3}(b+2cx)(R+x)+\tfrac{16}{15}c(R+x)^2\Big]. \end{aligned}\right.$$

On se rappellera d'ailleurs que, d'après l'expression (6 *bis*) du chapitre II, $a+bH+cH^2$ et $a+bx+cx^2$ représentent les surfaces des sections horizontales qui correspondent aux hauteurs H et x au-dessus du fond de la tranche, soit ici aux cotes $266^m,50$ et $266^m,20$ au-dessus du niveau de la mer. Ces surfaces sont données par la table n° 1 du paragraphe précédent pour le côté gauche de l'étang, qui nous occupe ici, en regard de ces cotes; elles sont : 3869010 mètres carrés et 3640662 mètres carrés; on a donc

$$a+bH+cH^2=3869010 \text{ mètres carrés},$$
$$a+bx+cx^2=3640662 \text{ mètres carrés}.$$

Pour calculer les autres termes de l'équation (31), il suffit de recourir aux expressions de b et c données au chapitre II :

$$b=\frac{2D(S'-S)}{K(D+D')},$$
$$c=\frac{(S'-S)(D'-D)}{K^2(D+D')},$$

dans lesquelles S′ et S sont, comme on le sait, les surfaces des sections supérieure et inférieure de la tranche dans laquelle on opère; D′ et D, les développements des courbes qui limitent ces surfaces; K, la hauteur de la tranche, qui est égale ici à $0^m,50$ et par conséquent égale à H.

Les coefficients b et c sont calculés dans la première colonne de la table n° 1, où ils ont servi à calculer les surfaces des sections horizontales de centimètre en centimètre de hauteur, pour la tranche (266 mètres, $266^m,50$) dans laquelle nous opérons; on a

$$b=760794,$$
$$c=524.$$

Substituant ces valeurs et les valeurs numériques déterminées ci-dessus pour R, ω', H, x, dans la formule (31), et en admettant d'ailleurs ici $m'=0,625$, $g=9^m,809$, on en tire

$$t=513605 \text{ secondes}.$$

Faisons maintenant le calcul en employant la formule (32), qui se rapporte au cas de la section horizontale constante, formule qui est

$$(32) \qquad t = \frac{2A}{m'\omega'\sqrt{2g}}\left(\sqrt{R+H} - \sqrt{R+x}\right).$$

Pour calculer A, il suffit de se rappeler que cette surface doit être, conformément à ce qui a été dit au chapitre II, prise égale à la moyenne des surfaces qui correspondent aux hauteurs de l'eau au-dessus du fond de la tranche, au commencement et à la fin de l'écoulement, soit, ici, aux cotes 266^{m},50 et 266^{m},20 au-dessus du niveau de la mer; or, ces deux surfaces sont, pour le côté gauche de l'étang qui nous occupe ici, 3869010 mètres carrés et 3640662 mètres carrés; on a donc

$$2A = 3869010 + 3640662 = 7509672 \text{ mètres carrés;}$$

d'où l'on déduit, en ayant égard aux valeurs numériques déterminées ci-dessus pour les autres quantités qui entrent dans la formule (32),

$$t = 511569 \text{ secondes.}$$

En comparant cette valeur de t à la valeur 513605 secondes déduite de la formule (31), c'est-à-dire pour le cas de la section horizontale variable, on voit qu'il y a entre elles une différence de 1964 secondes.

Le rapport de cette différence à la valeur exacte 513605 étant 0,0038, il s'ensuit que la formule approchée (32) donne ici une erreur de 0,0038 sur la formule exacte (31).

Dans les questions pratiques du genre de celle qui nous occupe, on peut, en général, se contenter d'une semblable approximation.

Il nous reste à montrer, sur l'exemple que nous venons de traiter, combien cette manière approchée de déterminer la surface de la section horizontale est plus exacte que celle que l'on emploie ordinairement dans la pratique, et qui consiste à prendre pour cette section la moyenne des sections supérieure et inférieure de la tranche. Ici, les surfaces des sections supérieure et inférieure de la tranche (266 mètres et $266^{m},50$) dans laquelle nous opérons sont, pour le côté gauche de l'étang qui nous occupe,

$S' = 3869010$ mètres carrés et $S = 3488482$ mètres carrés;

d'où

(1) $$2A = S' + S = 7357492 \text{ mètres carrés;}$$

d'où l'on déduira, au moyen de la formule (32),

$$t = 505121 \text{ secondes}^{(1)}.$$

Or la différence entre cette valeur de t et la valeur exacte calculée ci-dessus par la formule (31) est

$$513605 - 505121 = 8484 \text{ secondes},$$

et le rapport de cette différence à la valeur exacte 513605 est 0,0165.

Si l'on rapproche ce rapport 0,0165 du rapport 0,0038, trouvé ci-dessus par la méthode que nous avons indiquée pour déterminer A lorsqu'on veut se servir de la formule approchée (32), on verra que l'erreur est près de quatre fois et demie plus grande si l'on opère par la méthode ordinairement adoptée en pratique au lieu d'opérer par celle que nous indiquons, et qui n'offre pas plus de difficultés.

Si maintenant on voulait avoir le volume débité par la vanne pendant le temps $t = 513605$ secondes, qui correspond à l'abaissement de $0^{m},30$ du niveau de l'étang, de la cote $266^{m},50$ à la cote $266^{m},20$, on chercherait, dans la table n° 2 du paragraphe précédent, et pour le côté gauche de l'étang dont il est question ici,

(1) On peut faire ici une remarque qui s'applique également à tous les exemples qui seront donnés ultérieurement : c'est que, A étant très-grand, il faut calculer les radicaux qui entrent dans la formule (32) avec quatre ou cinq décimales, si l'on veut avoir la valeur de t avec quelque exactitude.

les deux volumes au-dessus du fond 266 mètres de la tranche dans laquelle se fait l'écoulement, qui correspondent aux cotes 266^{m},50 et 266^{m},20 du commencement et de la fin de l'écoulement, et qui sont 1839362 mètres cubes et 712313 mètres cubes; leur différence, ou 1126449 mètres cubes, donnerait le volume écoulé pendant que l'eau s'est abaissée de la cote 266^{m},50 à la cote 266^{m},20, c'est-à-dire le volume cherché. Le volume moyen débité par seconde serait :

$$\frac{1126449}{513605} = 2^{mc},193, \text{ pour la formule exacte (31)},$$

$\frac{1126449}{515569} = 2^{mc},185$, pour le cas de la formule approchée (32), dans laquelle on aurait déterminé A d'après la règle que nous avons indiquée, et $\frac{1126449}{505121} = 2^{mc},23$, pour le cas de cette même formule approchée, dans laquelle on aurait déterminé A par le procédé ordinairement adopté en pratique. Ce dernier donne ici une erreur de $2^{mc},23 - 2^{mc},193 = 0^{mc},037$ sur le procédé exact, tandis que l'erreur ne serait que de $2^{mc},193 - 2^{mc},185 = 0^{mc},008$, par notre procédé approché, qui dès lors nous paraît apporter, sans augmenter en rien la difficulté des calculs, un perfectionnement notable dans la pratique de ces sortes d'opérations.

Il nous reste à donner maintenant un exemple de calcul à faire pour descendre de tranche en tranche, dans l'hypothèse où la vase doit se vider jusque vers l'orifice de la vanne. Nous supposerons qu'il s'agit toujours du côté gauche de l'étang, et que notre levée de la vanne de fond établie au point G du plan général (fig. 6, pl. II) reste égale, comme ci-dessus, à 0^{m},40, et nous nous proposerons de calculer le temps qu'il faut pour que les eaux descendent de la cote 266^{m},50, à laquelle elles sont au commencement de l'écoulement, à la cote 264 mètres, qui est la cote du fond de la première tranche à partir du fond de l'étang. Il suffit, dans ce cas, de calculer successivement le temps qu'il faut pour que chaque tranche se vide; nous n'emploierons plus, d'ailleurs, d'après ce qui vient d'être dit sur son degré suffisant d'approximation, que la formule

$$(32) \qquad t = \frac{2A}{m'\omega'\sqrt{2g}}\left(\sqrt{R+H} - \sqrt{R+x}\right).$$

Seulement, comme ici nous supposons que l'écoulement continue dans chaque tranche, jusqu'à ce qu'elle se soit entièrement vidée, on aura évidemment pour chaque tranche $x = 0$, et l'on a d'ailleurs toujours $H = 0^m,50$. Il suffira donc de calculer t par la formule ci-dessus, en y mettant, pour chaque tranche, la valeur de R qui lui correspond et en se rappelant d'ailleurs toujours que R est la hauteur du fond de la tranche au-dessus du centre de l'orifice de la vanne. La figure 8 (pl. II) indique les diverses valeurs de R qui conviennent aux diverses tranches que nous avons à considérer ici. La table n° 1 donne, en regard des cotes, les surfaces des sections horizontales correspondant à ces cotes, et la table n° 2, les volumes au-dessus du fond de chaque tranche qui correspondent à ces mêmes cotes : on peut donc établir le tableau suivant pour le calcul des temps et des volumes écoulés pendant ces temps dans chaque tranche.

NUMÉROS D'ORDRE des tranches. (Fig. 8, pl. II.)	COTES au-dessus du niveau de la mer.	SURFACES CORRESPONDANT à ces cotes.	TOTAL DES SURFACES ou valeur de 2A.	VALEURS DE H pour chaque tranche.	VALEURS DE t CALCULÉES par la formule (32).	VOLUMES AU-DESSUS du fond de chaque tranche.
	m	m q	m q	m		m c
N° 5...	266 50	3869010	7357492	3 60	850731"	1839362
	266 00	3488482				//
N° 4...	266 00	3388482	6301844	3 10	774210	1570407
	265 50	2813362				//
N° 3...	265 50	2813362	5145502	2 60	692574	1283495
	265 00	2332140				//
N° 2...	265 00	2332140	4194364	2 10	617598	1044368
	264 50	1862224				//
N° 1...	264 50	1862224	2915800	1 60	484650	721188
	264 00	1053576				//
			TOTAUX...........		3419763"	6458820

Les volumes au-dessus de la cote inférieure de chaque tranche se trouvent dans une colonne de la table n° 2, en regard des cotes (côté gauche de l'étang).

Les volumes correspondant à la cote supérieure de chaque tranche ou les volumes inscrits ci-dessus ne sont autre chose que les volumes totaux de chaque tranche ou les cubes d'eau écoulés du plan supérieur au plan inférieur de la tranche.

Les surfaces se trouvent dans la table n° 1 (côté gauche de l'étang), en regard des cotes.

Le débit moyen par seconde sera de $\frac{6458820}{3419763} = 1^{mc},89$, et comme il y a, dans le jour de 24 heures, 86400 secondes, il faudrait $\frac{3419763}{86400} = 39^{j},58$ pour débiter les 6458820 mètres cubes qu'il faut écouler pour vider le côté gauche de l'étang jusqu'à la cote 264 mètres, c'est-à-dire à peu près jusqu'au fond général de cet étang. Si l'écoulement, au lieu de finir lorsque l'eau arrive à la cote 264 mètres au-dessus du niveau de la mer, devait s'arrêter dans une tranche, par exemple à la cote $264^m,30$, on opérerait pour calculer la dernière valeur de t qui lui correspondrait, comme nous l'avons fait dans l'exemple de calcul donné plus haut pour la tranche (266 mètres-$266^m,50$); cela ne présente aucune difficulté.

Nous ferons remarquer maintenant que, dans les réservoirs dont les digues de retenue sont très-élevées, comme ceux de Saint-Ferréol et de Lampy au canal du Midi, il y a plusieurs systèmes de vannes de décharge dans la hauteur de la digue pour diminuer la charge et, par conséquent, la vitesse d'écoulement; ici, il n'y a qu'une seule vanne de décharge, à cause du peu de hauteur de la digue. Dans le cas où il y aurait plusieurs étages de vannes, il est parfaitement clair que les calculs se feraient d'une manière tout à fait analogue, et dans l'hypothèse d'ailleurs que ces vannes ne fonctionneraient que successivement d'étage en étage, comme cela se fait en effet, c'est-à-dire que l'on n'ouvrirait la vanne d'un étage qu'après que l'eau serait arrivée dans la région de la vanne de l'étage immédiatement supérieur. On ferme alors cette vanne pour ouvrir celle de l'étage inférieur, et ainsi de suite; de sorte que le calcul se fait tout à fait de même que celui que nous avons indiqué ci-dessus, pour le côté gauche de l'étang de Gondrexange.

§ 4. *Application à l'étang de Gondrexange des calculs relatifs à l'écoulement en déversoir.* — Prenons le déversoir du côté gauche de l'étang. Ce déversoir fait partie de la prise d'eau établie au point C du plan général (fig. 6, pl. II); il a son seuil à la cote 266 mètres et, au moyen de poutrelles mobiles, il se relève à la cote $266^m,50$ du maximum de retenue des eaux de l'étang, sa largeur est $L = 3^m,30$.

Supposons maintenant qu'on veuille, au moyen du débit de ce déversoir, abaisser de $0^m,10$ la cote normale $266^m,50$ des eaux, c'est-à-dire l'amener à la cote $266^m,40$. Les équations à appliquer sont les nos 38 et 39 du chapitre II, suivant que l'on voudra traiter le cas exact de la section horizontale variable, ou le cas approché de la section horizontale constante du réservoir.

Comme d'ailleurs ici le seuil du déversoir est à la cote 266 mètres du plan horizontal, limite entre la tranche ($266^m,50$-266 mètres) dans laquelle se fait l'écoulement et la tranche immédiatement inférieure, on aura $h = 0$, et les équations à appliquer sont dès lors les équations (40) et (41), qui se déduisent des équations (38) et (39), pour cette hypothèse particulière de $h = 0$, que nous avons ici.

Prenons d'abord la formule (40), qui convient au cas le plus général de la section horizontale variable du déversoir :

$$(40) \qquad t = \frac{1}{mL\sqrt{2g}} \left\{ \begin{array}{l} \dfrac{2(a+bx+cx^2)}{\sqrt{x}} - \sqrt{x}\left[4(b+2cx) - \dfrac{16}{3}cx\right] \\ -\dfrac{2(a+bH+cH^2)}{\sqrt{H}} + \sqrt{H}\left[4(b+2cH) - \dfrac{16}{3}cH\right]. \end{array} \right.$$

On aura ici

$$H = 266^m,50 - 266^m,00 = 0^m,50,$$
$$x = 266^m,40 - 266^m,00 = 0^m,40.$$

Les quantités $a + bx + cx^2$ et $a + bH + cH^2$ ne sont autre chose que les surfaces données par la formule (6 *bis*) qui correspondent aux hauteurs x et H au-dessus du plan à la cote 266 mètres du fond de la tranche dans laquelle se fait l'écoulement. Ces surfaces se trouvent, pour l'étang de Gondrexange, dans la table n° 1 donnée à l'article 1, § 2, de ce chapitre (côté gauche, qui nous occupe ici), en regard des cotes $266^m,50$ et $266^m,40$, auxquelles correspondent ici les valeurs de H et de x; on a donc, d'après cette table,

$$a + bx + cx^2 = 3792884 \text{ mètres carrés},$$
$$a + bH + cH^2 = 3869010 \text{ mètres carrés}.$$

Les valeurs de b et de c, dont on a vu les expressions dans l'article 1, §§ 2 et 3, de ce chapitre, sont données dans la première colonne de la table n° 1 pour la tranche ($266^m,50$-266 mètres) qui nous occupe, et sont

$$b = 760794,$$
$$c = 524.$$

On se rappellera d'ailleurs que $L = 3^{m},30$, et nous supposerons que $m = 0.405$. Avec ces données numériques, la formule (40) donne

$$t = 216369 \text{ secondes.}$$

Appliquons maintenant la formule approchée (41). Il suffira de remarquer que la section A doit être, comme nous l'avons dit au paragraphe précédent, la moyenne entre les sections qui correspondent au niveau de l'eau au commencement de l'écoulement, d'une part, et, de l'autre, au niveau du seuil du déversoir, c'est-à-dire entre les sections qui correspondent ici aux cotes $266^{m},50$ et 266 mètres, surfaces qui sont, d'après la table n° 1, pour le côté gauche que nous considérons, 3869010 et 3488482 mètres carrés; on a donc

$$A = \frac{3869010 + 3488482}{2} = 3678746 \text{ mètres carrés;}$$

d'où, substituant cette valeur de A et les valeurs numériques ci-dessus déterminées de L, m, x, H dans la formule (41), qui est

$$t = \frac{2A}{mL\sqrt{2g}}\left(\frac{1}{\sqrt{x}} - \frac{1}{\sqrt{H}}\right),$$

on en tire

$$t = 207774 \text{ secondes.}$$

La différence entre cette valeur de t et la valeur exacte 216369 secondes déterminée ci-dessus par la formule (40) est 8595 secondes, qui, divisée par 216369, donne une erreur de $0^{m},04$ sur la valeur exacte; une semblable approximation, quoique beaucoup moindre que celle que nous avons trouvée pour le cas de l'écoulement par une vanne, pourra encore souvent être suffisante en pratique.

Avant de déterminer ce qui concerne l'écoulement en déversoir, faisons encore la remarque suivante : la valeur de t trouvée ci-dessus, $t = 216369$ secondes, réduite en jours de vingt-quatre heures ou de 86400 secondes, est égale à $2^{j},50$. Ainsi il faut à un déversoir de $3^{m},30$ de largeur $2^{j},50$ pour écouler une tranche d'eau de $0^{m},10$ de hauteur, du côté gauche de l'étang de Gondrexange. Si la tranche n'avait que $0^{m},01$ à $0^{m},02$ de hauteur, comme cela arrive dans les déversoirs régulateurs des retenues d'usines dont les seuils sont toujours très-peu en contre-bas du niveau de la retenue, le temps serait encore plus long, comparativement à l'importance du volume débité, que dans l'exemple que nous venons de traiter; d'où l'on est fondé à conclure que, *dans les grands réservoirs des canaux, les déversoirs régulateurs ayant leurs seuils fixes à très-peu près au niveau de la retenue sont chose tout à fait insignifiante, à moins de leur donner des largeurs considérables, et qu'ils n'ont dès lors quelque utilité pratique pour le règlement de la retenue, qu'autant qu'on place leurs seuils notablement en contre-bas de cette retenue.*

Aussi a-t-on placé, à l'étang de Gondrexange, le seuil du déversoir du côté gauche à $0^{m},50$ en contre-bas du plan d'eau maximum $266^{m},50$, et celui du côté droit à $0^{m},40$ en contre-bas de ce plan; des poutrelles ou des hausses servent d'ailleurs à relever ces seuils à volonté, suivant les besoins du service. C'est cette disposition qui paraît devoir être, en général, adoptée de préférence à toute autre.

ARTICLE 2.

RÉSERVOIR DE TENCE, SUR LE LIGNON, AFFLUENT DE LA LOIRE.

§ 1. *Dispositions générales du réservoir.* — Le réservoir de Tence, sur la partie supérieure du Lignon, est un de ceux qui ont été étudiés dans le service des inondations pour la partie supérieure de la Loire. Ce réservoir n'a pas été exécuté, et son étude est la première à laquelle nous ayons appliqué la théorie exposée au chapitre III.

Le réservoir de Tence, dans l'ordre d'idées où il a été étudié, ne devant absolument servir que pour abaisser la hauteur des crues, ne devait avoir qu'un pertuis de fond, et c'est sur les hauteurs de la crue de 1856 que ce pertuis devait être calculé, sauf à donner au barrage une hauteur assez grande pour qu'il ne pût être surmonté par la plus grande crue connue, qui est, pour la haute Loire, celle de 1846.

La courbe des débits de la crue de 1856, à l'emplacement où avait été projeté le barrage de Tence, est indiquée sur la figure 1 (pl. III) par les lettres ABMCD; les courbes des surfaces et des capacités du réservoir de Tence, calculées d'après les profils en travers qui ont été levés pour l'avant-projet de ce réservoir, sont données par les figures 2 et 3 (pl. III).

La courbe des capacités (fig. 3) montre qu'avec un barrage de 50 mètres de hauteur, que les localités permettraient du reste parfaitement de faire, on emmagasinerait un cube de 27104256 mètres cubes. Or l'aire de la courbe des débits de la crue de 1856 (fig. 1, pl. III) entre les points dont les abscisses sont 0 et 65 heures, et les ordonnées $8^{m},10$ et $8^{m},10$, est de 18896724 mètres cubes. On pourrait donc ici emmagasiner la crue tout entière, c'est-à-dire avoir un pertuis fermé qu'on n'ouvrirait qu'après la crue. Mais on tenait à avoir un réservoir qui pût fonctionner de lui-même, et dès lors on devait rejeter d'une manière absolue les pertuis à systèmes; il faut donc réduire la hauteur du barrage et avoir un pertuis d'ouverture fixe.

§ 2. *Calcul de la hauteur du barrage.* — Agissons sur les points A et C de la courbe des débits (fig. 1, pl. III), dont les ordonnées sont $13^{mc},20$ et $27^{mc},64$. Le débit total Q ou l'aire de la courbe des débits entre ces deux points est de 17254116 mètres cubes; on a d'ailleurs :

$$q_n = 27^{mc},64, \quad q_0 = 13^{mc},20, \quad t_n - t_0 = 39^{h} = 140400 \text{ secondes.}$$

En substituant ces valeurs dans la formule (M_3) (chap. III, art. 2, § 3)

$$V = Q - (t_n - t_0)\left(\frac{2}{3}q_n + \frac{1}{3}q_0\right),$$

elle donne

$$V = 14050188 \text{ mètres cubes.}$$

L'ordonnée 14 050 188 mètres cubes correspond (fig. 3), sur la courbe des capacités, à une abscisse de $39^m,60$, qui serait la hauteur à laquelle l'eau s'élèverait devant le barrage pour une crue comme celle de 1856.

§ 3. *Calcul de la section du pertuis.* — Reprenons ici l'équation (T') (chap. III, art. 2, § 3)

$$L = \frac{q_n}{p' 2\alpha \sqrt{x - \alpha}};$$

en y faisant $q_n = 27^{mc},64$, $p' = m'\sqrt{2g} = 0^m,80\sqrt{2g} = 3,5415$, $X = 39,60$, et prenant $2\alpha = 1,20$, d'où $\alpha = 0,60$, on en tire

$$L = 1^m,04.$$

Ainsi le pertuis aura $1^m,04$ de largeur sur $1^m,20$ de hauteur, soit une section de $1^{mq},248$.

Voyons maintenant, avec cette section, quelle hauteur il y aura devant le barrage avec le débit initial q_0, que nous avons supposé être $q_0 = 13^{mc},20$; pour cela, il suffit de reprendre l'équation (K'') (chap. III, art. 2, § 3)

$$x = \alpha + \frac{\varphi^2}{4p'^2\alpha^2 L^2}.$$

Cette équation, pour $\varphi = q_0 = 13,20$, $p' = 3,5415$, $\alpha = 0,60$, $L = 1,04$, donne

$$x = 9^m,51.$$

Or, à cette hauteur d'eau dans le réservoir correspondrait, d'après la courbe des capacités (fig. 3, pl. II), une capacité de 228024 mètres cubes[1]. Ce volume est trop petit, par rapport à la capacité totale,

[1] Il suffit pour cela de faire (voir la fig. 3) la proportion suivante, en considérant

pour qu'il soit nécessaire de refaire le calcul du pertuis, attendu que l'on donne toujours au barrage plus de hauteur que n'indique le calcul, afin d'empêcher les vagues de passer sur son couronnement. Nous conserverons donc les dimensions du pertuis telles que nous venons de les calculer.

§ 4. *Calcul de la courbe des débits du pertuis.* — La section du pertuis étant calculée, entrons maintenant dans les détails du calcul de la courbe des débits de ce pertuis, et pour cela reprenons les équations aux différences données à l'article 1 du chapitre III :

$$(\mathrm{M}') \qquad \Delta x_0 = \frac{\frac{1}{2}(q_0+q_1) - \varphi_0}{Z_0}\,\Delta t_0,$$

$$(\mathrm{M}'') \qquad \Delta x_0 = \frac{q_0+q_1-(\varphi_0+\varphi_1)}{Z_0+Z_1}\,\Delta t_0,$$

la seconde de ces équations servant, comme on l'a expliqué, à vérifier la première.

La valeur de x_0 est ici $9^{\mathrm{m}},51$, comme on vient de le voir, et celle de q_0 est $13^{\mathrm{mc}},20$. Pour expliquer plus facilement le calcul, prenons l'élément A*a* de la courbe des débits (fig. 1, pl. III) et portons-le en A*a* sur la figure 1 *bis* à une plus grande échelle; faisons de même pour le premier élément de la courbe des surfaces (fig. 2, pl. III), et transportons-le sur la figure 2 *bis;* cette dernière figure permettra de calculer facilement Z_0, c'est-à-dire la valeur de la surface de la section horizontale qui correspond dans le réservoir à la hauteur $x_0 = 9^{\mathrm{m}},51$. Il suffit, pour cela, en considérant l'élément de la courbe des surfaces comme une droite, de faire la proportion

$$Z_0 : x_0 :: 667611 : 10;$$

d'où, puisque $x_0 = 9^{\mathrm{m}},51$, on tire

$$Z_0 = 6348171.$$

l'élément de la courbe comme une droite, 9,51 : V :: 10 : 239773; d'où V = 228024 mètres cubes.

On a d'ailleurs ici $\varphi_0 = q_0 = 13^{mc},20$ et, pour calculer q_1, il suffit de se reporter à la figure 1 *bis*; prenons $\Delta t_0 = \frac{1}{4}$ d'heure $= 900''$, et calculons la valeur de q_1 qui correspond à la fin de cet accroissement du temps que nous voulons essayer dans la formule (M'), la figure 1 *bis* donnera

$$q_1 = AO + \frac{am - AO}{Om} \times \Delta t_0,$$

mais $AO = q_0 = 13,20$, $am = 40,66$, $Om = 2^h = 7200''$, $\Delta t_0 = 900''$, d'où l'on tire

$$q_1 = 16,633.$$

Nous avons maintenant toutes les valeurs numériques qui doivent entrer dans la formule (M') pour calculer Δx_0, et, en y faisant $q_0 = 13^{mc},20$, $q_1 = 16^{mc},633$, $\varphi_0 = 13^{mc},20$, $Z_0 = 63481,71$, $\Delta t_0 = 900''$, on en tire

$$\Delta x_0 = 0,02454,$$

d'où

$$x_1 = x_0 + \Delta x_0 = 9,51 + 0,0245 = 9.5345.$$

Vérifions ce résultat par la formule (M''), pour voir si la valeur $\Delta t_0 = 900''$, que nous avons prise, n'est pas trop grande. Outre les quantités qui viennent d'être calculées par la formule (M'), la formule (M'') renferme encore Z_1 et φ_1, c'est-à-dire la surface de la section horizontale du réservoir et du débit par seconde du pertuis, qui correspondent à la hauteur d'eau $x_1 = 9^m,535$ dans le réservoir. Z_1 se calcule au moyen de la figure 2 *bis* comme nous avons calculé Z_0, et l'on trouve

$$Z_1 = 63656,61.$$

Pour calculer φ_1, il suffit de reprendre ici l'équation (K')

$$\varphi = p' \, 2\alpha L \sqrt{x - \alpha},$$

ou, si l'on se rappelle que l'on a posé $p' = m'\sqrt{2g}$,

$$\varphi = m' \, 2\alpha L \sqrt{2g(x - \alpha)};$$

or ici l'on a $\alpha = 0{,}60$, $L = 1{,}04$, comme on l'a vu plus haut; nous avons d'ailleurs adopté, pour le coefficient m', la valeur $m' = 0{,}80$, d'où

$$\varphi = 0{,}998\sqrt{2g(x - 0{,}60)}. \tag{56}$$

C'est sous cette forme que l'équation servira ici à calculer φ, connaissant x; pour calculer φ_1, on aura donc, en se rappelant que $x_1 = 9{,}535$

$$\varphi_1 = 0{,}998\sqrt{2g \times 8{,}935},$$

d'où

$$\varphi_1 = 13^{mc}{,}214.$$

Substituant maintenant dans l'équation (M″) les valeurs $q_0 = 13{,}20$, $q_1 = 16{,}633$, $\varphi_0 = 13{,}20$, $\varphi_1 = 13{,}214$, $Z_0 = 63481{,}71$, $Z_1 = 63656{,}61$, $\Delta t_0 = 900''$, on en tire

$$\Delta x_0 = 0{,}02421.$$

Cette valeur ne diffère de celle qui a été calculée par l'équation (M′) que de $0{,}0245 - 0{,}0242$ ou de $0{,}003$, ce qui est une approximation suffisante ici.

Connaissant x_0, on calculerait Δx_1 par la formule (M′), qui donnerait

$$\Delta x_1 = \frac{\frac{1}{2}(q_1 + q_2) - \varphi_1}{Z_1} \Delta t_1, \tag{57}$$

et l'on vérifierait par la formule (M″), qui donne

$$\Delta x_1 = \frac{q_1 + q_2 - (\varphi_1 + \varphi_2)}{Z_1 + Z_2} \Delta t_1. \tag{58}$$

La figure 1 *bis* donnerait pour $\Delta t_1 = 900$, $q_2 = 20{,}066$. On a d'ailleurs trouvé tout à l'heure $Z_1 = 63656{,}61$, $\varphi_1 = 13{,}214$; d'où, substituant dans la formule (57), on trouve

$$\Delta x_1 = 0{,}0726,$$

d'où

$$x_2 = x_1 + \Delta x_1 = 9{,}608.$$

La figure 2 *bis* donne pour cette valeur de x_2, par un calcul analogue à celui qu'on a fait tout à l'heure,

$$Z_2 = 64137,29;$$

enfin φ_2 se calcule par la formule (56), dans laquelle il suffit de faire $x = x_2 = 9,608$, et l'on trouve

$$\varphi_2 = 13,323.$$

Substituant ces valeurs dans l'équation (58), on en tire

$$\Delta x_1 = 0,0723;$$

la différence entre les valeurs de Δx_1 tirées des formules (57) et (58) est $0,0726 - 0,0723 = 0,0003$; on en conclura que la valeur $\Delta t_1 = 900$ était suffisamment petite.

On calculerait de même φ_3, φ_4, etc. Seulement, après le point n de la courbe des débits (fig. 1, pl. III), il faut, pour la partie roide nB, prendre des valeurs de Δt égales à $\frac{1}{8}$ d'heure, soit 450 secondes, si l'on veut continuer à avoir des valeurs de Δx qui ne diffèrent que de 0,001 de la formule (M') à la formule (M''). Ces calculs sont très-laborieux, mais n'ont rien de difficile; on peut les apprendre à tout agent un peu intelligent. Nous mettons sous toutes les ordonnées de la courbe des débits de la rivière (fig. 1) les ordonnées correspondantes de la courbe des débits du pertuis, qui a été calculée d'après la méthode qui vient d'être indiquée.

Il n'y a aucun intérêt à donner ici tous les points si rapprochés par lesquels passe le calcul, et il suffit de mettre sur la figure le nombre de points nécessaire pour indiquer la forme de la courbe.

Nous remarquerons d'ailleurs que, pour avoir la courbe des hauteurs d'eau dans le réservoir, il suffirait de porter les valeurs x_0, x_1, x_2, x_3, calculées ci-dessus, comme ordonnées au bout des temps $0, \Delta t_0, \Delta t_0 + \Delta t_1$, $\Delta t_0 + \Delta t_1, \Delta t_0 + \Delta t_2$ pris pour abscisses; rien n'est plus simple, et il n'est pas nécessaire d'y insister.

§ 5. *Action du pertuis sur une crue comme celle de 1846.* — Les dimensions du pertuis du réservoir de Tence, calculées sur la crue de 1856, dont la courbe des débits est donnée par la figure 1 (pl. III), sont, comme on l'a vu plus haut,

$$2\alpha = 1,20 \quad \text{et} \quad L = 1,04.$$

Il s'agit de voir maintenant l'effet que fera ce pertuis sur la courbe de la crue de 1846, qui est donnée par la figure 4 de la planche III.

Il faut ici, en conservant la même ordonnée initiale $q_0 = 13,20$ que pour la crue de 1856, agir sur une ordonnée q_n plus grande. Pour la crue de 1856, nous avions pris $q_n = 27,64$; prenons ici $q_n = 28,85$. Le temps $t_n - t_0$ qui sépare ces deux ordonnées sur la courbe des débits de la crue de 1846 (fig. 4, pl. III) est 39 heures, soit 140400 secondes, et l'aire de la courbe entre ces deux ordonnées est $Q = 22350060^{mc}$; en substituant ces valeurs dans la formule (M_3)

$$V = Q - (t_n - t_0)\left(\frac{2}{3} q_n + \frac{1}{3} q_0\right),$$

on en tire

$$V = 18938340 \text{ mètres cubes.}$$

Or à cette ordonnée correspond, sur la courbe des capacités (fig. 3, pl. III), une abscisse de $43^m,46$; cette hauteur n'est pas la hauteur exacte; pour l'avoir, il faut calculer la courbe des débits du pertuis avec la courbe des débits de la crue de 1846 (fig. 4, pl. III). Nous avons fait ce calcul au moyen des équations (M') et (M''), et il donne la courbe $A_1 C_1$ dont l'ordonnée maxima est $29^{mc},63$. Cette ordonnée diffère un peu, comme on le voit, de l'ordonnée 28,85, dont nous étions parti pour faire le calcul sommaire qui a donné $43^m,46$ pour hauteur. Or la valeur de x qui correspond à l'ordonnée $29^{mc},63$, est, d'après l'équation K'',

$$x = \alpha + \frac{\varphi^2}{4p'^2\alpha^2 L^2};$$

en y faisant $\alpha = 0,60$, $L = 1,04$, $p' = 3,5415$, $\varphi = 29,63$, on en tire

$$x = 44,40.$$

On voit donc que, si l'on donne 45 mètres de hauteur au barrage, le réservoir satisfera à toutes les crues.

On remarquera d'ailleurs ici que, pour la crue de 1856 (fig. 1, pl. III), la courbe des débits du pertuis a pour ordonnée maxima exactement l'ordonnée 27,64 du point C, qui nous avait servi à faire le calcul du pertuis. En réalité, le calcul de la courbe par les équations (M') et (M'') donnait 27,69 pour cette ordonnée, et si nous l'avons prise égale à 27,64, c'est parce qu'il n'y avait qu'une différence insignifiante entre les deux, et que cela simplifiait les explications. Ici la différence est plus grande : nous avons déjà expliqué, à l'occasion de l'exposition du procédé général, que l'on n'arrive jamais à une égalité parfaite : cela tient à la nature du procédé de calcul par différences que l'on emploie. Ici l'écart est plus grand (fig. 4) que pour la crue de 1856 (fig. 1), parce que nous nous sommes contenté d'une approximation de 0,0005 dans le calcul des valeurs de Δx; mais ces différences sont insignifiantes pour ce genre de calculs, puisque, en définitive, on donne toujours aux barrages un excédant de hauteur.

§ 6. *Comparaison des courbes des débits pour diverses crues de débits différents.* — Nous venons de voir que la courbe des débits de la crue de 1856 avait servi à calculer le pertuis du réservoir de Tence, et que la section de ce pertuis ainsi déterminée était de $1^{mq},248$; la courbe des débits du pertuis pour la crue de 1856 est indiquée sur la figure 1 de la planche III. On a pour la même section calculé la courbe des débits du pertuis de la crue de 1846, qui est indiquée sur la figure 4.

Nous avons, outre cela, calculé, toujours pour la même section, deux autres courbes des débits du pertuis pour des courbes des débits de la rivière indiquées par les figures 5 et 6 de la planche III, afin de pouvoir comparer un certain nombre de crues très-différentes. Ce calcul a d'ailleurs été fait par les équations aux différences (M') et (M'') par points très-rapprochés. Nous donnons sur les figures 5 et 6 ceux de ces points qui sont nécessaires pour indiquer la forme des courbes des débits du pertuis et celle des courbes des hauteurs d'eau dans le réservoir qui leur correspondent. Rappelons-nous ici que, pour les crues de 1856 et de 1846 (fig. 1 et fig. 4), le cube total Q débité par la rivière entre les ordonnées extrêmes, où la courbe de la rivière et celle du pertuis se rencontrent, a été trouvé égal à 17254116 mètres cubes pour la crue de 1856, entre les débits $q_0 = 13^{mc},20$ et $q_n = 27^{mc},64$, et à 22350060 mètres cubes pour la crue de 1846, entre les débits $q_0 = 13^{mc},20$ et $q_n = 29^{mc},63$. Pour les crues indiquées par les figures 5 et 6, on aurait Q = 16287444 mètres cubes entre les ordonnées $q_0 = 13^{mc},20$, $q_n = 28^{mc},94$, et Q = 20764296 mètres cubes entre les ordonnées $q_0 = 13^{mc},20$ et $q_n = 29^{mc},40$. On peut maintenant dresser le tableau suivant, qui nous permettra de comparer les effets de ces quatre crues.

INDICATION DES CRUES.	DÉBIT maximum de la rivière par seconde.	DÉBIT TOTAL valeur de Q.	HAUTEUR maxima dans le réservoir.	DÉBIT maximum par seconde du pertuis.
	m c	m c	m	m c
Crue de 1856 (fig. 1, pl. III) ..	369 96	17254116	39 60	27 64
Crue de 1846 (fig. 4).........	534 50	22350060	44 40	29 63
Crue de la figure 5............	658 73	18124616	40 89	28 94
Crue de la figure 6............	658 73	20764296	43 80	29 40

En comparant les deux dernières crues, qui ont même débit maximum par seconde, on voit que c'est à celle qui a le plus grand débit total, 20764296 mètres cubes, que correspond la plus grande hauteur d'eau $43^{m},80$ dans le réservoir, et, en comparant les quatre crues, on voit que c'est à celle de 1846, qui a le plus grand débit total, 22350060 mètres cubes, que correspond la plus grande hauteur de retenue $44^{m},40$, quoique son débit maximum par seconde, $534^{mc},50$, soit notablement plus petit que ceux des deux dernières crues du tableau. Il résulte de là *que, pour un pertuis de section donnée, c'est à la crue qui donne le plus grand débit total, et non à celle qui donne le plus grand débit par seconde, que correspond la plus grande hauteur de retenue.* Ce principe est fort important dans la question des réservoirs.

Nous ferons remarquer maintenant que l'effet d'un réservoir établi au point où a été projeté le réservoir de Tence serait, ainsi que l'indique la comparaison des courbes des débits de la rivière et du pertuis du réservoir sur les figures 1, 4, 5, 6 de la planche III, de réduire de $369^{mc},96$ à $29^{mc},64$ par seconde le débit maximum d'une crue comme celle de 1856 (fig. 1) et de $534^{mc},50$ à $29^{mc},63$ celui d'une crue comme celle de 1846 (fig. 4), la plus grande crue connue dans la haute Loire.

Il est évident, d'après ces résultats, que, si l'on voulait mettre à l'abri de toute inondation les usines construites sur le Lignon en aval de Tence et les préserver ainsi d'une ruine périodique, l'établissement d'un réservoir serait le moyen le plus sûr d'arriver au but.

§ 7. *Examen détaillé de la forme des courbes des débits des pertuis.* — Pour étudier un peu en détail les courbes des débits, examinons la courbe entière donnée par la figure 1 (pl. IV). C'est celle de la figure 4 (pl. III), à une plus grande échelle, et elle correspond, comme on l'a vu plus haut, à la crue de 1846.

En comparant la courbe du pertuis (fig. 1, pl. IV) à la courbe de la rivière (fig. 4, pl. III), on voit que la courbe du pertuis a une inflexion entre son origine et son sommet comme celle de la rivière; elle s'aplatit vers le sommet et reste ensuite convexe dans sa partie descendante, avec une nouvelle inflexion vers la fin. Cette forme générale s'explique facilement : il est clair d'abord que, la courbe des débits de la rivière allant en se redressant très-rapidement de son origine à son sommet, cette augmentation rapide de débit correspond précisément au moment où le réservoir commence à se remplir; et comme les valeurs élémentaires de ses tranches vont en augmentant avec la hauteur, il est évident que le remplissage de la partie inférieure se fait très-rapidement; la courbe des hauteurs d'eau dans le réservoir doit donc commencer à monter très-vite, et ce degré de rapidité doit évidemment diminuer à mesure que l'eau s'élève par suite de l'augmentation de capacité des tranches. Une fois que la courbe des débits de la rivière est arrivée à son sommet, les débits par seconde diminuent, et la forme de la courbe du pertuis s'aplatit de plus en plus jusqu'à son maximum, c'est-à-dire à son point de rencontre avec celle de la rivière. A partir de ce moment, le réservoir se vide en recevant un débit affluent déjà très-faible et qui va en diminuant, de sorte que cet écoulement se fait dans des conditions très-régulières : la courbe des hauteurs d'eau et, par suite, celle des débits du pertuis conservent une forme peu accidentée, comme l'indique la figure 1 de la planche IV.

Nous ferons remarquer, maintenant, que la forme des courbes des débits du Lignon accuse un régime torrentiel, ces courbes montant rapidement, comme l'indiquent les figures 1 et 4 de la planche III, qui représentent les crues de 1856 et 1846 à l'emplacement où a été projeté le réservoir de Tence. C'est sur les régimes torrentiels qu'un réservoir a le plus d'action, et l'abaissement relatif qu'il produit dans le niveau d'aval pour les crues est beaucoup plus grand que celui qu'il produirait sur un cours d'eau non torrentiel dont la courbe des débits serait plus aplatie. Supposons que ABCD (fig. 2, pl. IV) représente la courbe du débit d'un cours d'eau torrentiel sur lequel un réservoir de capacité C produit la transformée ACE. Si sur un cours d'eau moins torrentiel dont la courbe du débit serait A'B'C'D' (fig. 3, pl. IV), donnant un débit total égal à celui de la courbe ABCD, on construisait un réservoir de même capacité C, qui produirait la transformée A'C'E', l'abaissement de débit BM — CF serait plus grand que l'abaissement B'M' — C'F'. *La construction d'un réservoir produira donc un effet d'abaissement des crues à l'aval d'autant plus grand que le cours d'eau sur lequel il sera établi sera plus torrentiel.*

§ 8. *Comparaison des courbes réelles des débits avec les paraboles, et méthode expéditive de calcul qui en résulte.* — Nous allons voir, sur l'exemple numérique qui vient d'être traité, jusqu'à quel point l'hypothèse que nous avons faite dans notre théorie pour le calcul de la section du pertuis est exacte. Cette hypothèse consiste, comme on l'a vu plus haut, à supposer que l'aire de la courbe des débits du pertuis est égale à l'aire de deux portions de paraboles passant par le sommet de cette courbe des débits. Pour la courbe de la figure 1 (pl. IV), le calcul du pertuis a été fait avec l'ordonnée $q_n = 28,85$, et le calcul de la courbe des débits du pertuis par l'équation aux différences a donné pour le maximum de cette courbe $\varphi = 29,63$, valeur un peu plus grande que 28,85. La courbe réelle des débits du pertuis rencontre donc celle de la rivière à un point un peu plus élevé que la parabole A_1C_1. L'équation de cette parabole est facile à déterminer : il suffit de se rappeler son équation générale (N'), donnée au chapitre III, art. 2, § 4,

(N') $$\varphi = q_0 + \frac{q_n - q_0}{\sqrt{t_n - t_0}}\sqrt{t - t_0}.$$

En faisant ici, d'après les données de la figure 1 (pl. VI),

$$q = 13,20, \quad q_n = 28,85, \quad t - t_0 = 39^{h} = 140400'',$$

on a

(60) $$\varphi = 13,20 + 0,0417\sqrt{t - t_0}.$$

En donnant successivement à $t - t_0$ la valeur en secondes des abscisses de la figure 1 (pl. IV), on calcule par cette équation toutes les ordonnées de la parabole. Pour calculer la parabole descendante C_1M_1, il faut d'abord calculer la position du point M_1;

pour cela il faut reprendre l'équation (R) donnée au chapitre III, art. 2, § 4

$$(R) \qquad \Delta = \frac{3}{2}\frac{V+V'}{q_n - q_m}.$$

Dans cette formule, Δ est la distance K_1M_1 (fig. 1, pl. IV), q_m l'ordonnée M_1S_1, q_n l'ordonnée C_1K_1, V le volume retenu par le réservoir, volume qui a été calculé au paragraphe 2 de l'article 3 de ce chapitre pour le réservoir de Tence, crue de 1846, et qui est $V = 1893835o$ mètres cubes; V' l'aire $C_1D_1M_1S_1K_1C_1$ de la partie descendante de la courbe des débits de la rivière située au delà de l'ordonnée C_1K_1; on a ici $V' = 696312$ mètres cubes. On a d'ailleurs $q_n = 28,85$, $q_m = 6,98$, d'où l'on tirera pour l'équation (R)

$$\Delta = 374^h,08;$$

en y ajoutant l'abscisse 39^h du point C_1, on a $413^h,08$ pour abscisse du point M_1 de notre parabole; ayant ce sommet, son équation se déduira de l'équation générale (N″) donnée au chapitre III, art. 2, § 4,

$$(N'') \qquad \varphi = q_m + \frac{q_n - q_m}{\sqrt{t_m - t_n}}\sqrt{t_m - t},$$

équation dans laquelle les abscisses sont maintenant comptées à partir du point M_1 (fig. 1, pl. IV) vers la gauche, tandis que, pour la parabole ascendante, elles sont comptées du point A_1 vers la droite; on a ici

$$q_m = 28,85, \quad t_m - t_n = 374^h,08 = 1346688'',$$

d'où

$$(61) \qquad \varphi = 6,98 + 0,0188\sqrt{t_m - t}.$$

Au moyen de cette équation, on calcule aisément toutes les ordonnées de la parabole descendante qui sont cotées sur la figure 1 (pl. IV), et l'on voit que cette courbe a, à très-peu près, la même forme que la courbe exacte; elle reste, comme elle, constamment concave vers l'axe des abscisses, excepté vers la fin, où la courbe exacte a un point d'inflexion que n'offre pas la parabole. Dans la partie ascendante, la courbe réelle a, en général, un point d'inflexion très-marqué, ce qui rend sa forme plus différente de celle de la parabole.

Comparons maintenant les aires des paraboles avec celles des courbes réelles du pertuis. On voit que la courbe des débits du pertuis (fig. 1, pl. IV) coupe la parabole ascendante une fois entre son origine et son sommet, et une fois entre son sommet et sa fin; l'aire de la partie ascendante de la courbe des débits du pertuis est 3421260, l'aire correspondante de la parabole ascendante est 3303652, et elle diffère de moins de $\frac{1}{25}$ de l'aire exacte.

Pour la partie descendante, l'aire de la courbe des débits du pertuis est de. 29404764
l'aire de la parabole descendante est de 29034593
et si l'on considère la totalité des aires, celle de la courbe du pertuis est. 32826024
et l'aire parabolique 32338245
c'est-à-dire qu'elle ne diffère pas de plus de $\frac{1}{60}$ de l'aire exacte.

Les chiffres qui viennent d'être établis ne peuvent laisser de doute sur *l'exactitude suffisante de l'hypothèse de l'aire parabolique*, qui nous a permis de faire du calcul de la section du pertuis une chose possible et même facile; la justification de cette hypothèse a toujours eu lieu, comme ici, dans tous les calculs que nous avons eu à faire pour les études des inondations, et l'on doit la considérer dès lors comme devant être admise en pratique.

On peut d'ailleurs employer une méthode expéditive en se servant des paraboles comme intermédiaires, et qui se rapprochera suffisamment des résultats de la méthode exacte.

Expliquons ce procédé, qui, tout en réduisant les calculs, donne une approximation très-souvent suffisante.

Et d'abord nous ferons remarquer qu'il sera désormais inutile de calculer, par le procédé exact, la partie descendante de la courbe des débits du pertuis, que l'on peut toujours, avec une approximation suffisante, remplacer par une parabole. Il suffira donc, lorsqu'on emploiera le calcul exact, c'est-à-dire celui des équations aux différences (M') et (M''), de pousser ce calcul jusqu'au point d'intersection de la courbe avec celle de la rivière. On calculera ensuite la parabole descendante passant par ce point : elle remplacera sans erreur sensible la courbe exacte, et son calcul est des plus courts, tandis que les calculs de l'équation aux différences sont longs et pénibles. Voilà déjà une première simplification que l'on pourra employer sans exception dans tous les calculs et sans crainte de nuire aux résultats. Lorsqu'on a sous les yeux les diverses courbes des débits de la rivière aux points où l'on doit établir des réservoirs, on peut facilement les classer en catégories suivant leurs formes. Il suffira de faire le calcul exact pour une seule courbe de chaque catégorie, et toutes les autres s'en déduiront, en opérant ainsi qu'il suit. Supposons (fig. 4, pl. IV) qu'on ait calculé exactement la courbe A*m*K*n*C des débits du pertuis d'un réservoir à établir au point où la courbe des débits de la rivière est ABC (la partie descendante CM de la courbe des débits se calculant comme parabole); il s'agit de déterminer approximativement la partie ascendante A'*m*'K'*n*'C' de la courbe des débits du pertuis d'un autre réservoir à établir en un point où la courbe des débits de la rivière affecte une forme A'B'C' analogue à celle de la courbe ABC. Soit A'K'C' la parabole ascendante de la courbe A'B'C'; si l'on a à peu près la proportion suivante, où tous les termes sont connus,

$$\text{CI} : \text{AI} : : \text{C'I'} : \text{A'I'},$$

on peut, sans erreur sensible, admettre que les points K et K' de rencontre de la parabole avec la courbe à inflexion satisfassent à la proportion suivante :

$$\text{AI} : \text{AH} : : \text{A'I'} : \text{A'H'}.$$

Or on connaît AI, AH et A'I', d'où l'on déduira A'H', c'est-à-dire l'abscisse du point K', et il suffira ensuite de tracer la courbe A'm'K'n'C' au sentiment, de manière à lui conserver une forme analogue à celle de la courbe AmKnC. La partie descendante C'M' de la courbe se calculera, d'ailleurs, comme une parabole.

En opérant ainsi par classe de courbes pour lesquelles existera à peu près la proportion CI : AI : : C'I' : A'I', on abrégera énormément les calculs, sans modifier d'une manière appréciable les résultats des transformations. Chaque fois que la proportion entre C'I' et A'I' sera notablement différente de celle qui existe entre CI et AI, il faudra se servir du procédé de calcul par différence; mais on voit combien on peut déjà gagner de temps par ce classement des courbes. Cette méthode peut être employée sans crainte pour toutes les courbes des débits primitives dont on veut avoir la transformée par suite de l'établissement d'un réservoir.

ARTICLE 3.

RÉSERVOIR DU GOUFFRE D'ENFER SUR LE FURENS, AFFLUENT DE LA LOIRE.

§ 1. *Dispositions générales du réservoir.* — Le Furens a inondé la ville de Saint-Étienne en 1849, et des travaux de défense ont dû, par conséquent, être étudiés. Cette ville devait en même temps exécuter une conduite d'eau dérivée des sources du Furens, tout en améliorant le régime des nombreuses usines alimentées par ce cours d'eau. La construction d'un réservoir dans la partie supérieure de la rivière, satisfaisant à la double condition de supprimer tout danger pour l'avenir et de régulariser le débit du Furens de manière à réduire notablement les chômages de ses usines en été, parut, d'après les études, la meilleure solution à adopter.

La conduite d'eau est terminée aujourd'hui, et il en est de même du réservoir : c'est donc de travaux exécutés qu'il s'agit ici, et non d'un simple projet comme dans l'article précédent. Nous avons pu établir assez exactement la courbe des débits de la crue des 10 et 11 juillet 1849 (voir fig. 1, pl. V), et il est résulté de ces calculs, faits lors des études, qu'il suffisait de retrancher au sommet de la courbe des débits par l'action de la retenue un cube total de 200000 mètres cubes[1] pour abaisser la crue de $3^m,17$ à 2 mètres, et mettre Saint-Étienne complétement à l'abri de toute inondation ultérieure. Il suit de là que le réservoir doit être disposé de manière qu'on puisse laisser passer constamment la partie non dommageable de la crue, c'est-à-dire jusqu'à 2 mètres de hauteur à l'échelle à laquelle se sont faites nos observations (en amont du réservoir à établir, point M de la figure 2, pl. V), et qu'on ait constamment dans ce réservoir un vide de 200,000 mètres cubes, destiné à emmagasiner toutes les eaux à partir du moment où elles s'élèveraient, à l'échelle du point M, à une hauteur plus grande que celle de 2 mètres. Le débit par seconde correspondant à cette dernière hauteur, où l'inondation de Saint-Étienne commence, est 93 mètres cubes (voir fig. 1, pl. V). La hauteur totale du barrage destiné à fermer la vallée étant de 50 mètres, le niveau permanent relatif au service de la ville de Saint-Étienne et des usines ayant été fixé à $44^m,50$ au-dessus du fond, il restera sur les 50 mètres une tranche vide destinée à emmagasiner les parties dommageables des grandes crues de $5^m,50$ de hauteur. Or sa capacité est de 400000 mètres cubes, c'est-à-dire le double de ce qu'il faudrait : on ne risque donc jamais de mécompte. La capacité totale de la retenue est, d'ailleurs, de 1600000 mètres cubes, de sorte que celle qui correspond à $44^m,50$ de hauteur est 1600000 − 400000 = 1200000 mètres cubes. Cette réserve permanente de 1200000 mètres cubes suffit pour permettre de porter à 200 litres par seconde pendant l'été le débit du Furens, qui n'était que de 100 litres avant la construction du réservoir, et donne en outre un débit de 300000 à 400000 mètres cubes disponible pour augmenter, à des jours donnés, le débit de la conduite d'eau et faire des chasses d'eau dans les égouts de la ville.

[1] Le calcul pour la courbe des débits donne 205000 mètres cubes; c'est la partie hachée sur la figure 1, planche V.

§ 2. *Détails relatifs au service du réservoir.* — Entrons maintenant dans le détail des dispositions adoptées; il faut d'ailleurs évidemment prendre ici le cas le plus défavorable, celui où le réservoir serait rempli à la cote $44^{m},50$, relative à la réserve permanente des usines et de la ville de Saint Étienne, lorsque arriverait une crue.

En amont du réservoir on a établi une rigole de dérivation BN (voir le plan général, fig. 2, pl. V), dont la section et la pente sont calculées de manière à débiter 100 mètres cubes par seconde, soit un peu plus que le maximum de débit non dommageable, égal, comme on l'a vu plus haut, à 93 mètres cubes; les eaux sont alors à 2 mètres à notre échelle M. En B et A se trouvent placées deux ventelleries qui permettent d'ouvrir et de fermer à volonté la rigole de dérivation BN, ou la rigole d'alimentation AP du réservoir. Il est facile de voir que ces dispositions satisfont au service que nous voulons obtenir du réservoir. En effet, ce réservoir étant supposé plein à la cote $44^{m},50$ de l'approvisionnement de la ville, la ventellerie A restera fermée et la ventellerie B ouverte tant que les eaux ne s'élèveront pas au-dessus de 2 mètres à l'échelle M, correspondant au maximum de débit dommageable 93 mètres cubes par seconde; toutes les eaux s'écouleront ainsi par la rigole de dérivation BN, qui les ramène en V dans le Furens en aval du barrage. Cette rigole passe en S dans un col étroit entre deux immenses rochers, pour tomber en cascade sur le versant de l'un d'eux, d'une hauteur de 75 mètres, dans la rivière.

Dès que les eaux s'élèvent, à l'échelle M, au-dessus de 2 mètres, c'est-à-dire entrent dans la période dommageable de la crue, la ventellerie B restant ouverte, la ventellerie A s'ouvre et se manœuvre de manière à maintenir la hauteur 2 mètres à l'échelle M[1], de sorte que toute la partie dommageable va s'emmagasiner dans

[1] Il suffit, pour satisfaire à cette condition, que la rigole AP soit construite de manière à débiter au maximum la différence, 131 − 93 = 38 mètres cubes, des maximums de débit dommageable et non dommageable. Dans le projet on a déterminé ses dimensions de manière qu'elle pût débiter le même volume, 100 mètres cubes, que le canal de dérivation BN (fig. 2).

les 400000 mètres cubes de vide que présente le réservoir entre la hauteur $44^{m}.50$ de la retenue d'alimentation de Saint-Étienne et la hauteur totale de 50 mètres du barrage, et l'on vide ensuite cette partie du réservoir après que la crue est passée.

Le barrage établi en travers de la vallée au point E du plan, dans une gorge appelée *Gouffre d'Enfer* (fig. 2, pl. V), est courbe; il tourne sa convexité du côté de l'eau et sur une ouverture de 100 mètres qu'il a à son sommet; la flèche est de 5 mètres; sa coupe en travers est indiquée par la figure 3 (pl. V); ce profil a été déduit du profil d'égale résistance calculé par M. l'ingénieur ordinaire Delocre pour 50 mètres de hauteur, en augmentant légèrement ses dimensions dans le haut[1]. Ce type a cela de commode qu'il peut servir pour toutes les hauteurs : ainsi, pour un barrage de 26 mètres de hauteur, on aurait le profil ABCD (fig. 3, pl. III); avec les dispositions de ce type, la pression est sur toutes les assises à très-peu près constante et égale à 6 kilogrammes par centimètre carré. Il réalise d'ailleurs de notables économies sur les anciens types, tout en répartissant les pressions d'une manière plus uniforme et plus rationnelle.

Le réservoir du Furens a un déversoir de superficie de 20 mètres de longueur en D (voir la figure 2, pl. V), à la hauteur de 50 mètres au-dessus du fond, qui déversera dans le canal de dérivation. La décharge de fond est en C, et il y a là un tunnel de vidange CR (fig. 2 et 5, pl. V) servant de pertuis de fond; au niveau de la retenue permanente relative au service des eaux de Saint-Étienne, c'est-à-dire à $44^{m},50$ au-dessus du fond, il y a un second tunnel C'R' (fig. 5), avec vannage en tête du côté du réservoir, pour vider la tranche supérieure, sans qu'on soit obligé pour cela de faire jouer la bonde inférieure.

[1] Depuis que ce mémoire a été écrit, le barrage du Furens a été entièrement achevé. Son profil diffère très-peu de celui de la figure 3 (pl. V); on trouvera, dans les *Annales des ponts et chaussées* (1866), le mémoire de M. Delocre, et un rapport que nous avons adressé à l'Administration supérieure sur la mise en eau du réservoir. Ce rapport donne tous les détails relatifs au profil, et le compare à ceux

La décharge de fond se fait par deux tuyaux, de 40 centimètres de diamètre chacun, qui sont placés dans le tunnel CR (fig. 5) et vont déboucher dans un réservoir de distribution R, qui, par une combinaison particulière, sert, à des moments donnés, à envoyer dans l'aqueduc qui conduit les eaux de source destinées à l'alimentation de la ville de Saint-Étienne, des eaux du réservoir pour le lavage des rues et des égouts de cette ville, ou pour parer à la réduction momentanée de débit que peuvent subir les sources dans les moments de sécheresse exceptionnelle.

Il nous reste à voir maintenant le temps qu'il faudra pour vider la tranche supérieure de 200000 mètres cubes, qu'une crue comme celle de 1849 apporterait dans le réservoir. La formule à appliquer ici est la formule (31) du chapitre II :

$$(31)\quad t=\frac{1}{m'\omega'\sqrt{2g}}\left\{\begin{aligned}&\sqrt{R+H}\Big[2\left(a+bH+cH^2\right)\\&\qquad-\tfrac{4}{3}(b+2cH)(R+H)+\tfrac{16}{15}c(R+H)^2\Big]\\&-\sqrt{R+x}\Big[2\left(a+bx+cx^2\right)\\&\qquad-\tfrac{4}{3}(b+2cx)(R+H)+\tfrac{16}{15}c(R+x)^2\Big].\end{aligned}\right.$$

Comme l'ouverture est au fond de la tranche (voir fig. 5, pl. V), il faudra faire $R=0$, et, pour trouver le temps qu'il faut pour vider la tranche, on aurait dès lors à se servir de la formule (35) du chapitre II :

$$(35)\quad t=\frac{\sqrt{H}}{m'\omega'\sqrt{2g}}\left[2\left(a+bH+cH^2\right)-\tfrac{4}{3}(b+2cH)H+\tfrac{16}{15}cH^2\right];$$

les valeurs de a, b et c sont d'ailleurs, comme on sait,

$$(A)\qquad a=S,$$

$$(B)\qquad b=\frac{2D(S'-S)}{K(D+D')},$$

$$(C)\qquad c=\frac{(S'-S)(D'-D)}{K^2(D+D')},$$

d'autres barrages construits antérieurement à l'emploi de ce profil, qui est adopté partout aujourd'hui et qui est le plus économique.

S étant la surface inférieure, S' la surface supérieure, K la hauteur de la tranche, D et D' les développements des courbes horizontales qui correspondent aux sections S et S'. S est ici la section à la cote (784,61), soit à $44^{m},50$ au-dessus du fond, et S' la section à la cote (787,61), soit à $47^{m},50$ au-dessus du fond, le cube de 200000 mètres cubes, indiqué plus haut pour la crue de 1846, pouvant être logé entre ces deux sections. D'après les opérations faites sur le terrain, on a ici $S = 77704$ mètres carrés, $S' = 86264$ mètres carrés, $D = 2480$ mètres, $D' = 2570$ mètres; on a d'ailleurs $K = 3$ mètres, la section ω' de l'orifice est ici $\omega' = 2^{mq},77$, la valeur de H est $H = 3$ mètres, et si l'on prend $m' = 0,63$, coefficient applicable au système particulier de vanne employé ici, on en déduira, par la formule (35),

$$t = 37\,828'' = 10^{h}30^{m}28'',$$

soit 10 heures $\frac{1}{2}$ en chiffres ronds.

ARTICLE 4.

RÉSERVOIR DE LA COISE, AFFLUENT DE LA LOIRE, PRÈS DU MOULIN BISSY.

§ 1. *Dispositions générales du réservoir.* — Ce réservoir a été étudié pour abaisser les crues de la Coise, tout en créant une réserve d'eau pour l'irrigation de la partie de la plaine du Forez qui se trouve sur la rive droite de la Loire. Ce projet, qui n'a pas eu de suite jusqu'ici [1], offre de l'intérêt par ses dispositions, et c'est ce qui nous a décidé à les indiquer.

Le point où doit être établi le réservoir de la Coise est à 20 kilomètres environ en amont de l'embouchure de cette rivière dans la Loire. La courbe des débits de la crue de 1856 en ce point est indiquée sur la figure 6 (pl. V). Les courbes des capacités et des

[1] Le département de la Loire fait exécuter en ce moment par les ingénieurs un canal d'irrigation dérivé de la Loire pour arroser la partie de la plaine du Forez qui est sur la rive gauche de la Loire; ce n'est qu'après l'achèvement de ces travaux que l'on exécutera ceux de la rive droite.

surfaces du réservoir calculées d'après les profils en travers, jointes au projet de détail qui en a été dressé sous notre direction par M. l'ingénieur ordinaire Delocre, courbes qui remplacent ici les tables avec une approximation suffisante pour un projet, sont données par les figures 8 et 9 de la planche V. Le maximum de hauteur qu'on puisse donner au barrage est d'ailleurs, eu égard à la disposition des lieux, de 42 mètres.

§ 2. *Dimensions du pertuis.* — L'aire totale de la courbe des débits de la Coise au point où doit être établi ce barrage (fig. 6, pl. V), soit le débit total de la crue de 1856 en ce point, est de 13537728 mètres cubes. Le cube total débité par la crue de 1846, dont la courbe des débits est donnée par la figure 7 (pl. V), est 16783200 mètres cubes. Or la courbe des capacités (fig. 8, pl. V) fait voir que, pour le maximum de 42 mètres de hauteur que l'on peut donner au barrage, la capacité du réservoir est de 17464525 mètres cubes. On pourrait donc emmagasiner ces deux crues tout entières avec une section nulle de pertuis [1]. On doit dès lors prendre ici un cube très-faible pour le maximum q_n de débit du pertuis, ou pour l'intersection des courbes des débits de la rivière et du pertuis. Prenons l'ordonnée 15 mètres cubes de la courbe des débits (fig. 6, pl. V), et supposons que q_0 soit égal à l'ordonnée initiale 5 mètres cubes, la distance qui sépare ces deux ordonnées en temps est 57 heures, soit 205200 secondes.

On a donc ici :

$$q_n = 15 \text{ mètres cubes}, \quad q_0 = 5 \text{ mètres cubes},$$
$$t_n - t_0 = 205200 \text{ secondes}.$$

L'aire de la courbe des débits (fig. 6) entre les points extrêmes dont les ordonnées sont 15 mètres cubes et 5 mètres cubes est

[1] Les pertuis sont ici, comme pour le Furens, de petits souterrains percés dans les contre-forts contre lesquels s'appuie le barrage, qui sera ainsi un monolithe.

d'ailleurs

$$Q = 12681144 \text{ mètres cubes.}$$

Reprenons ici la formule (M_3) donnée au paragraphe 3 de l'article 2 du chapitre III,

$$(M_3) \qquad V = Q - (t_n - t_0)\left(\frac{2}{3}q_n + \frac{1}{3}q_0\right),$$

qui, en y substituant les valeurs numériques indiquées ci-dessus, donne pour la capacité du réservoir

$$V = 10253981 \text{ mètres cubes.}$$

Or la hauteur de barrage qui correspond à cette capacité est, d'après la courbe des volumes (fig. 8, pl. V), $33^m,69$; c'est l'abscisse correspondant pour cette courbe à l'ordonnée 10253981 mètres cubes.

Les dimensions du pertuis seront données par la formule (T') donnée au paragraphe 3 de l'article 2 du chapitre III,

$$(T') \qquad L = \frac{q_n}{p' 2\alpha\sqrt{X - \alpha}}.$$

En se rappelant que $p' = m'\sqrt{2g}$, et en prenant $m' = 0,80$, comme nous l'avons fait pour le réservoir du Lignon,

$$p' = 3,5415,$$

on a ici

$$X = 33^m,69.$$

Prenons une première valeur de $2\alpha = 1,20$; on déduit de l'équation (T')

$$L = 0,61.$$

Le pertuis d'un barrage qui ne servirait qu'aux inondations aurait donc $0^m,61$ de largeur et $1^m,20$ de hauteur, soit $0^{mq},73$ de section. Cette section étant déterminée, on calculerait la courbe des débits du pertuis par les équations aux différences (M'), (M'') du chapitre III, premier paragraphe de l'article 1. Mais ce calcul n'est pas nécessaire ici, attendu que, la hauteur de 42 mètres qu'on peut donner au barrage donnant une capacité trop forte, il s'ensuit qu'il y a une réserve disponible pour l'irrigation.

§ 3. *Action sur une crue comme celle de 1846.* — Déterminons l'action du pertuis qui vient d'être calculé sur une crue comme celle de 1846, dont la courbe des débits est donnée par la figure 7 (pl. V). Si l'on connaissait pour cette crue le débit maximum q_n du pertuis, on déduirait immédiatement de la courbe des volumes (fig. 8) la hauteur du barrage correspondante. L'eau devra évidemment ici s'élever plus haut dans le réservoir que celle de la crue de 1856, en conservant le pertuis calculé pour cette dernière crue; d'un autre côté, il sera inférieur à la valeur du débit du pertuis qui correspondrait à 42 mètres de hauteur d'eau, débit qui serait ici, d'après la formule (K') (§ 3, art. 2 du chapitre III)

$$\text{(K')} \qquad \varphi = p' . 2\alpha L \sqrt{x - \alpha}.$$

En faisant dans cette formule $2\alpha = 1,20$, $L = 0,61$, $p' = 3.5415$, $x = 42$ mètres, on en tire

$$\varphi = 16^{mc},54.$$

Nous savons que q_n sera compris entre 15 mètres cubes et $16^{mc},54$, et l'on peut prendre pour premier essai un chiffre quelconque compris entre les deux. Prenons $q_n = 15^{mc},93$, valeur qui correspond au point A de la courbe des débits de la crue de 1846 (fig. 7, pl. V); substituons cette valeur dans l'équation (K'') (chap. III, art. 2, § 3)

$$\text{(K'')} \qquad x = \alpha + \frac{\varphi^2}{4p'^2 \alpha^2 L^2},$$

dans laquelle il faudra faire

$$\alpha = 0,60, \quad p' = 3.5415, \quad L = 0,61, \quad \varphi = q_n = 16,54,$$

d'où l'on tirera

$$x = 38,60.$$

La capacité du réservoir qui correspond à cette hauteur, ou l'ordonnée de la courbe des volumes (fig. 8) qui correspondrait à l'abscisse 38,60, se calcule aisément d'après cette courbe : on la trouve égale à 14368172 mètres cubes.

Le volume enlevé à la crue de 1846 se calculerait par la formule (M_3), qui donne ici, en remarquant que, d'après la figure 8 (pl. V), on aurait pour les ordonnées extrêmes

$$q_0 = 5 \text{ mètres cubes}, \ q_n = 15^{mc},93,$$

$t_n - t_0 = 52^h,75 = 189900$ secondes, Q = 16649720 mètres cubes; d'où l'on tirerait par l'équation (M_3)

$$V = 14317790 \text{ mètres cubes.}$$

En comparant ce volume à la capacité du réservoir correspondant à la hauteur $38^m,60$, qui est 14368182 mètres cubes d'après le calcul fait par la courbe des volumes (fig. 8), on voit qu'un barrage de cette hauteur retiendrait un cube supérieur à celui qu'il faudrait pour réduire le maximum de la crue de 1846 à un débit de $16^{mc},54$, auquel correspond une capacité de 14368132 mètres cubes; la différence entre les deux valeurs 14368132 mètres cubes et 14317790 mètres cubes qui viennent d'être obtenues est trop petite pour qu'il y ait ici aucun intérêt à essayer une autre valeur de q_n. Si l'on voulait pousser l'exactitude du calcul plus loin, il suffirait d'essayer dans la formule (M_3) une valeur de q_n un peu moindre que 16,54, et l'on arriverait à deux valeurs de V qui différeraient encore moins que les deux précédentes, et par conséquent à une hauteur plus exacte encore que $38^m,60$.

§ 4. *Détermination de la réserve pour les irrigations.* — La capacité totale possible pour 42 mètres de hauteur étant 17454426 mètres cubes, et celle qu'il faut donner pour la crue de 1846

14317790 mètres cubes, il s'ensuit qu'il y aurait une réserve permanente de 3136736 mètres cubes libre pour les irrigations; cette réserve doit évidemment, puisqu'elle est permanente, être conservée dans la partie inférieure du réservoir; or la hauteur qui correspond à cette capacité est, d'après la courbe des volumes (fig. 8, pl. V), 20m,59, abscisse de l'ordonnée 3136736 mètres cubes de cette courbe.

§ 5. *Détermination définitive du pertuis.* — Le pertuis du réservoir des irrigations est placé de manière que son seuil soit au niveau du fond du réservoir; c'est un petit souterrain de 2 mètres d'ouverture qui contourne le barrage, et qui doit être, comme celui du réservoir du Furens, percé dans le contre-fort, deux tuyaux en fonte de 0m,40 de diamètre avec robinets-vannes permettant d'assurer le service des irrigations. Le pertuis des inondations sera placé de manière que son seuil soit à 20m,59 au-dessus du seuil du pertuis d'irrigation, cette hauteur étant celle qui donne la réserve permanente de 3156736 mètres cubes des irrigations. Ce pertuis est également un souterrain percé dans le contre-fort, comme pour le réservoir du Furens. Il nous reste à calculer les dimensions de ce pertuis, en admettant que le réservoir d'inondation commence à la hauteur 20m,59 au-dessus du fond de la vallée ou du seuil du pertuis d'irrigation, le réservoir devant avoir une hauteur totale de 42 mètres [1].

Faisons remarquer d'abord qu'il est inutile de calculer une nouvelle courbe des volumes du réservoir à partir du plan horizontal correspondant à la hauteur 20m,59 au-dessus du fond. Il est évident en effet que, si l'on trace sur la figure 8 (pl. V) une ligne horizontale AB à la hauteur de l'ordonnée 3136736 mètres cubes correspondant à la hauteur 20m,59 prise pour abscisse, les

[1] Le barrage aurait ici pour profil la partie ABEF du profil du barrage du Furens, qui correspondrait à 42 mètres de hauteur (fig. 3, pl. V). Le mur qui se trouve au-dessus de la ligne AB dans ce profil est destiné uniquement à empêcher les vagues de passer sur le barrage.

capacités correspondant à chaque hauteur comptée à partir du point A sont représentées par la partie des ordonnées située au-dessus de la ligne AB. Les valeurs de ces nouvelles ordonnées sont représentées sur la figure 8 par des chiffres entre parenthèses.

Le calcul se fait maintenant exactement comme celui qui a été indiqué plus haut. Supposons donc toujours qu'on veuille réduire la crue de 1856 à un débit maximum de 15 mètres cubes (fig. 6, pl. V). Le volume à emmagasiner, calculé comme ci-dessus par la formule (M_3), sera toujours 10253981 mètres cubes. Ce cube correspond à une hauteur de $17^m,03$, abscisse sur la ligne AB (fig. 8) de l'ordonnée 10253981 de la courbe des volumes. Il restera donc, pour compléter la hauteur totale de 42 mètres, une capacité supérieure vide de $4^m,48$ de hauteur pour emmagasiner l'excédant du débit de la crue de 1846 sur celui de la crue de 1856. Les dimensions du pertuis se calculeront par la formule (T')

$$(T') \qquad L = \frac{q_n}{p' 2\alpha \sqrt{X - \alpha}},$$

dans laquelle il faut ici faire

$$q_n = 15 \text{ mètres cubes}, \qquad p' = 3,5415, \qquad X = 17,03.$$

Prenant $2\alpha = 1^m,20$, on tire de là

$$L = 0^m,87.$$

Le pertuis d'inondation, calculé sur une crue comme celle de 1856, aura donc $0^m,87$ de largeur sur $1^m,20$ de hauteur, soit $1^{mq},04$ de section.

Ces dimensions déterminées, il reste à calculer la courbe des débits du pertuis, au moyen des équations aux différences finies (M') et (M''), chap. III, art. 1.

Nous n'avons plus à reproduire ici les détails du calcul, puisqu'ils ont été donnés à l'article relatif au réservoir de Tence. Le calcul se fait exactement de la même manière.

Il ne reste plus maintenant qu'à vérifier si la capacité de $4^{m},48$ de hauteur, laissée libre, dans la partie supérieure du réservoir, par la crue de 1856, suffirait à l'emmagasinement de l'excédant de débit qu'offrirait, sur cette crue, une crue comme celle de 1846, dont la courbe des débits est donnée par la figure 7 (pl. V).

La hauteur totale du barrage étant 42 mètres, la hauteur où s'élèverait l'emmagasinement permanent pour les irrigations est, d'après ce qui vient d'être indiqué ci-dessus, de $20^{m},59$ au-dessus du fond, d'où résulterait une hauteur de $21^{m},41$, qui serait le maximum de hauteur où pourrait atteindre au-dessus du fond du pertuis d'inondation (placé à la cote $20^{m},59$ au-dessus du fond du pertuis d'irrigation) une crue comme celle de 1846. Or à cette hauteur correspond, avec le pertuis d'inondation dont les dimensions viennent d'être calculées, un débit par seconde de $16^{mq},86$, qu'on obtiendrait par la formule (K'), en y faisant $p' = 3.5415$, $2\alpha = 1,20$, $L = 0,87$, $X = 21,41$. Cette valeur correspond au point A' de la courbe des débits de la crue de 1846 (fig. 7, pl. V) situé à $12^{h},49$ ou 187928 secondes du point qui a pour ordonnée $41^{mc},69$ sur cette courbe. On fera donc, dans la formule (M_3), $q_n = 16^{mc},89$, $q_0 = 5$ mètres cubes, $t_n = t_0 = 187920$ secondes, $Q = 16568856$, cette valeur de Q étant l'aire de la courbe (fig. 7) prise entre les points B et A', d'où l'on tirera par cette formule (M_3)

$$V = 14140944 \text{ mètres cubes.}$$

D'un autre côté, la capacité correspondant à une hauteur de $21^{m},41$ au-dessus de la surface de la réserve permanente est 14317789 mètres cubes d'après la courbe des volumes (fig. 8, pl. V), l'ordonnée 14317789 correspondant, sur cette courbe, à l'abscisse 21,41. Cette capacité dépassant de 14317789 — 14140944, ou de 176545 mètres cubes, le volume à emmagasiner pour une crue comme celle de 1846, on voit que la hauteur totale de 42 mètres du barrage est parfaitement suffisante pour assurer tous les services.

Tous les calculs du réservoir de la Coise qui viennent d'être indiqués ont été faits par M. l'ingénieur ordinaire Delocre, par application de la théorie et des méthodes que nous avons exposées dans le chapitre III de cet écrit.

NOTE I.

DÉTERMINATION GÉOMÉTRIQUE DE L'EXPRESSION DU VOLUME D'UNE TRANCHE.

Le volume compris entre les sections A et A′ (fig. 2, pl. I) se compose de deux parties : l'une a évidemment pour expression la surface de la section inférieure multipliée par la hauteur x à laquelle se trouve, au-dessus de la section inférieure A, la section que l'on considère; l'autre a pour expression l'aire du triangle *anp* (fig. 2, pl. I) multipliée par le développement de la courbe horizontale qui passerait par le centre de gravité q du triangle. Reprenons l'expression donnée au chapitre I, art. 2, pour le développement, en fonction de la largeur moyenne l, de la zone, qui est

$$D'' = D + l \tang \beta.$$

Si Δ' désigne le développement de la courbe horizontale passant par le centre de gravité q, l la largeur moyenne de la zone comprise entre cette courbe et la courbe inférieure, on aura

$$\Delta' = D + l \tang \beta.$$

Or l représente sur la figure 2 (pl. I) la ligne yp, et l'on se rappelle que la ligne an représente la quantité l qui se rapporte à la zone comprise entre les courbes A et A′. Ainsi, puisque le point q est le centre de gravité du triangle anp, on a

$$yq = \frac{1}{3} an$$

ou

$$l' = \frac{1}{3} l;$$

mais, d'après l'expression (e) donnée au chapitre I, art. 2, on a

$$l = L\frac{x}{K},$$

d'où

$$l' = \frac{1}{3} L \frac{x}{K},$$

d'où

$$\Delta' = D + \frac{1}{3} L \frac{x}{K} \operatorname{tang} \beta.$$

Mais, d'après l'article 2, chap. I, on a

$$\operatorname{tang} \beta = \frac{D' - D}{L},$$

d'où

$$\Delta' = D + \frac{1}{3} \frac{x}{K} (D' - D).$$

Le volume correspondant au triangle *anp* a donc pour expression

$$\Delta' \times \text{l'aire de ce triangle},$$

ou

$$\Delta' \frac{lx}{2},$$

ou, substituant pour Δ' et l leurs valeurs et appelant u le volume correspondant,

$$u = \Delta' \frac{lx}{2} = \left[D + \frac{1}{3} \frac{x}{K} (D' - D) \right] \frac{L}{K} \frac{x^2}{2}.$$

Il ne reste qu'à substituer pour L sa valeur, qui est, comme cela résulte de l'article 2, chap. I,

$$L = \frac{2(S' - S)}{D + D'};$$

d'où l'on déduit

$$u = \frac{x^2 (S' - S)}{K(D + D')} \left[D + \frac{1}{3} \frac{x}{K} (D' - D) \right].$$

Si u' désigne l'autre partie du volume calculée plus haut, on aura

$$u' = Sx.$$

Le volume V'', correspondant à la section A'', est égal à la somme des volumes u et u' plus le volume V inférieur à la section A; on aura donc

$$V'' = V + u + u'$$

ou

$$V'' - V = Sx + \frac{x^2}{K}\frac{(S'-S)}{(D+D')}\left[D + \frac{1}{3}\frac{x}{K}(D'-D)\right],$$

ou, en posant $w = V'' - V$ et ordonnant par rapport à x,

$$w = Sx + \frac{(S'-S)D}{K(D+D')}x^2 + \frac{(S'-S)(D'-D)}{3K^2(D+D')}x^3,$$

qui n'est autre chose que l'expression (8) de l'article 3 du chapitre I.

NOTE II.

SUR LES PARABOLES AUXILIAIRES.

La parabole dont nous nous sommes servi pour arriver à l'expression (M_3),

$$V = Q - \left(t_n - t_0\right)\left(\frac{2}{3}q_n + \frac{1}{3}q_0\right),$$

a son sommet en A (fig. 1, pl. II) et passe par le point C, ce qui la détermine. Elle a donc un élément vertical en A, ce qui l'éloignerait d'autant plus de la forme de la courbe des débits que q_n serait plus grand par rapport à q_0.

Pour tous les cas des grands réservoirs que nous avons eu à traiter dans la Loire supérieure, cette position de la parabole auxiliaire donne une approximation suffisante.

Si q_n devenait assez grand par rapport à q_0, on substituerait à cette parabole une autre parabole, qui passerait par les points C et A, et qui aurait son sommet sur l'horizontale inférieure *ot* (fig. 1, pl. II). Cette parabole s'éloignerait moins de la courbe réelle que la première, et l'on trouverait facilement que, dans cette nouvelle hypothèse, on aurait

$$(M'_3) \qquad V = Q - \frac{2}{3}(t_n - t_0)\frac{q_n^3 - q_0^3}{q_n^2 - q_0^2} = Q - \frac{2}{3}(t_n - t_0)\frac{q_n^2 + q_n q_0 + q_0^2}{q_n + q_0}.$$

Tant que $\frac{q_n}{q_0}$ est plus petit que 3, l'usage des deux formules conduit, à très-peu près, aux mêmes résultats numériques, et comme la formule (M_3) est la plus simple, c'est celle qu'il faut dès lors employer. Si l'on avait $\frac{q_n}{q_0} > 3$, on emploierait la formule (M'_3).

Il ne faut d'ailleurs pas perdre de vue qu'il ne s'agit ici que d'approximations conduisant à limiter les tâtonnements pour le calcul définitif, et l'on pourrait même, à ce point de vue, substituer la ligne droite AC (fig. 1, pl. II) à l'arc de parabole, attendu que la compensation des aires autour de cette ligne se ferait encore suffisamment pour que le calcul dans lequel n'entrent que les aires n'en éprouvât point de modifications bien sensibles. On aurait, dans ce cas, la formule excessivement simple

$$(M''_3) \qquad V = Q - (t_n - t_0)\frac{q_n + q_0}{2}.$$

Les trois relations M_3, M'_3, M''_3, donnent, pour $q_n = q_0$, toutes trois

$$V = Q - (t_n - t_0)\, q,$$

comme on devait s'y attendre.

Les équations des paraboles rapportées aux coordonnées de la courbe des débits ABC (fig. 1, pl. II) sont d'ailleurs, pour la parabole ayant son sommet en A,

$$(N) \qquad (\varphi - q_0)^2 = \frac{(q_n - q_0)^2}{t_n - t_0}(t - t_0),$$

et, pour celle qui a son sommet en *m*,

$$(N_1) \qquad \varphi^2 = \frac{q_n^2 - q_0^2}{t_n - t_0}\cdot t - \frac{q_n^2 t_0 - q_0^2 t_n}{t_n - t_0},$$

et l'équation de la ligne droite passant par les points A et B est

$$(\mathrm{N}''') \qquad \varphi - q_0 = \frac{q_n - q_0}{t_n - t_0}(t - t_0).$$

Ces trois équations, pour $q_n = q_0$, se réduisent à

$$\varphi = q_0,$$

ce qui donne la parallèle AZ à l'axe des t.

MÉMOIRE

SUR L'ACTION QUE LA DIGUE DE PINAY

EXERCE

SUR LES CRUES DE LA LOIRE À ROANNE.

AVANT-PROPOS.

M. Boulangé, qui avait été ingénieur en chef du département de la Loire, a publié en 1848, dans les *Annales des ponts et chaussées,* une notice relative à l'effet produit par la digue de Pinay sur la grande crue de 1846. Le sens pratique que M. Boulangé, sous les ordres de qui nous avons eu l'honneur de servir comme ingénieur ordinaire dans le département du Bas-Rhin [1], avait au plus haut degré, lui avait fait croire fermement, comme on le verra plus loin, que le notable rétrécissement de section dû à l'établissement de la digue de Pinay devait avoir pour effet d'augmenter, dans une très-grande proportion, la retenue naturelle que les gorges dans lesquelles est établie la digue produisaient dans la large plaine qui s'étend entre Feurs et ces gorges. M. Boulangé s'était exagéré l'effet de la digue de Pinay, que feu M. l'inspecteur général des ponts et chaussées Dupuit, dans un écrit publié en 1858, a au contraire réduit à peu près à rien par des calculs dont les résultats ne paraissent plus admissibles au-

[1] M. Boulangé avait été nommé ingénieur en chef du Bas-Rhin en quittant le departement de la Loire, en 1847.

jourd'hui, ainsi qu'on le verra plus loin. Il peut donc y avoir deux opinions très-opposées sur la digue de Pinay parmi les personnes qui ont lu les deux mémoires; les uns peuvent croire qu'elle fait tout, les autres qu'elle ne sert pas à grand'chose : la vérité est entre ces deux extrêmes.

Nous avons présenté à la fin de 1867, comme ingénieur en chef du département de la Loire, un projet de restauration de la digue de Pinay, qui, après avoir été approuvé, a été exécuté depuis. En face de l'incertitude qui devait nécessairement, d'après ce qui vient d'être dit, régner sur l'action de cette digue, nous avons dû, en présentant le projet de sa restauration, établir son utilité, quelque laborieuses que fussent d'ailleurs les recherches qu'exigeait la question.

Les procédés de calcul que nous avons employés pour arriver à sa solution présentent une application de la théorie du mouvement des eaux dans les réservoirs à alimentation variable, dont l'Académie des sciences a bien voulu, dans sa séance du 14 décembre 1868, autoriser l'insertion au *Recueil des Savants étrangers*. Nous croyons dès lors devoir lui soumettre les résultats de cette nouvelle étude.

Nous consacrons la première partie de ce mémoire à l'historique du sujet; dans la seconde nous étudierons l'action de la digue sur les crues.

CHAPITRE PREMIER.

DÉTAILS HISTORIQUES.

La première pièce historique à consulter est un mémoire présenté au roi par la ville d'Orléans, vers 1711, sur les inondations de la Loire; elle est publiée par M. Maurice Champion (3e volume, p. VII des Documents). Nous donnons dans la note D, sous le n° 1, la copie de cette pièce. Elle attribue l'augmentation de hauteur des crues observées depuis 1707 à l'élargissement des diverses passes des gorges de Pinay, qui avait été exécuté dans l'intérêt de la navigation de la Loire, de Saint-Rambert à Roanne. Sur cette réclamation intervint un édit de Louis XIV, du 23 juin 1711, que M. Boulangé a reproduit dans sa notice, d'après l'original classé aux Archives du gouvernement. Nous donnons dans tout son développement cette pièce, qui porte le n° 2 de la note D, ainsi que deux légendes ou procès-verbaux dressés par l'ingénieur Mathieu, qui a projeté et fait exécuter les digues de Pinay et de la Roche; ces pièces portent les n°s 3 et 4 de la note D.

L'édit de Louis XIV dit qu'il avait été ordonné au sieur Robert de la Chastre[1], intendant des levées, de se transporter sur les lieux avec les sieurs Poictevin et Mathieu, ingénieurs, pour examiner ce qu'il y aurait à faire, et le procès-verbal du sieur Robert de la Chastre, qui est visé dans cet édit, indiquait que le meilleur moyen d'atténuer les crues en aval était d'établir trois digues pour rétrécir le lit de la Loire : la première aux piles de Pinay, la seconde au château de la Roche, et la troisième aux piles et culées d'un ancien pont sur la Loire au droit du village de Saint-Maurice.

Quel est celui des trois commissaires qui a eu l'idée de ces digues? Est-ce l'intendant des levées Robert de la Chastre, l'un des ingénieurs Poictevin et Mathieu, ou tous deux? C'est l'ingénieur Mathieu qui a dressé le projet et fait exécuter les travaux, et c'est à lui, dès lors, que doit revenir la plus grande part de l'honneur, et les détails que nous offrons sur lui dans la note E ne peuvent plus laisser aucun doute sur ce point. Les pièces 3 et 4 de la note D sont rédigées entièrement par lui, et M. Boulangé a donné la copie des dessins originaux du projet auquel elles se rapportent. Nous reproduisons ces dessins à une petite échelle sur les figures 4 et 5 de la planche VI.

La digue devait être exécutée suivant la ligne MN (fig. 5); le digueron de la rive gauche devait d'ailleurs être relié avec la digue principale de la rive droite par une voûte (fig. 4). L'exécution n'a

[1] Robert de Courtoux, marquis de la Chastre.

pas été conforme au projet, et la digue principale a reçu la forme indiquée en traits ponctués sur la figure 5, dont les détails sont donnés par les figures 14 et 15 (planche VII). Ces figures représentent les dispositions de la digue telles qu'elles sont aujourd'hui. Elle se compose de deux parties, séparées par un pertuis de 19m,70 de largeur. La digue principale, celle de la rive droite, est très-bien disposée ; elle est courbe et beaucoup moins épaisse vers la rive que vers le fleuve, dans lequel elle forme barrage. Le digueron de la rive gauche est peu saillant et a été reconstruit en grande partie dans l'exécution du projet de réparation dont nous avons parlé plus haut.

La maçonnerie du grand digueron de la rive droite est établie, au moins dans la partie qui est la plus voisine du thalweg, sur une ancienne maçonnerie, que, d'après son aspect, on ne peut hésiter à reconnaître comme romaine. Il en est de même de la partie du digueron de la rive gauche qui existait encore [1] ; elle est indiquée par la lettre *a* sur le dessin de l'ingénieur Mathieu (fig. 5, pl. VI). La maçonnerie exécutée par les ingénieurs du siècle de Louis XIV pour la grande digue de la rive droite a un tout autre aspect ; elle est faite en parements appareillés et à bossages, et l'une des piles de l'ancien pont romain, celle qui est indiquée par la lettre *b* sur le dessin de l'ingénieur Mathieu (fig. 5), a été englobée dans son massif. Les fondations du côté de la Loire sont entièrement sur la maçonnerie romaine de la pile *b*.

Outre les deux parties du pont romain qui sont indiquées par les lettres *a* et *b* sur son dessin (fig. 5, pl. VI), il existait, à l'époque où l'ingénieur Mathieu s'occupa du projet de la digue de Pinay, deux autres piles indiquées par les lettres *c* et *d*. De ces deux piles il ne reste plus rien aujourd'hui, et elles ont été ruinées par la chute d'eau qui s'établit sur la digue dans les grandes crues.

Nous avons pensé que quelques détails archéologiques sur les

[1] Le procès-verbal de l'ingénieur Mathieu (pièce n° 3, note D) indique aussi l'origine romaine de cette construction.

phases diverses par lesquelles a passé ce pont romain, pour finir par servir de base à la construction d'un barrage devant former un réservoir contre les crues, offriraient ici quelque intérêt, et nous n'hésitons pas dès lors à les donner.

Dans un livre de Papirius Le Masson, que son frère Jean Le Masson, aumônier du roi, avait été autorisé, par privilége du 27 juin 1618, à faire imprimer, et qui est intitulé : *Descriptio fluminum Galliæ quæ Francia est*, et dont nous devons la communication à l'obligeance de M. Chaverondier, archiviste du département de la Loire, on trouve (p. 15) :

« A Foro [1] autem secundum Ligerim descendere cupienti Bar-« binicum [2] præter cætera cito occurrit Austregesilli ædes sacra, « religione singularis. Is Arvernorum quondam episcopus fuit. Ab « eo usque ad Pineum veterem pontem parum abest. Ejus *stant* « *pilæ quinque* firmissimæ, quarum una larga admodum crassa-« que; e durissimo enim lapide ad extrema pontis ipsius e lapidi-« cina deprompta coloris cinericii tanto artificio et solertia con-« nexa est, ut nec rectius nec melius cemento tenacissimo alligari « potuerit. »

En 1618 il existait donc encore, d'après Le Masson, cinq piles (ou culées) du pont romain; en 1711, l'ingénieur Mathieu constatait qu'il n'existait plus que la culée de la rive gauche et trois piles; il s'ensuit que de 1618 à 1711, la culée de la rive droite a été emportée. L'ancien pont romain était donc formé de deux culées et de trois piles, et l'on peut dire avec certitude que ces piles et culées servaient à supporter des travées en charpente. Il suffit, pour s'en convaincre, de jeter les yeux sur la figure 15 (pl. VII), dans laquelle sont indiqués les corbeaux de l'ancienne culée de la rive gauche et de celle des piles du pont romain qui a été englobée dans la digue de Pinay. Ces corbeaux servaient évidemment à soutenir les contre-fiches d'un système de charpente; car, s'ils

[1] Aujourd'hui Feurs, ville située au bord de la Loire et une des plus anciennes du Forez.

[2] Aujourd'hui Balbigny.

avaient dû servir à soutenir les cintres d'une voûte, la partie du parement au-dessus de ces corbeaux qui existe encore dans l'ancienne culée de rive gauche serait courbée suivant le cintre et ne serait pas verticale comme elle l'est et comme l'indique la figure 15 (pl. VII). Si l'on se reporte à la légende de la digue de Pinay de l'ingénieur Mathieu (pièce n° 3, note D), on voit qu'il n'hésitait pas non plus à regarder ces restes de la construction romaine comme ayant appartenu à un pont avec tablier en charpente. Cette même disposition des corbeaux apparaît d'ailleurs dans les restes d'un autre pont romain [1], appelés *les piles de Saint-Maurice,* qui existent encore près du village de ce nom, et où devait être construite la troisième digue projetée par les ingénieurs du siècle de Louis XIV. Nous en donnons le dessin sur la figure 19 (pl. VIII). Les rangs de corbeaux apparaissent ici, comme à Pinay, placés exactement à la même hauteur de $9^m,20$ au-dessus de l'étiage.

Ce pont était également un pont en charpente avec piles et culées en maçonnerie. C'était donc un système général que les Romains avaient employé sur cette partie de la Loire, et pour les avoir fait renoncer ici à leur type de prédilection, l'arche en pierre, il fallait qu'il y eût une puissante raison. Pour nous cette raison est claire : c'est celle de la grande hauteur à laquelle les crues de la Loire s'élevaient déjà lors de l'occupation romaine, et de la crainte qu'on avait de les voir augmenter encore. Nous trouvons d'ailleurs dans les Commentaires de César (*De bello Gallico,* lib. VII, cap. LV) cette phrase : « Quod Liger ex nivibus creverat « ut omnino vado non posset transiri. » C'était donc déjà une rivière redoutable que la Loire du temps de César, et l'on ne doit pas s'étonner, dès lors, que les Romains aient, dans la partie la plus

[1] Quelques archéologues font remonter ce pont à une époque antérieure à la domination romaine. Nous ne pensons pas que la nature de la maçonnerie et surtout de ses mortiers puisse justifier cette opinion, et nous considérons le pont de Saint-Maurice comme romain, quoique construit avec moins de luxe de taille que celui de Pinay.

étranglée des gorges, où les crues avaient leur maximum de hauteur, adopté des ponts avec des tabliers en charpente, qui présentaient peu d'obstacle à l'écoulement des eaux et pouvaient même, à la rigueur, être surmontés sans être entièrement emportés pour cela. Si l'on se reporte à la figure 15 (pl. VII) et que l'on y considère le niveau des crues de 1866 et 1846 par rapport à celui des corbeaux qui soutenaient la charpente de l'ancien pont romain, on voit que le niveau de la crue de 1866, par exemple, serait à $19^{m},58 - 9^{m},20$ ou à $10^{m},38$ au-dessus de celui des corbeaux. Il est impossible d'admettre que, les corbeaux étant à $9^{m},20$ au-dessus du socle des piles, le dessus du tablier en charpente fût à plus de 2 ou 3 mètres au-dessus des corbeaux, c'est-à-dire à peu près au niveau actuel du dessus du digueron de rive gauche, ancienne culée romaine. La différence considérable qui existe entre cette hauteur et celle de $19^{m},58$ et $18^{m},55$ qu'ont atteinte les crues de 1846 et 1866, différence qui se reproduit également sur le dessin de l'ancien pont de Saint-Maurice (fig. 19, pl. VIII), permet de tirer ici des dispositions de ces anciennes constructions romaines cette conclusion, que, il y a dix-neuf siècles environ, les crues de la Loire, quoique déjà considérables, étaient encore loin d'atteindre les hauteurs qu'elles ont prises successivement depuis[1]; car si elles eussent déjà à cette époque atteint ces hauteurs, les corbeaux des deux ponts de Pinay et de Saint-Maurice seraient à un niveau plus élevé; et, si les crues de la Loire ont progressivement augmenté d'intensité, nous devons l'attribuer principalement au déboisement des montagnes. Ce sont les bois qui constitueraient le réservoir le plus efficace, si l'on pouvait les rétablir sur les sommets, dénudés aujourd'hui, de la plupart de nos montagnes. Mais reprenons l'historique du pont de Pinay.

[1] On ne peut attribuer qu'une partie de cette augmentation de hauteur à la construction de la digue de Pinay; car nous démontrerons plus loin que, pour la crue de 1866, le cube total retenu dans le réservoir de Pinay était de 113 millions, dont 20 millions à attribuer à la digue proprement dite et 93 millions au resserrement naturel qui a existé de tout temps.

Nous trouvons dans l'ouvrage de 1618 de Le Masson, déjà cité plus haut, la phrase suivante (p. 16) :

« A centum retro annis aut circiter tanta inundatio fluminis « fuit, ut præter illas quinque lapideas pilas, trabes omnes, ti- « gilla, linguriæ, apparatus, motus loco, in præceps abierit. »

Cela indique clairement que, vers 1518, il existait encore, sur les piles de Pinay, un tablier en charpente, reconstruit sans doute bien des fois depuis les Romains, et que ce tablier a été emporté vers cette époque de 1518. Or, M. Maurice Champion indique dans son ouvrage sur les inondations une crue extraordinaire en 1515 (t. II, p. 213) : c'est cette crue qui enleva, évidemment, la charpente du pont de Pinay ; sa date coïncide parfaitement avec les indications de Le Masson.

Nous avons vu plus haut comment Le Masson parlait du pont de Pinay dans son histoire des fleuves de France ; il indique dans ce même livre (p. 19) qu'un architecte s'offrait pour rétablir, moyennant un péage[1], la charpente sur les cinq piles et culées romaines qui existaient encore. Le roi avait donné l'ordre de réparer le pont de Pinay, mais rien n'indique dans Le Masson que cet ordre ait été exécuté.

M. Chaverondier nous a communiqué une pièce qui prouve que cette réparation a eu lieu en 1626 (le livre de Le Masson est de 1618). Cette pièce est un mémoire de Simon Meysson, marchand, hôte de la Croix-Blanche à Saint-Germain-Laval, constatant la dépense faite chez lui par Charles Gay, marchand de la ville de Lyon, lorsqu'il avait *prins le pont de Pinay à faire en l'année 1626*. Cette pièce curieuse a été donnée à M. Chaverondier par le propriétaire actuel de l'emplacement sur lequel se trouvait en 1626 l'hôtellerie de la Croix-Blanche à Saint-Germain-Laval.

M. Chaverondier a bien voulu nous communiquer aussi des

[1] Cet architecte demandait 3,000 livres françaises et le cinquième sur les dépenses ; de plus, il devait percevoir à son profit, pendant quinze ans, un péage, sur le bénéfice duquel il ne rendrait au fisc que 600 livres par an. (Le Masson, p. 19.)

documents qui démontrent que le pont de Pinay avait été entretenu en état de viabilité vers la fin du XIIIe siècle et au commencement du XIVe. Ce sont des testaments conservés aux archives du département de la Loire, contenant des legs pour l'entretien de ce pont, testaments d'Étienne de la Flacheyri, de janvier 1234; de Guichard Arlemond de Néronde, de 1287; de dame Alix de Viennois, comtesse du Forez, de mars 1307. Il existe d'ailleurs aux mêmes archives un acte du 19 janvier 1333, par lequel Hugonin Mareschal de Charlieu déclare tenir en fief XV sols viennois desservis à lui par les enfants de la Fonteille *jouxte le pont de Pinay;* en 1212 un testament de Vuillelma, *uxor Franconii*[1], contient plusieurs legs pieux, mais ne parle pas du pont de Pinay; enfin le testament de Guy IV, comte de Forez, de l'an 1239, renferme des dispositions expresses pour les ponts du Rhône et ne dit rien du pont de Pinay[2]. On ne peut conclure du premier de ces deux documents que le tablier du pont de Pinay n'existait pas en 1212, mais le testament d'un comte de Forez ne peut plus laisser de doute à cet égard, et il n'existait certainement plus en 1239[3].

En recherchant les crues qui ont pu correspondre à ces époques, on trouve une grande crue extraordinaire en 1174 et une autre en 1289[4], qui emporta le pont de Nevers. Si donc il existait encore un tablier au pont de Pinay avant le XIIIe siècle, il a dû être emporté par la crue de 1174. Ce tablier a certainement été reconstruit après cette catastrophe, puisque nous l'avons retrouvé dans le XIVe siècle, où nos documents nous ont permis de le suivre jusqu'en 1333, comme on l'a vu plus haut. On trouve dans l'almanach de Lyon de 1759[5] qu'il a été emporté dans le XIVe siècle;

(1) Ce testament est donné par La Mure, *Histoire ecclésiastique de Lyon*, Preuves, p. 319-321.

(2) Le Laboureur, t. I, p. 155.

(3) Les legs de tous ces testaments en faveur de l'œuvre des ponts se rapportaient probablement à l'ordre des Frères pontifes, qui rendit, dans le XIIIe et le XIVe siècle, de si grands services pour la construction et l'entretien des ponts.

(4) M. Maurice Champion, t. II, p. 20.

(5) Il y a dans cet almanach une erreur sur l'ancien pont romain : il y est dit que

or, comme nous l'y avons suivi jusqu'à 1333, il est très-probable que c'est la grande crue de 1389 qui l'a emporté, comme elle a emporté le pont de bois de Nevers. Il a été reconstruit après cette crue, puisque nous l'avons vu de nouveau emporté par la crue de 1515. Enfin il a encore été reconstruit en 1626, comme on l'a vu plus haut, et il a encore été emporté depuis, attendu que les documents de 1711 fournis par l'ingénieur Mathieu pour la construction de la digue de Pinay ne parlent que des piles et ne mentionnent plus l'existence d'un tablier.

Si l'on considère toutes ces reconstructions successives du tablier du pont de Pinay, on est conduit à se dire que les communications qu'il assurait étaient très-importantes; pour s'en rendre compte, il est nécessaire de remonter à la voie romaine qu'il desservait. M. Chaverondier, dans son excellent inventaire des titres du comté du Forez (p. 539), indique la probabilité d'une voie romaine se dirigeant de Saint-Germain-Laval vers la digue de Pinay; cette voie se reliait évidemment par le pont de Pinay à une voie principale allant de Roanne à Feurs, et qui suivait la rive droite de la Loire, comme on le verra tout à l'heure.

Nous trouvons dans le grand ouvrage de M. Bernard de Montbrison, intitulé : *Description du pays des Ségusiaves*, l'indication des voies romaines principales qui partaient de Feurs, *Forum Segusiavorum*.

La voie de Feurs à Roanne devait suivre à très-peu près le tracé de la route nationale n° 82 actuelle, entre Feurs et Balbigny (voir la carte fig. 1, pl. VI, pour la situation des localités); de là elle entrait dans les gorges de la Loire et passait, en restant constamment sur la rive droite du fleuve, à Saint-Priest-la-Roche, Cordelle et Jeuvre, pour aboutir à Roanne. Cette route était, à l'entrée des gorges, défendue très-probablement par un camp retranché, qui devait être situé au Chatelard. Il existe tout près de la digue de Pinay, sur la rive droite de la Loire, un mamelon

ce pont n'avait qu'une arche; cette erreur est grossière, d'après tout ce qui a été établi plus haut.

de ce nom, où l'on voit encore une ancienne enceinte avec fossés, dont parle M. Chaverondier dans son excellent *Inventaire des titres du comté du Forez*, p. 539 [1].

Il est de toute évidence, pour nous, que le pont de Pinay servait à mettre en communication avec cette voie romaine Saint-Germain-Laval, qui était déjà à cette époque un centre important, et cette voie se prolongeait probablement au delà de Saint-Germain-Laval, vers l'Auvergne. On peut aussi, d'après les documents les plus positifs donnés dans l'ouvrage de M. Bernard, rétablir le tracé de la voie romaine de Feurs à Clermont. Elle se détachait quelque part de la voie de Feurs à Roanne pour franchir la Loire et passer à Naconne, où l'on a trouvé une de ses colonnes milliaires; à Goincet, à Saint-Étienne-le-Molard, à Sainte-Agathe-la-Bouteresse; de là elle se dirigeait probablement, par monts et par vaux, sur Clermont, et l'on en retrouve la trace à Vallore par une colonne milliaire au nom de l'empereur Claude. Nous ne pensons pas qu'elle pût dès lors suivre, comme le fait la route nationale n° 89 actuelle, la vallée du Lignon. Quant à la voie romaine qui mettait Feurs en communication avec Lyon, elle devait suivre à très-peu près la route n° 89 actuelle jusqu'à Saint-Martin-Lestra; mais, à partir de là, elle s'en éloigne entièrement, ce qui n'a du reste pas d'intérêt pour la question qui nous occupe ici.

On voit que l'ensemble de ces voies romaines, dont nous avons indiqué en gros les tracés par des lignes ponctuées sur la carte, avaient deux points de passage sur la Loire, l'un vis-à-vis de Cleppé, l'autre à Pinay. Le premier de ces deux passages ne laisse aucune trace de pont, et la traversée de la Loire se faisait peut-être alors, comme elle se fait encore aujourd'hui, au moyen d'un bac. Dans tous les cas, s'il y a jamais eu là un pont romain, il n'existait plus au XIIIe siècle, où nous voyons le pont de Pinay si utile. C'était en effet, à cette époque, le seul passage fixe de la Loire, et c'est par là très-probablement que passait la route de

[1] Depuis que ce mémoire a été écrit, M. Chaverondier a fait faire au Chatelard des fouilles où l'on a trouvé des objets romains.

Clermont à Lyon; on allait ainsi faire un très-grand crochet par Saint-Germain-Laval, et de là, par le pont de Pinay, à Balbigny, où l'on retrouvait la route de Roanne à Feurs; puis celle de Feurs à Lyon. Il est bien probable qu'il existait alors un bac près de Cleppé, qui pouvait desservir la route directe de Clermont à Lyon par Feurs, mais le passage de Pinay était bien plus commode pour la circulation, et ce n'est qu'en 1833 qu'un pont a été construit sur la Loire pour la route directe de Clermont à Lyon; c'est le pont suspendu que l'on voit actuellement près de Feurs. On comprend dès lors pourquoi nous avons vu le tablier du pont de Pinay si souvent reconstruit après avoir été emporté par les crues. C'était une communication de premier ordre; elle est plus secondaire aujourd'hui, et elle a été rétablie par un tablier en charpente jeté sur la digue de Pinay, après l'achèvement des travaux de restauration que nous avions projetés.

L'établissement de la digue de Pinay a rendu impossible la construction d'une voûte; il est facile de voir en effet, d'après la figure 15 (pl. VII), que, si l'on exécutait une arche sur le pertuis, on rétrécirait notablement encore la section d'écoulement, ce qui augmenterait la hauteur de la retenue et causerait l'inondation des villages de Balbigny et de Nervieux. Il a donc fallu, pour rétablir la communication, reconstituer pour ainsi dire le pont romain en charpente.

Le tablier actuel est supporté par deux poutres américaines en bois reposant sur les diguerons, et il peut être enlevé par les eaux, si celles-ci venaient encore une fois à surmonter la digue, comme elles l'ont fait en 1846 et 1866.

La première idée de l'ingénieur Mathieu avait été de maintenir la communication par une voûte, ainsi que l'indique son dessin (fig. 4, pl. VI); mais cette voûte n'a pas été exécutée, et la forme définitive de la digue actuelle est indiquée par les figures 14 et 15 (pl. VII). On doit admettre que la maçonnerie romaine du digueron marquée par la lettre *a* sur le dessin de l'ingénieur Mathieu (fig. 5, pl. VI), et indiquée sur les figures 14 et 15 (pl. VII) a dû, comme sur la rive droite, servir de fondation à la seconde culée du pertuis étroit auquel on voulait réduire la section du fleuve. Si le digueron de la rive gauche a été construit, ce qui est incontestable d'après ce qui en restait lors des récents travaux de restauration, la maçonnerie superposée à la maçonnerie romaine a été emportée par les crues qui ont eu lieu depuis 1711, et sa ruine a été achevée par la crue de 1790, qui a été aussi forte que celle de 1846. Dans tous les cas, après la crue de 1846, il n'existait plus vestige de cette maçonnerie, et il ne restait, comme elle existait encore en 1869, lorsque la reconstruction du digueron de la rive gauche a eu lieu, que la maçonnerie romaine, la seule qui eût victorieusement résisté à l'action de tant de siècles et de tant de crues. Le soin qui a été apporté à cette reconstruction et les excellents mortiers de chaux hydraulique du Theil qu'on y a employés nous font espérer que le massif nouveau, marqué en traits ponctués sur la figure 15 (pl. VII), ne se détachera plus du massif romain sur lequel il a été enté.

Les résultats que les ingénieurs du siècle de Louis XIV se proposaient d'atteindre, en construisant les digues de Pinay et de la Roche, sont très-simplement indiqués dans les légendes du projet (pièces 3 et 4 de la note D). La largeur de la Loire dans ses débordements y est portée, au point où doit être établie la digue de Pinay (pièce 3), à 60 toises ($116^{m},94$), et la construction du pertuis doit la réduire à 9 toises et demie ($18^{m},51$) à la hauteur de 50 pieds ($16^{m},24$), « ce qui doit, dit l'ingénieur Mathieu, causer un retard considérable, en sorte que les eaux des montagnes et des rivières qui tombent dedans seront soutenues, ce « qui rendra les terres meilleures par les dépôts des limons qui « engraissent les héritages de la plaine, au lieu que sa rapidité, « trop précipitée depuis l'enlèvement des rochers, entraine leurs « terres et fait une plus prompte jonction avec la rivière d'Allier « qui y afflue au-dessous de Nevers. »

La digue aurait eu $16^{m},24$ de hauteur au-dessus de l'étiage, d'après ce projet. Son profil actuel (fig. 15, pl. VII) donne $16^{m},97$

au-dessus du zéro de son échelle. Cette différence de 73 centimètres tient sans doute à la différence du niveau de l'étiage de 1711 et du zéro actuel, qui doit être notablement plus bas. Au niveau du couronnement de la digue, le profil donne une largeur totale de 126 mètres entre les bords, au lieu de celle de $116^m,94$ que donnait le projet de 1711. La largeur du pertuis a d'ailleurs évidemment été augmentée du projet à l'exécution des travaux, puisqu'elle est de $19^m,76$, tandis que le projet ne la portait qu'à $18^m,51$.

L'inspection seule du profil en travers du pertuis de Pinay (fig. 15, pl. VII) montre l'importance du rétrécissement opéré par la construction de la digue sur la section naturelle d'écoulement de la Loire, et il est impossible, à la vue de ce profil, d'admettre que l'effet de la digue ne soit pas très-notable pour augmenter l'emmagasinement dans la plaine qui se trouve en amont, et pour diminuer par conséquent la hauteur des crues en aval.

En ce qui concerne la digue de la Roche, elle n'est présentée par l'ingénieur Mathieu que comme devant rétrécir le lit dans les crues dépassant 50 pieds de hauteur ($16^m,24$) et soutenir alors « *le refoulement des grandes eaux*, à l'effet d'augmenter le retard que « fera la première digue. »

On verra dans le chapitre suivant, plus en détail, que les effets attendus par les ingénieurs de la construction de ces deux digues pour la diminution des crues en aval ont été, au moins en partie, atteints, et celui de la fertilisation des terrains inondés à l'amont l'a été de la manière la plus complète. Les terrains inondés par la retenue de Pinay ont aujourd'hui une couche végétale de $1^m,50$ à 2 mètres d'épaisseur et sont les plus riches du département de la Loire.

L'idée qu'ont eue les ingénieurs du siècle de Louis XIV était une idée entièrement neuve, et nous croyons avoir démontré, dans le chapitre suivant, qu'elle a eu un succès important en ce qui concerne la défense de Roanne. Il serait plus difficile d'affirmer que la digue de Pinay ait réalisé entièrement leurs espérances en ce qui concerne son influence sur la hauteur des crues vers l'embouchure de l'Allier Ce point est déjà trop éloigné de Roanne pour que l'état actuel de la théorie sur la propagation des crues puisse conduire à des chiffres offrant quelque certitude, mais le bon sens indique au moins que, s'il y a retard et par conséquent atténuation à Roanne, cette atténuation doit se propager plus loin, quoiqu'elle aille naturellement en diminuant de l'amont à l'aval, toutes circonstances égales d'ailleurs.

En ce qui concerne la troisième digue qui devait être construite aux piles de Saint-Maurice, aux termes de l'édit du 23 juin 1711, elle n'a pas été exécutée, et nous verrons, au chapitre suivant, que son succès serait douteux; et c'est là probablement la raison qui aura engagé les ingénieurs du siècle de Louis XIV à renoncer à cette partie de leur projet.

CHAPITRE II.

ACTION DE LA DIGUE DE PINAY COMME RETENUE.

CONSIDÉRATIONS GÉNÉRALES.

La digue de Pinay est construite dans une partie rétrécie de la Loire, de sorte que, avant sa construction, il y avait déjà là un barrage naturel, qui produisait un certain emmagasinement dans la plaine qui s'étend entre le pont de Feurs et l'entrée des gorges de Pinay. Le profil en travers (fig. 15, pl. VII) donne, jusqu'au niveau du couronnement de la digue, une surface totale de 1590 mètres carrés, et cette surface a été réduite par sa construction, en admettant l'état du digueron avant sa restauration de 1869, à 527 mètres carrés. Il serait difficile d'admettre qu'une réduction d'environ deux tiers que la construction de la digue a produite dans la section ne produisît pas un accroissement notable de retenue dans le réservoir, et cela paraît bien évident *a priori*.

M. l'inspecteur général Dupuit a cherché à démontrer, dans sa brochure de 1858, que cet accroissement était absolument insignifiant.

Un inspecteur général des ponts et chaussées a déjà fait au travail de M. Dupuit une réponse pratique dont les ingénieurs ont pu apprécier la portée [1]; mais nous croyons en outre qu'il y a dans ses calculs des erreurs infirmant les conclusions qu'il en a tirées.

M. Dupuit est parti du profil de M. Boulangé (fig. 3, pl. VI). Il a calculé, en partant de la digue de la Roche, le remous, qu'il trouve, au moyen de la chute de 6 mètres donnée par ce profil, n'être plus que de 27 centimètres à la digue de Pinay; la ligne ainsi calculée est indiquée en traits ponctués sur le profil.

Les calculs du remous ont été faits avec les tables données dans l'ouvrage de M. Dupuit sur les eaux courantes.

Voyons d'abord comment M. Dupuit a déterminé la hauteur du régime uniforme nécessaire pour pouvoir se servir de ses tables. D'après ce qu'on trouve dans la seconde édition de ses études sur les eaux courantes (p. 294), la hauteur H du régime uniforme se calcule par la formule

$$Hi = au + bu^2,$$

i étant la pente par mètre, a et b les coefficients de la formule de Prony, u la vitesse moyenne; celle-ci se déduit, d'après M. Dupuit, de la vitesse du filet central en en prenant les quatre cinquièmes, ou du débit par seconde, si on le connaît, en le divisant par la section. Ici on ne connaissait aucun de ces éléments, attendu que c'était la section, la vitesse et le débit que la crue de 1846 aurait présentés, sans l'existence de la digue, qu'il fallait avoir pour établir la hauteur H du régime uniforme. M. Vauthier a donné, dans les *Annales des ponts et chaussées* (1848), 7,000 mètres cubes comme débit de la crue de 1846 entre les digues de Pinay et de la Roche, avec des vitesses moyennes de $4^m,65$ à $4^m,85$.

[1] Brochure de M. l'inspecteur général Poirée, publiée en 1858, en réponse à celle de M. l'inspecteur général Dupuit.

M. Vauthier dit qu'il faut admettre ces chiffres, *à moins de nier la formule du mouvement uniforme.* Or, c'est précisément parce que cette formule est reconnue aujourd'hui comme donnant des vitesses beaucoup trop fortes lorsqu'on l'applique aux grandes rivières, que les résultats de M. Vauthier sont inexacts. Cette erreur a déjà été relevée par M. l'inspecteur général Poirée, et si l'on admettait un débit de 7,000 mètres cubes à la digue de Pinay, cela donnerait dans le pertuis, dont la section totale, exactement calculée pour la crue de 1846, d'après le profil en travers de détail (fig. 15, pl. VII), est 841 mètres[1], une vitesse moyenne de 8m,32 par seconde, ce qui conduirait à une vitesse superficielle d'au moins 10 mètres. M. l'inspecteur général Poirée a fait remarquer, avec raison, que de pareilles vitesses n'ont jamais pu exister, et, d'après ce que nous avons été à même d'observer très-souvent sur la Loire et sur ses affluents les plus rapides, nous n'avons jamais constaté de vitesses superficielles dépassant 3 mètres, si ce n'est dans les chutes brusques ou sauts, où nous en avons constaté de 4m,50, ce qui donnerait des vitesses moyennes de 2m,50 au plus, au lieu de celle de 4m,85 qu'avait trouvée M. Vauthier par le calcul, et des vitesses moyennes de 3m,50 à 4 mètres au plus dans les sauts.

Pour le pertuis de la digue de Pinay la vitesse moyenne ne peut, d'après les analogies que donnent les observations faites sur les crues de 1857 et 1866, avoir dépassé 4 mètres par seconde pour la crue de 1846, ce qui, pour la section de 841 mètres cubes, donnerait un débit de 3,364 mètres cubes au maximum, c'est-à-dire la moitié de celui de 7,000, donné par M. Vauthier. Cette erreur énorme provient uniquement de l'application qu'a faite cet ingénieur, aux données de la crue de 1846, de la formule de Prony, qui conduit, comme tous les ingénieurs le savent aujourd'hui, à des résultats beaucoup trop forts lorsqu'on l'ap-

[1] Section calculée telle qu'elle était, le digueron de la rive gauche étant en ruines, comme l'indique la figure 15 (pl. VII), et avant qu'il eût été rétabli en 1869, suivant les lignes ponctuées sur cette même figure.

plique aux grands cours d'eau et surtout aux cours d'eau torrentiels. Cette formule a d'ailleurs été établie entre de certaines limites, et, comme toutes les formules empiriques, elle n'offrait plus absolument aucune garantie, appliquée, comme elle l'était ici, à un régime et à des données entièrement différents de ceux qui avaient servi à établir ses coefficients.

M. Vauthier indique que, entre Pinay et la Roche, la section de la crue de 1846 a varié de 1450 à 1500 mètres carrés, et la hauteur de $9^m,05$ à $9^m,88$. M. Dupuit dit (p. 78 de sa brochure de 1858) que la hauteur de la section naturelle entre Pinay et la Roche est de 3 mètres au moins moindre que la profondeur dans l'étendue du remous, et qu'elle serait dès lors comprise entre 6 et 7 mètres, et il a adopté 7 mètres pour la valeur de H. Il ne donne absolument aucune raison à l'appui de cette hypothèse, que rien ne peut justifier, puisqu'il n'avait et ne pouvait avoir aucune donnée sur la hauteur qu'aurait prise, sans l'existence des digues, une crue comme celle de 1846.

Voyons à quel résultat on arrive en opérant sur la seule section que l'on pût connaître, c'est-à-dire sur la section déjà rétrécie par les digues à laquelle s'appliquent les données de M. Vauthier. D'après les indications données, dans l'ouvrage de M. Dupuit sur les eaux courantes, pour déterminer la hauteur H du régime uniforme, il faut prendre la formule suivante :

$$Hi = au + bu^2.$$

En restant toujours dans les errements de M. Vauthier, qu'il faut conserver ici puisqu'ils servent de base à M. Dupuit, la vitesse moyenne serait comprise entre $4^m,65$ et $4^m,85$. Prenons la moyenne, soit $4^m,80$ en nombre rond : la pente i admise par M. Dupuit d'après le profil de M. Boulangé serait ici $0^m,00092$; a et b ont d'ailleurs les valeurs numériques suivantes, données à la page 36 du traité sur les eaux courantes :

$$a = 0,0000444999, \qquad b = 0,000309314 ;$$

d'où l'on déduirait $H = 7^m,97$, soit 8 mètres, en nombre rond. Mais ce serait là la hauteur du régime uniforme due au régime de la Loire tel que l'a fait le rétrécissement de section occasionné par les digues de Pinay et de la Roche. Le chiffre de 7 mètres que M. Dupuit adopte pour la hauteur du régime uniforme dans la section naturelle doit être plus petit que celui du régime de la section rétrécie, et il l'est en effet, mais il est absolument impossible de l'en déduire avec quelque certitude, puisqu'il faudrait, pour cela, connaître la hauteur qu'aurait prise dans la section naturelle, antérieurement à la construction des digues, une crue comme celle de 1846.

La hauteur de 7 mètres que M. Dupuit assigne au régime uniforme est donc tout à fait incertaine.

Il suit de là que cette première base du calcul ne peut inspirer de confiance, et on doit la regarder comme déterminée à peu près arbitrairement; mais l'erreur la plus grave résulte surtout de ce que M. Dupuit, tout en s'étonnant de la petitesse des chutes du profil de M. Boulangé (p. 20 de la brochure), les a admises comme bases de son calcul du remous. Nous avons démontré dans la note B que les chutes de $2^m,92$ et 6 mètres, que M. Boulangé assigne aux pertuis de Pinay et de la Roche, ont dû être de $5^m,18$ et de 10 mètres au moins, et l'on peut ainsi rétablir approximativement le profil réel de la crue de 1846. Ce profil est indiqué par une ligne hachée sur le profil en long de M. Boulangé (fig. 3, pl. VI).

Si l'on partait de ce profil pour refaire le calcul de M. Dupuit, on trouverait, au lieu de la ligne RLF, qu'il indique pour le remous, une ligne comme C'TE', qui donnerait une retenue au moins triple de celle de 25 millions trouvée par M. Dupuit, résultat qui se rapprocherait pour le moins autant du chiffre de 108 millions, donné par M. Boulangé, que de celui de 25 millions, que M. Dupuit a proposé de lui substituer. Nous n'avons d'ailleurs pas jugé nécessaire de faire le calcul du remous C'TE', qui n'est indiqué qu'approximativement, attendu que nous croyons inapplicables ici les procédés de calcul qu'a employés M. Dupuit. Nous ferons remarquer, en effet, que le mode de calcul de la hauteur du régime uniforme donné dans son ouvrage sur les eaux courantes ne s'applique, ainsi qu'il l'a lui-même fait remarquer, qu'aux cours d'eau dont la profondeur serait assez petite pour pouvoir être négligée par rapport à la largeur; car ce n'est qu'à cette condition qu'on peut remplacer le rayon moyen R par H dans la formule du mouvement uniforme; or ici nous avons affaire à une partie de rivière où la hauteur d'eau est très-notable par rapport à la largeur, et à laquelle le procédé de calcul de la hauteur du régime uniforme indiqué par M. Dupuit ne serait, par conséquent, plus applicable.

En résumé, le calcul de M. Dupuit est basé sur des formules qui ne s'appliquent pas avec une exactitude suffisante au cas à traiter; d'où il suit que les résultats auxquels il est arrivé ne peuvent plus aujourd'hui être admis pour infirmer, comme ils devaient le faire, l'utilité de la digue de Pinay.

Nous regrettons d'ailleurs vivement d'avoir été obligé de faire cette critique, aujourd'hui que M. l'inspecteur général Dupuit a été enlevé, si malheureusement pour la science, au corps des ponts et chaussées, dont il restera une des illustrations; mais la question avait trop d'importance pour que l'ingénieur en chef de la section de la Loire dans laquelle se trouvait la digue de Pinay, et qui avait proposé de la réparer, pût garder le silence lorsque des données plus précises étaient venues démontrer l'inexactitude des calculs sur lesquels se basait l'opinion de M. Dupuit. Son amour de la vérité l'eût d'ailleurs, nous n'en doutons pas, amené à reconnaître lui-même une erreur qui doit, pour la plus grande partie, être attribuée à l'incertitude des données sur lesquelles il a basé ses calculs.

Voyons maintenant comment on peut parvenir à déterminer l'action, sur une crue, de la digue de Pinay avec son pertuis tel qu'il était avant la réparation de 1869, et nous prendrons pour nos calculs la crue de 1866, dont la marche a pu être exactement étudiée. On ne peut arriver à la solution de cette difficile question qu'au moyen des courbes des débits.

ACTION D'UN RÉSERVOIR SUR UNE CRUE.

Supposons un réservoir à l'extrémité d'aval duquel se trouve, comme ici, un pertuis, et supposons ce réservoir alimenté par un cours d'eau dont le débit par seconde q varie avec le temps; si φ désigne le débit par seconde du pertuis, $q\,dt$ et $\varphi\,dt$ seront les cubes entrant et sortant dans le temps dt, et si dV est l'élément de volume emmagasiné dans le même temps, on aura évidemment entre ces quantités la relation

$$q\,dt - \varphi\,dt = dV,$$

déjà indiquée dans notre mémoire sur les réservoirs à alimentation variable[1]. Cette équation exprime que *la différence des débits entrant et sortant pendant un certain temps est égale au volume emmagasiné dans le même temps;* ce qui est de toute évidence. En intégrant l'équation ci-dessus entre deux valeurs du temps t_1 et t_0, on aurait

$$\int_{t_0}^{t_1} q\,dt - \int_{t_0}^{t_1} \varphi\,dt = V_1,$$

V_1 étant le volume emmagasiné pendant le temps $t_1 - t_0$. Or, les intégrales du premier membre ne sont autre chose que les aires des courbes des débits en fonction du temps, de l'affluent et du pertuis du réservoir. Ces aires sont représentées, sur la figure 15 (pl. VIII), par t_0MNt_1 et t_0MTt_1; leur différence, ou l'aire MNT, est donc égale à la quantité emmagasinée dans le réservoir pendant le temps $t_1 - t_0$.

Pour le point P, où les deux courbes des débits de l'affluent et du pertuis en fonction du temps se rencontrent, on a $q = \varphi$, et le

[1] Dans ce mémoire l'élément dV de volume du réservoir est donné par l'expression Zdx, x désignant la hauteur, Z l'aire de la section horizontale faite à cette hauteur.

réservoir est à son maximum. Lorsque ce maximum a lieu, on a en effet $dV = 0$, d'où l'on déduit, par l'équation différentielle donnée ci-dessus, $q = \varphi$. Au delà du point P, les ordonnées de la courbe des débits du pertuis sont plus grandes que les ordonnées correspondantes de la courbe de l'affluent, et le réservoir se vide, dans un certain temps d'une quantité égale à la différence des aires des deux courbes. Nous montrons dans la note A comment on peut parvenir à construire avec une exactitude suffisante la courbe des débits en fonction du temps pour une crue donnée à un poste donné d'observation sur une rivière. Nous renvoyons le lecteur à cette note, que nous avons mise à la suite de notre mémoire, afin de ne pas retarder la marche des opérations que nous avons à faire ici pour analyser la question spéciale de la digue de Pinay.

Nous avons, en établissant l'équation donnée ci-dessus, supposé que le réservoir était alimenté par un cours d'eau entrant en tête de ce réservoir. Si, entre ce point et le pertuis, le cours d'eau recevait des affluents, la question ne serait pas plus difficile, en supposant connues les courbes des débits de ces affluents à leurs embouchures, et, en les plaçant dans leurs positions horaires par rapport à la courbe du cours d'eau principal, leurs aires viendraient s'ajouter à celle de cette courbe pendant le temps $t_1 - t_0$, et l'intégrale $\int_{t_0}^{t_1} q\,dt$ représenterait la somme de ces aires.

En revenant à la figure 15 (pl. VIII), on voit que l'action du pertuis est de réduire le débit maximum en le retardant. En effet, l'ordonnée Pt_2 du maximum est plus petite que l'ordonnée Nt_1 du maximum que le cours d'eau donnerait si un pertuis rétrécissant la section n'existait pas. On voit immédiatement que *l'on peut produire des abaissements considérables de débit en aval par l'établissement d'un réservoir, à condition de donner assez de hauteur à son barrage et une section suffisamment rétrécie au pertuis;* et si l'on pouvait donner au barrage une hauteur infinie, il est de toute évidence qu'avec un pertuis de section nulle on supprimerait entièrement toutes les crues. L'action d'un réservoir unique comme abaissement du débit des crues en aval ne peut donc pas être contestée; elle est aussi grande que l'on veut, si l'on peut construire des barrages assez élevés, et nous regardons ce résultat d'abaissement de débit, et par conséquent de hauteur des crues, comme un des moyens les plus sûrs de défense locale. Ainsi la ville de Roanne est très-efficacement protégée par les digues de Pinay et de la Roche, et les ingénieurs du temps de Louis XIV, que M. l'inspecteur général Dupuit a si sévèrement traités dans sa brochure de 1858, nous paraissent avoir édifié une œuvre digne à tous égards de fixer l'attention des ingénieurs de nos jours.

PROFIL DE LA CRUE DE 1866.

M. Boulangé a indiqué dans son profil (fig. 3, pl. VI) le remous de la crue de 1846 comme finissant à un point situé à 4400 mètres environ en aval du pont de Feurs. Si l'on compare son profil (fig. 3) au profil complet que nous produisons (fig. 2), on voit que la forme de la ligne de la crue de 1866, exactement relevée et rapportée aux bornes fixes qui servent de repère le long de la Loire (fig. 2), montre de la manière la plus évidente que le remous doit s'étendre au delà du point indiqué par M. Boulangé (fig 3). La forme de cette ligne est, en effet, d'après la figure 2, celle de toutes les lignes de remous connues, et il est plus que probable que le remous se termine au pont de Feurs. Le profil en long (fig. 2) montre en effet qu'au-dessus de ce point la pente de la crue augmente rapidement. La vallée de la Loire est d'ailleurs traversée au pont de Feurs par la route nationale n° 89; celle-ci établit dans cette vallée une digue transversale qui n'est submersible que par les grandes crues. Cette digue forme l'entrée du réservoir de Pinay, qui est ainsi très-nettement indiqué. Le pont de Feurs est l'orifice par lequel la Loire pénètre dans ce réservoir, fermé en aval par le pertuis de Pinay, dont la section est, pour la crue de 1866, de 702 mètres carrés, tandis qu'au pont de Feurs la section totale, y compris la partie surmontée de la route nationale n° 89, serait de 1000 mètres carrés, en nombre rond, pour cette même crue. La réduction de débit qu'occasionne le rétrécissement dû au pertuis de Pinay produit l'emmagasinement dans la large plaine qui règne entre les deux points, et cet emmagasinement est d'autant plus grand que, entre Feurs et Pinay, la Loire reçoit, sur la rive gauche, deux grands affluents, le Lignon et l'Aix (voir le plan général, fig. 1, et le profil en long, fig. 2, pl. VI), et, sur la rive droite, deux affluents de moindre importance, la Loise et le Bernand.

COURBE DES DÉBITS AU PONT DE FEURS. — COURBES DU LIGNON, DE L'AIX, DE LA LOISE ET DU BERNAND.

Nous pouvons déterminer assez exactement la courbe des débits de la Loire au pont de Feurs en fonction du temps pour la crue de 1866, en partant de sa courbe des débits en fonction des hauteurs d'eau observées à ce pont. Nous avons expliqué, dans la note A, sur le jaugeage des rivières, comment cette dernière courbe, qui est donnée par la figure 1 (pl. VIII), avait été déterminée. La courbe des débits en fonction du temps donnée par la figure 3 (pl. VIII) s'en déduit; il suffit pour cela de partir de la courbe des hauteurs. Afin de ne pas multiplier les figures, nous indiquons sur la figure 3 les hauteurs observées à l'échelle aux heures données par les abscisses de cette figure; ces hauteurs sont extraites des attachements officiels tenus au poste du pont de Feurs pour la crue de 1866, et sont marquées sur la figure 3 par des nombres entre parenthèses. La figure 1 donne immédiatement, par ses ordonnées, les débits correspondant à ces hauteurs prises pour abscisses. Ainsi la hauteur $1^{m},40$, qui a été observée à l'échelle du pont de Feurs le 24 septembre, à 6 heures du soir, étant portée sur l'axe des abscisses de la courbe de la figure 1, donne pour ordonnée correspondante 225 mètres cubes. C'est le débit qu'il faut porter en ordonnée au point de la figure 3 dont l'abscisse est lundi, 6 heures du soir. On obtient ainsi tous les autres points de la courbe des débits en fonction du temps marqués sur la figure 3. Nous ne marquons d'ailleurs pour cette courbe qu'un certain nombre de points, attendu qu'on peut, sans erreur sensible pour la nature des calculs que nous avons à faire ici, regarder la courbe comme un polygone qui se rapprochera d'autant plus de la courbe réelle que le nombre de ses côtés sera plus grand.

La courbe des débits de la Loire au pont de Feurs étant déterminée, il nous reste maintenant à déterminer celles du Lignon, de l'Aix, de la Loise et du Bernand, et à trouver la courbe définitive des débits qui en résulte. On a fait des observations sur la crue de 1866 au pont de Boën, sur le Lignon, et à celui de Saint-Germain-Laval, sur l'Aix (voir la carte, fig. 1, pl. VI, pour la situation de ces deux postes d'observation), et nous avons, par des jaugeages faits pendant plusieurs années dans le voisinage de ces deux postes, établi leurs courbes des débits en fonction des hauteurs d'eau observées aux échelles, ce qui nous permet, connaissant les heures et hauteurs relatives à la crue de 1866, d'établir les courbes des débits en fonction du temps aux ponts de Boën et Saint-Germain-Laval, comme nous avons établi tout à l'heure la courbe des débits du pont de Feurs; mais c'est aux embouchures du Lignon et de l'Aix qu'il faudrait avoir les courbes des débits, et non aux ponts de Boën, sur le Lignon, et de Saint-Germain-Laval, sur l'Aix, qui sont situés, le premier à 20 kilomètres, le second à 12 kilomètres des embouchures des deux rivières dans la Loire, les distances étant comptées en suivant les sinuosités de ces rivières. Le maximum de la crue a eu lieu au pont de Boën, le 25 septembre 1866, à 5 heures du matin, et à midi au pont de Poncins, qui se trouve tout près de l'embouchure, mais pour lequel nous n'avons pas de courbes des jaugeages donnant les débits en fonction des hauteurs; entre Boën et l'embouchure du Lignon dans la Loire, il n'y a qu'un affluent, le Vizézy (fig. 1, pl. VI). Il n'a eu qu'une crue insignifiante en septembre 1866, et l'on peut dès lors sans erreur sensible appliquer au Lignon, à son embouchure, la courbe des débits calculée pour le pont de Boën, pourvu qu'on mette son maximum à sa véritable position horaire, soit à midi. On a ainsi la courbe des débits donnée par la figure 4 (pl. VIII).

Le pont de Saint-Germain-Laval est situé à 12 kilomètres de l'embouchure de l'Aix dans la Loire, et il n'y a pas d'affluents entre ces deux points (voir fig. 1, pl. VI). On peut trouver approximativement la vitesse de translation du maximum en se servant des données du Lignon, où le maximum s'est transporté de Boën à 20 kilomètres en aval, de 5 heures du matin à midi, soit en sept heures. La durée de la translation qui résulte de ces données serait 35 minutes par kilomètre, et en l'appliquant aux 12 kilomètres qui séparent le pont de Saint-Germain de l'embouchure de l'Aix, ce qui ne peut produire d'erreur sensible ici, on trouve que le temps qu'il a fallu au maximum pour se transmettre du pont de Saint-Germain à l'embouchure de l'Aix a dû être de $0^h,35 \times 12 = 4^h,10$, soit 4 heures en nombre rond. Or, le maximum a eu lieu à Saint-Germain à 8 heures du matin. Il a donc dû avoir lieu à midi à l'embouchure, et en transportant à cette position horaire la courbe des débits calculée d'après les données que nous avons au pont de Saint-Germain-Laval, on a la courbe donnée par la figure 5 (pl. VIII).

Il reste maintenant à établir les courbes des débits de la Loise et du Bernand. Nous n'avions aucun poste d'observation sur ces deux cours d'eau, qui sont peu importants, mais on peut admettre, sans risquer de se tromper beaucoup, qu'ils donnent, réunis, une courbe des débits dont le maximum serait de 150 mètres et un peu moins allongée que celle de l'Aix, le Bernand ayant un régime plus torrentiel. Nous donnons, fig. 6 (pl. VIII), la courbe des débits approchée que nous croyons pouvoir être admise pour ces deux affluents, qui n'ont d'ailleurs qu'une influence infiniment petite sur le régime de la Loire.

COURBE DES DÉBITS ENTRANTS DU RÉSERVOIR DE PINAY.

Il est facile maintenant de calculer la courbe des débits résultant du débit de la Loire au pont de Feurs, et de ses affluents, le

Lignon, l'Aix, la Loise et le Bernand, à leurs embouchures. Ces courbes étant placées dans leurs positions horaires, il suffit d'ajouter les ordonnées qui correspondent dans les diverses courbes à la même heure, pour avoir l'ordonnée correspondant à cette même heure sur la courbe des débits qui est leur résultante. Ainsi les débits qui correspondent, le 24 septembre 1866, à 6 heures du soir, sont les suivants :

Loire au pont de Feurs (fig. 3, pl. VIII)	225^{mc},00
Embouchure du Lignon (fig. 4)..............	95 ,37
——— de l'Aix (fig. 5)................	61 ,00
——— de la Loise et du Bernand (fig. 6)..	7 ,40
Total...............	388^{mc},77

L'ordonnée de la courbe des débits résultante (fig. 7, pl. VIII) qui correspond au 24 septembre à 6 heures du soir est donc 388^{mc},77. On déterminerait de même tout autre point de cette courbe, qui est tracée sur la figure 7 en traits pleins ; elle donne un maximum de débit de 3390^{mc},70, le 25 septembre à 9 heures du matin.

COURBE DES DÉBITS SORTANTS DU RÉSERVOIR DE PINAY.

Il résulte des attachements du poste de la digue de Pinay qu'à ce point le maximum a eu lieu à 3 heures du soir, et l'étalé a duré une heure. Si donc sur l'abscisse correspondant à 4 heures on élève une ordonnée, le point A (fig. 7, pl. VIII), où elle ira rencontrer la courbe des débits calculée tout à l'heure, appartiendra aussi à la courbe des débits du pertuis de la digue de Pinay, d'après ce que nous avons démontré plus haut d'une manière générale au moyen de l'équation

$$q\,dt - \varphi\,dt = dV.$$

Or, en considérant comme une ligne droite, ce qui ne peut produire aucune erreur appréciable ici, la partie de la courbe des débits entrants (fig. 7) comprise entre les ordonnées 3039^{mc},06 et 2259^{mc},49, on calcule, au moyen de la position horaire 4 heures du soir, correspondant à la fin de l'étale, l'ordonnée de ce point, qu'on trouve être 2519^{mc},35[1]. Il suit de là que le débit maximum du pertuis de Pinay a dû être de 2519^{mc},35.

La marche qui vient de nous conduire à la détermination de ce débit est, à notre avis, la seule qui puisse être employée avec exactitude. En effet, la forme du pertuis de Pinay, ainsi que l'indiquent le profil en long (fig. 2, pl. VI) et son profil en travers (fig. 15, pl. VII), ne permet de le ranger dans aucune des catégories de pertuis pour lesquels la théorie a cherché à donner des formules. Il a en effet une profondeur de 6^{m},59 au-dessous du zéro de l'échelle, qui est toute locale, et le fond se relève à quelque distance en aval; c'est une excavation du rocher due à la chute des eaux dans les crues successives; la même forme se manifeste aussi à la digue de la Roche (voir le profil en long, fig. 2, pl. VI).

En second lieu, le digueron de rive gauche du pertuis de Pinay était en partie en ruine avant sa réparation de 1869 et offrait un profil irrégulier; enfin, la digue principale est elle-même surmontée par les grandes crues. Il est donc tout à fait impossible, avec une pareille forme de pertuis, de lui appliquer le calcul. Cela devient du reste inutile maintenant que nous avons un des points importants de la courbe des débits du pertuis, celui de son maximum, et que nous pouvons par l'expérience déterminer un point de la partie inférieure de la courbe. Ainsi un jaugeage direct au moyen de flotteurs, que nous avons fait, il y a quelques années, sur le pertuis de Pinay, nous a donné, pour une hauteur d'eau de 2^{m},10 à l'échelle, un débit de 220 mètres cubes. Or, dans les attachements de Pinay qui existent dans les archives sur

[1] Ce calcul, qui est des plus simples et qu'on peut suivre sur la figure, donnerait

$$x = \frac{3039{,}06 - 2259{,}49}{6^h} \times 2^h + 2259{,}49 = 2519^{mc}{,}35.$$

la crue de 1866, on trouve que l'échelle marquait $2^m,10$ le 24 septembre à 6 heures du soir. Le nombre 220, porté sur l'ordonnée correspondante, donne un second point B de la courbe des débits du pertuis (fig. 7, pl. VIII), et l'on peut sans erreur sensible admettre que les deux courbes ont le point C commun. Connaissant les points C, B et A, on peut tracer entre ces trois points la courbe des débits du pertuis, et les nombreux calculs de ce genre que nous avons faits, dans nos études d'inondation, sur des pertuis rectangulaires auxquels le calcul était applicable, nous ont montré que la courbe des débits sortants du pertuis avait, entre le point C (fig. 7), où elle commence à se détacher de la courbe des débits entrants, c'est-à-dire où le réservoir commence à emmagasiner par suite de l'action du pertuis, et son point A maximum, où les deux courbes se rencontrent, une inflexion analogue à celle qu'offre la courbe des débits de la rivière dans sa partie ascendante. On peut, d'après cela, tracer approximativement la courbe des débits du pertuis de Pinay CBNA, et lors même que l'on s'écarterait un peu, dans ce tracé, de la forme réelle de la courbe, cela n'influerait que d'une manière insignifiante sur les résultats des calculs de retenue que l'on fait au moyen des aires des deux courbes des débits.

VOLUME RETENU.

De ce que nous avons déjà démontré d'une manière générale plus haut, il résulte que le cube total emmagasiné dans le réservoir de Pinay pendant la crue de 1866 serait représenté par l'aire CMANBC (fig. 7, pl. VIII) comprise entre les deux courbes des débits, calculée entre leurs deux points de rencontre. Ce calcul est facile, et le détail en est donné dans la note C (art. 1). Il conduit à une retenue totale de 107892696, soit en nombre rond 108 millions de mètres cubes. Ce chiffre est d'ailleurs facile à vérifier en calculant directement, au moyen du profil en long (fig. 2, pl. VI) et des profils en travers (fig. 1 à 7, pl. VII), le cube total que la plaine comprise entre Feurs et Pinay peut contenir.

Ce calcul, fait très-exactement au moyen de profils à une grande échelle, dont les figures de la planche VII ne sont que les raccourcis, donne (note C, art. 2) un cube total de 113224710 mètres cubes, soit en nombre rond 113 millions de mètres cubes. Le calcul de cette même retenue par les courbes des débits a donné 108 millions; c'est, à 5 millions de mètres cubes près, le même résultat, et la nature des opérations ne permet pas de demander ici une approximation plus grande, les deux cubes ne différant l'un de l'autre que de $\frac{5}{113}$. La concordance de ces résultats démontre d'ailleurs que les courbes des débits que nous avons établies doivent être bien près de la vérité, puisque les opérations qui en dérivent reproduisent à très-peu près un cube que les profils permettent de calculer exactement. La retenue totale occasionnée par l'étranglement de Pinay a donc été de 113 millions de mètres cubes pour la crue de 1866. Si l'on calcule au moyen des profils le cube compris entre les lignes des crues de 1866 et 1846, on trouve (note C, art. 3) un cube de 21 millions de mètres cubes en nombre rond; ce qui ferait une retenue totale de 113 + 21 ou de 134 millions pour la crue de 1846. Ce chiffre diffère très-peu du cube total de 131 millions donné par M. Boulangé (*Annales* de 1848).

ACTION DE LA DIGUE DE PINAY PROPREMENT DITE.

Mais pour dégager de ce qui vient d'être dit l'action de la digue de Pinay elle-même, il faudrait, de l'action représentée par la retenue de 113 millions opérée sur la crue de 1866, déduire la part qui reviendrait, dans cette retenue, à la section naturelle de la Loire à Pinay telle qu'elle était avant la construction de la digue. Ce calcul est impossible rigoureusement, attendu que, pour se servir des formules du remous, il faudrait connaître la section qu'aurait donnée au profil n° 7 (fig. 7, pl. VII), où est établie la digue, une crue comme celle de 1866, avant l'établissement de la digue. En un mot, on ne pourrait ici, comme nous l'avons fait remarquer d'ailleurs plus haut, déterminer la hauteur du régime uniforme, sans laquelle aucun calcul de remous n'est mathématiquement possible; mais nous pouvons, heureusement, déterminer au moins une limite inférieure de la retenue propre à la digue de Pinay. Pour cela nous ferons remarquer d'abord que la section la plus rétrécie de la Loire est au profil n° 8 (fig. 8, pl. VII), levé au droit de la digue de la Roche, digue qui consiste, comme l'indique ce profil, en un mur de 6^m,50 de hauteur moyenne, au moyen duquel a été fermé un déversoir naturel, que présentait la section transversale de la vallée; de sorte que la Loire est, en ce point, contenue entre deux parois de rocher presque verticales, avec une largeur moyenne de 25 mètres au plus. A la digue de Pinay (profil 6, fig. 6), la largeur moyenne de la section naturelle du fleuve est de plus de 100 mètres, et elle va toujours en augmentant à mesure que l'on remonte son cours, ainsi qu'il est facile de le voir par la comparaison des profils en travers n°s 6, 5, 2 (pl. VII). On voit donc très-clairement que, si les deux digues en question n'avaient pas été établies, le remous aurait commencé à l'étranglement de la Roche, pour se propager par une ligne régulière vers l'amont, et sans chute, au profil 6, où est aujourd'hui établie la digue de Pinay.

Prenons d'abord pour cette ligne de remous, que nous ne connaissons pas, une limite supérieure, en raisonnant toujours, bien entendu, sur la crue de 1866. Nous supposerons que cette ligne, qui partirait du point A, du profil en long (fig. 2, pl. VI), suit d'abord la pente de 0,000,642 par mètre, qui existe entre le pied B de la chute de Pinay et le sommet A de celle de la Roche. Nous joindrons ensuite le point B au point C (fig. 2, pl. VI) par une ligne droite, et nous serons sûr que la ligne CBA, ainsi déterminée, sera plus haute que celle du remous réel qui affecterait la forme d'une courbe concave au début, comme CNMKA. Or, en calculant, au moyen des profils en travers et des profils en long, le cube compris entre la ligne CDBA (fig. 2, pl. VI) de la crue de 1866 correspondant à l'état actuel des choses et la ligne

CBA (fig. 2, pl. VI), on trouve que ce cube est de 15000000 de mètres cubes (note C, art. 4); et si, au lieu de cette ligne CBA, on formait la ligne CNMKA, il s'élèverait à 20000000 en nombre rond[1]. Or le mur établi à la Roche diminue la section totale de la rivière, en ce point, de 200 mètres carrés environ, ce qui augmente encore l'effet du pertuis de Pinay en diminuant par remous son débit, et cette section totale, à la digue de la Roche, a été, pour la crue de 1866 (le mur étant établi), de 719 mètres carrés. On conclura, de la comparaison de ces deux chiffres, qu'une augmentation de 200 mètres carrés dans la section, qui serait résultée de la suppression de la digue de la Roche, aurait notablement abaissé le sommet A du remous, de sorte que la ligne CNMKA elle-même (fig. 2, pl. VI) est certainement plus haute, d'une manière notable, que ne l'eût été celle du remous qu'aurait offert la crue de 1866, si aucune des deux digues de Pinay et de la Roche n'eût existé. Il suit de là que nous sommes tout à fait fondé à admettre que *la retenue propre à la digue de Pinay est de 20 millions de mètres cubes au minimum le plus bas.* M. l'inspecteur général Dupuit, pour la crue de 1846, attribuait, sans la déterminer du reste, dans les 25 millions qu'il avait trouvés pour la retenue totale due au rétrécissement, une très-faible part à la digue elle-même. Or, on voit que, si la retenue totale opérée est de 113 millions, comme nous l'avons vu plus haut pour la crue de 1866, il faut en attribuer au moins 20 à la digue dans les hypothèses les plus défavorables qu'on puisse admettre, ce qui fait environ le cinquième de la retenue totale de 113 millions. Pour la crue de 1846, la proportion serait plus forte encore, puisqu'elle s'est élevée plus haut que celle de 1866, comme l'indique le profil en long (fig. 2, pl. VI).

[1] La courbe CNMKA, telle qu'elle est tracée sur la figure, donnerait, en faisant le calcul au moyen des minutes à grande échelle des profils en travers, un cube de 21530000 mètres cubes.

ACTION DE LA DIGUE DE PINAY SUR LA CRUE AU PONT DE ROANNE.

Voyons maintenant quelle action une semblable retenue peut exercer à Roanne comme réduction de débit du fleuve; c'est là le point le plus important de la question.

Nous allons d'abord montrer que le réservoir de Pinay retarde à Roanne notablement le maximum de la crue. Déterminons la vitesse de propagation de la crue de 1866 entre deux points situés en amont de ce réservoir qui soient dans les mêmes circonstances locales que la partie de la Loire comprise entre Feurs et Roanne. Cela arrive pour la partie comprise entre Bas-en-Basset et Feurs. Entre ces deux points la Loire passe dans les gorges du Pertuiset, qui sont tout à fait analogues à celles de Pinay, que l'on rencontre entre Feurs et Roanne. Or, le maximum de la crue de 1866 a eu lieu à Bas-en-Basset le 25 septembre à 2 heures du matin, et à Feurs, à 9 heures du matin. Ces deux points sont distants de 73 kilomètres, et la durée de la propagation a été de 9 — 2 ou de 7 heures. La vitesse de propagation du maximum a donc été de $\frac{73}{7}$, soit $10^{km},43$ par heure. Si l'on applique cette vitesse aux 52 kilomètres, en nombre rond, qui séparent les ponts de Feurs et de Roanne (profil en long, fig. 2, pl. VI), on en déduit que, si la digue de Pinay n'existait pas, la durée de la propagation du maximum de Feurs à Roanne eût été $\frac{52}{10,43}$, soit 5 heures. L'heure du maximum de Feurs ayant été 9 heures du matin, il s'ensuit que le maximum à Roanne aurait eu lieu à 2 heures de l'après-midi. Or il a eu lieu à 4 heures; ce retard de 2 heures ne peut être attribué qu'à l'existence de la digue de Pinay, et il eût été plus grand encore si la crue de 1866 n'avait présenté à Roanne un caractère particulier qui a dû avancer son maximum. Le Renaison, qui débouche dans la Loire près de Roanne (voir le plan général, fig. 1, pl. VI), a eu en effet une crue énorme, tout à fait exceptionnelle, et, comme cet affluent arrive dans la Loire en avance sur le fleuve lui-même, il en est résulté que le maximum provenant de la combinaison de sa courbe des débits avec celle du fleuve a avancé le maximum de cette dernière. C'est ce qu'il est facile, du reste, de voir à l'inspection même de la courbe des débits de la Loire à Roanne (fig. 8, pl. VIII)[1]. Si l'on compare cette courbe à celle du pont de Feurs, on voit que vers son sommet elle s'incline à gauche par une inflexion en sens contraire de celle que donne la courbe de Feurs, et si le Renaison n'était pas venu en avance avec son débit exceptionnel, au lieu d'affecter la forme AB (fig. 8, pl. VIII) dans sa partie supérieure, la courbe de la Loire eût affecté une forme comme AEC, conforme à celle du pont de Feurs; le maximum, au lieu d'avoir eu lieu le 25 à 4 heures du soir, n'aurait eu lieu que dans les environs du point C, vers 7 heures du soir, et le débit total eût été diminué de l'aire ABDCEA comprise entre ces deux courbes. Il est donc évident que, si la digue de Pinay n'a retardé que de 2 heures à Roanne le maximum d'une crue comme celle de 1866, cela a tenu à ce cas tout particulier de la présence d'un affluent qui arrive à Roanne même, et toujours en avance sur la Loire[2], et qui cette fois a eu une crue très-considérable; ce retard de deux heures doit dès lors être regardé comme un *minimum*.

Le retard que nous venons d'établir pour le maximum de Roanne s'explique tout naturellement par l'existence du réservoir de Pinay et n'est pas dû à une autre cause, et dès qu'il y a retard il y a réduction de débit et, par conséquent, diminution de hauteur dans la crue.

Voyons maintenant ce qui se serait passé à Roanne pour la crue de 1866 si la digue de Pinay n'eût pas existé. Pour cela, rappelons-nous que, sur les 113 millions de mètres cubes de retenue utile que donne le réservoir de Pinay, il faut en attribuer

[1] Cette courbe a été calculée par les mêmes procédés que celle du pont de Feurs, au moyen de la courbe des débits en fonction des hauteurs du pont de Roanne (fig. 2, pl. VIII).

[2] D'autres affluents arrivent en retard, mais, en général, le maximum de l'affluent a lieu à son embouchure avant celui du fleuve.

20 millions au moins à l'action de la digue elle-même, les 93 millions restants étant dus à l'étranglement naturel, dont la construction de la digue n'a fait que rétrécir encore la section. C'est donc 20 millions de mètres cubes que cette digue retranche de la partie ascendante de la courbe des débits au pont de Roanne, et, si la digue n'existait pas, ces 20 millions viendraient évidemment s'ajouter à l'aire de la partie ascendante de la courbe des débits actuelle, figurée en traits noirs pleins sur la figure 8 (pl. VIII). On remarquera d'ailleurs que l'action de la digue va en augmentant à mesure que la hauteur de l'eau augmente, puisque l'expression du débit, quelle qu'elle soit, contiendra toujours un terme de la forme $m\sqrt{H^3}$, qui augmente plus rapidement que H. Il suit de là que la nouvelle courbe des débits, figurée en traits ponctués sur la figure 8 (pl. VIII), s'éloignera très-peu de la ligne actuelle dans le bas et tendra à s'en éloigner de plus en plus dans le haut, et elle prendra une forme comme HKRTVD, telle que l'aire HKRTVDBANH soit égale à 20 millions. En faisant quelques tâtonnements, nous avons trouvé que la courbe ponctuée, telle que la donnent ses ordonnées cotées sur la figure 8, remplissait cette condition. On voit que le débit maximum, au lieu d'être de 2900 mètres cubes, comme il l'a été, se fût élevé à 3300 mètres cubes à Roanne, si la digue de Pinay n'eût pas existé. En ayant recours à la courbe des débits en fonction des hauteurs d'eau (fig. 2, pl. VIII), on voit qu'au débit ou à l'ordonnée 3300 mètres cubes correspondrait une abscisse ou hauteur d'eau de $6^m,60$. La hauteur d'eau réelle ayant été de 6 mètres, il s'ensuit que l'effet de la digue de Pinay a été de réduire de 60 centimètres au moins la hauteur de la crue de 1866 à Roanne.

Pour la crue de 1846 on trouverait évidemment une différence plus grande encore, et l'on ne doit pas être éloigné de la vérité en la fixant à 1 mètre. Si donc la digue de Pinay n'eût pas existé en 1846, la crue se serait élevée à 1 mètre plus haut qu'elle ne s'est élevée, et toute la partie basse de la ville de Roanne eût été engloutie par les eaux.

Nous pensons avoir, dans ce qui précède, suffisamment établi l'utilité de la digue de Pinay, pour réhabiliter cette belle œuvre des ingénieurs du siècle de Louis XIV; il ne nous reste plus que quelques mots à dire sur la partie de leur projet qui n'a pas été suivie d'exécution, c'est-à-dire sur la digue projetée aux piles de Saint-Maurice.

DIGUE PROJETÉE AUX PILES DE SAINT-MAURICE.

On ne trouve, malheureusement, dans les pièces qui nous sont restées de ce projet, aucune donnée précise sur le barrage qui devait être établi aux piles de Saint-Maurice. Ce point est indiqué sur la carte et le profil en long (fig. 1, pl. VI); et les profils en travers n°s 10 et 11 (fig. 10 et 11, pl. VII) nous serviront à calculer sa retenue, en supposant qu'on relevât de 10 mètres le niveau d'une crue comme celle de 1866, ou qu'on donnât au barrage une hauteur de 22^{m},28 au-dessus du fond. La retenue totale du bassin que l'on formerait ainsi serait, d'après l'article 5 de la note C, de 12 millions de mètres cubes en nombre rond, en ne tenant compte que du cube qui serait emmagasiné au-dessus de la ligne naturelle de la crue de 1866, indiquée par le profil en long (fig. 2, pl. VI). Cette nouvelle retenue aurait sur la courbe des débits de Roanne un effet très-appréciable, mais à condition que le réservoir de Saint-Maurice ne commencerait à se remplir que lorsque celui de Pinay arriverait à son maximum. Or, il est absolument impossible de calculer, avec quelque certitude, faute de données, le pertuis du barrage de Saint-Maurice, de manière que cette condition essentielle soit remplie, et il nous paraît difficile qu'elle puisse l'être, eu égard au peu d'importance qu'aurait ce réservoir par rapport à celui de Pinay. Il y aurait là, dès lors, une incertitude complète sur les effets que l'on pourrait attendre de l'établissement d'un barrage à Saint-Maurice. Nous ne saurions donc conseiller la construction de ce barrage, et nous devions nous borner à proposer le rétablissement du digueron de la rive gauche du pertuis de Pinay, c'est-à-dire la reconstitution dans son intégrité de la partie exécutée du projet des ingénieurs du siècle de Louis XIV. Cette œuvre a été complétement rétablie en 1869, sur le projet que nous avions présenté comme ingénieur en chef du département de la Loire, et nous sommes d'autant plus heureux d'avoir pu contribuer à ce résultat, que l'ingénieur qui l'avait conçue et exécutée portait le nom de notre famille maternelle.

NOTE A.

SUR LE JAUGEAGE DES RIVIÈRES.

CONSIDÉRATIONS GÉNÉRALES.

La question du jaugeage des grandes rivières est une des plus difficiles de l'hydraulique, et l'on ne possède jusqu'ici aucune formule dont on soit sûr.

Les belles recherches de Prony ont ouvert la voie, mais sa formule du mouvement uniforme, qui s'applique assez exactement aux canaux réguliers, devient tout à fait inexacte dans les grands cours d'eau, surtout lorsqu'ils sont torrentiels. Des recherches récentes ont conduit MM. Darcy et Bazin à une nouvelle formule, remarquable par sa simplicité. Son exactitude se vérifie d'ailleurs bien lorsqu'on l'applique aux canaux et aux cours d'eau ordinaires, mais elle n'a pas encore fait ses preuves lorsqu'il s'agit de grands cours d'eau, sortant, par leurs pentes ou leur profil, des limites des expériences qui ont servi à établir les coefficients de cette nouvelle formule empirique du mouvement uniforme.

Les officiers américains ont fait, sur le Mississipi, des expériences qui les ont conduits aussi à une formule empirique, et M. Fournié, ingénieur des ponts et chaussées, a donné la traduction de leur travail. On peut dire de cette formule, très-différente dans ses éléments de celle de M. Bazin, qu'elle ne s'appliquera probablement plus à des cours d'eau moins gigantesques que le

Mississipi, de même que celle de M. Bazin pourra être en défaut pour les cours d'eau plus considérables que ceux qui ont servi de base à ses expériences.

Il est à remarquer d'ailleurs que les ingénieurs américains, comme ceux des ingénieurs italiens et français qui se sont le plus distingués par leur esprit pratique, n'ont étudié que le mouvement uniforme, c'est-à-dire les phénomènes qui se produisent aux étales d'un cours d'eau, moments auxquels le débit et la pente de superficie sont sensiblement constants, étant bien entendu que la section reste uniforme ; la pente de superficie ne diffère d'ailleurs pas, dans ce cas, sensiblement de la pente de fond.

Dès que l'on fait l'expérience sur une partie du cours d'eau où la pente de fond et la section varient notablement, on trouve que les pentes de superficie s'éloignent, aux étales, du parallélisme de la pente de fond, et d'autant plus rapidement que les différences de section sont plus grandes. Il s'établit autant de remous qu'il y a de changements de section ; la surface de l'eau prend une forme sinusoïdale, tandis qu'elle reste sensiblement plane dans les parties à pente et à section constantes.

Il est évident *a priori*, et tout le monde l'admettra, que, si la longueur sur laquelle la pente de fond et la section sont constantes était indéfinie, le débit restant d'ailleurs constant, la pente de superficie resterait toujours égale à la pente de fond; dès que cette longueur est limitée, elle influe sur la condition du parallélisme des pentes par suite de l'influence des sections et pentes différentes d'amont et d'aval, et l'on peut dire que, plus la longueur de la partie à section et pente constantes que l'on considère est grande, moins il y a d'erreur à regarder les pentes de superficie et de fond comme parallèles. Dès que la section et la pente moyenne du fond varient par petites longueurs, la pente de superficie devient différente de celle du fond, sans qu'il soit démontré que, si l'on prenait, dans les étales, les pentes moyennes sur de grandes longueurs, on trouvât des différences bien notables entre les pentes de fond et de superficie.

Nous croyons pouvoir conclure, de ce qui vient d'être dit, que chaque fois qu'on pourra, sur un cours d'eau, choisir, pour faire son jaugeage, une partie de longueur suffisante ayant une pente et une section à peu près constantes, les formules du mouvement uniforme seront parfaitement applicables, une fois qu'on aura déterminé, ainsi que l'a fait M. Bazin, les coefficients de ces formules pour un cours d'eau de la nature de celui sur lequel on a à opérer.

M. Bazin a déterminé les coefficients de sa formule suivant la nature du lit et des parois des canaux sur lesquels ses expériences ont été faites; c'est là le seul procédé rationnel, et lorsque cette formule ne s'appliquera pas, ce qui pourra arriver plus d'une fois, il faudra déterminer les coefficients par des jaugeages directs en suivant la marche indiquée par les intéressantes recherches de M. Bazin.

Quelques ingénieurs français ont étudié un mouvement différent du mouvement uniforme : c'est le mouvement permanent défini par la condition que, le débit restant constant, la section et la pente sont variables; mais il faut faire remarquer que cette théorie ne s'appliquerait jamais qu'aux étales, seuls moments où le débit reste constant, et que dès lors elle ne présente aucun avantage sur celle du mouvement uniforme, qui s'applique, ainsi qu'on l'a montré plus haut, tout aussi bien à ce cas particulier, pourvu qu'on ait soin de choisir pour le jaugeage à faire une partie du cours d'eau où la pente et la section soient à peu près constantes.

Dans le cas le plus général d'un cours d'eau à débit variable, l'analyse ne paraît pas pouvoir, dans l'état actuel de la science, conduire à aucun résultat positif et ne donne que quelques indications. Lorsqu'une rivière commence à se mettre en crue en A (fig. 20, pl. VIII), elle est encore à l'étale d'étiage en B, dans une section séparée de la première par la distance CD mesurée sur l'axe. Cette distance est, en général, assez petite. Le point A est la tête et le point B la queue de cet élément de crue. La chute

AB d'une section à l'autre va en s'allongeant de l'amont à l'aval; d'autres éléments de crue se succèdent et se superposent au premier, déjà plus aplati, et ainsi de suite; de sorte que l'ensemble de la crue se compose d'une série d'ondes successives qui finissent par amener le maximum de cette crue et en même temps son étale.

La question du mouvement est d'ailleurs ici exactement celle que nous avons étudiée dans la théorie des réservoirs à alimentation variable. La section A débite un volume q par seconde, tandis que la section B débite dans le même temps un volume φ plus petit que q, et la différence de débit s'emmagasine dans le lit de la rivière en amont de la section B. Lorsque φ est plus grand que q, l'inverse a lieu, et la rivière est en *décrue*.

L'équation générale du mouvement, déjà indiquée dans notre mémoire sur les réservoirs à alimentation variable, est

$$dV = (q - \varphi)\, dt,$$

dV représentant l'élément de volume emmagasiné dans le temps dt. Ici φ et q sont deux valeurs d'une même fonction pour deux sections infiniment voisines de la rivière dont cette fonction représente le régime, et si l'on suppose ces deux sections infiniment voisines, on peut remplacer $q - \varphi$ par dq, ce qui permet de mettre l'équation du mouvement sous la forme

$$dV = dq\, dt.$$

Mais ds étant l'élément de distance qui sépare les deux sections infiniment voisines, on a aussi

$$dV = d\omega\, ds,$$

d'où l'on déduira la relation

$$d\omega\, ds = dq\, dt,$$

à laquelle on arriverait d'ailleurs directement et sans calcul, attendu qu'elle exprime purement et simplement ce fait, que le volume emmagasiné pendant le temps dt est égal à la différence des volumes entrant et sortant dans le même temps. On en déduit

$$\frac{ds}{dt}=\frac{dq}{d\omega},$$

équation qui pourrait aussi s'écrire ainsi qu'il suit :

$$\frac{ds}{dt}=-\frac{d\varphi}{d\omega}.$$

Cette équation est la seule relation de continuité que l'on puisse établir ici en analysant le mouvement; or $\frac{ds}{dt}$ n'est autre chose que la vitesse de propagation de l'élément de crue que nous considérons, et cette vitesse est égale au rapport $\frac{dq}{d\omega}$ qui mesure le degré de rapidité avec lequel le débit varie avec la section, et si l'on considère ce qui se passe pour une distance finie entre deux sections, on peut dire que la vitesse de propagation moyenne est égale au rapport de la différence des débits à la différence des sections, de sorte que, si v désigne cette vitesse de propagation et si ω et ω' désignent les aires des sections correspondant aux débits q et φ, on aurait

$$v=\frac{q-\varphi}{\omega-\omega'}.$$

Mais si u et u' sont les vitesses moyennes de débit dans les sections A et B dont q et φ sont les débits par seconde, ω et ω' les sections, on a

$$q=\omega u,$$
$$\varphi=\omega' u',$$

d'où

$$v=\frac{\omega u-\omega' u'}{\omega-\omega'},$$

équation qui peut se mettre sous la forme suivante :

$$v=u+\omega'\frac{(u-u')}{\omega-\omega'}.$$

Il résulte de cette dernière équation que, tant que $\frac{u-u'}{\omega-\omega'}$ reste positif, v est plus grand que u.

La vitesse de propagation est donc, dans ce cas, plus grande que la vitesse de débit correspondante. C'est ce que l'expérience vérifie lorsqu'il s'agit d'une rivière non débordée; mais lorsqu'il y a entre les deux sections que l'on considère une partie submersible sur laquelle puissent s'étendre les eaux, le terme $\omega' \frac{(u-u')}{\omega-\omega'}$ devient négatif, ω' devenant plus grand que ω; la valeur de v est, dans ce cas, plus petite que celle de u : c'est ce que l'expérience confirme encore de la manière la plus complète. Ainsi, sur la Loire supérieure la vitesse de propagation du maximum des crues est bien inférieure à celle qui correspond pour le débit au maximum de hauteur des crues. Cela tient aux plaines, qui forment autant de réservoirs naturels qui retardent la crue en aval.

L'analyse que nous venons de faire explique bien ce phénomène, partout constaté dans les grandes inondations, que la vitesse de propagation des crues est très-inférieure à la vitesse de débit, mais elle n'établit pas, en définitive, d'autre relation entre s, t, q et ω que celle-ci :

$$\frac{ds}{dt} = \frac{dq}{d\omega} \text{ [1]}.$$

COURBES DES DÉBITS.

L'équation que nous venons d'indiquer ne pouvant, malheureusement, conduire à aucune formule quelque peu pratique, il faut dès lors considérer la fonction continue qui donne les débits d'un poste d'observation, en fonction des sections ou des hauteurs d'eau observées à ce poste, comme une courbe pouvant être déterminée par des jaugeages directs du cours d'eau dans les étales qui correspondent à ces mêmes hauteurs et pendant lesquelles on peut,

[1] Depuis que ce mémoire a été présenté, notre compatriote et ami M. Kleitz, inspecteur général des ponts et chaussées, avec qui nous avons été appelé récemment à examiner, dans une commission spéciale, les études des ingénieurs du service des inondations de la Loire relativement aux grands déversoirs à établir dans la vallée de ce fleuve, nous a, à l'occasion de ces études, rappelé qu'il avait fait application, avec le concours de ses anciens collaborateurs du service des inondations du Rhône, de diverses formules du mouvement varié des liquides, et qu'il

sans erreur appréciable en pratique, regarder le mouvement comme uniforme, à condition toutefois qu'on ait choisi pour ces jaugeages une partie du cours d'eau dans laquelle la pente et le profil en travers soient sensiblement constants.

Supposons que l'échelle du poste d'observation que l'on considère marque une hauteur h_0, et que le cours d'eau se maintienne pendant un certain temps à cette hauteur ; que pendant ce temps on ait fait un jaugeage donnant un débit q_0 par seconde ; que d'au-

avait indiqué, notamment dans un mémoire autographié du 30 janvier 1858, 1° que les vitesses de propagation sont exprimées pour un débit quelconque q par

$$V = \frac{\frac{dq}{dt}}{\frac{d\omega}{dt}},$$

et pour les débits maxima par

$$V = \frac{\frac{d^2q}{dt^2}}{\frac{d^2\omega}{dt^2}},$$

et que ces vitesses avaient été calculées pour divers débits et au moyen des profils de la vallée depuis Lyon jusqu'au Pont-Saint-Esprit ; 2° que, dans une section quelconque, le maximum de la vitesse moyenne d'écoulement u précède le maximum du débit q, lequel précède lui-même le maximum de la section ω.

M. Kleitz nous a fait connaître en outre qu'il avait depuis longtemps les éléments d'un mémoire sur la théorie du mouvement varié des liquides, dont il avait mis les équations différentielles sous la forme suivante :

$$\frac{dq}{ds} + \frac{d\omega}{dt} = 0,$$

$$\frac{dz}{ds} = \frac{1}{g\omega}\frac{d\omega}{ds}\left(\frac{dq}{d\omega} - \frac{2q}{\omega}\right) - \frac{1}{g}\frac{q^2}{\omega^3}\cdot\frac{d\omega}{ds} + \frac{\chi q^2}{\omega^3}\left(\alpha\omega + \beta\right).$$

C'est à M. Kleitz qu'il appartient de développer les conséquences de son analyse, dont il a bien voulu nous autoriser à indiquer ici les équations fondamentales. L'Académie connaît déjà une partie de ses travaux scientifiques par un rapport présenté par M. de Saint-Venant, dans la séance du 12 février 1872. Il serait vivement à désirer, dans l'intérêt de la science, que M. Kleitz pût lui soumettre bientôt ses études sur le mouvement varié des rivières, dont la théorie est encore aujourd'hui si imparfaite, que l'on peut dire qu'elle est presque entièrement à faire, et que les ingénieurs n'ont réellement à leur disposition que des formules empiriques.

tres jaugeages correspondant aux hauteurs h_1, h_2 aient donné des débits q_1, q_2; en prenant les hauteurs pour abscisses et les débits correspondants pour ordonnées, on forme une courbe $q_0 q_1 q_2$ (fig. 11, pl. VIII), qui est, au poste d'observation que l'on considère, *la courbe des débits de la rivière en fonction des hauteurs d'eau à l'échelle d'observation*[1].

Lorsqu'il y a une crue, les observations des hauteurs se font en fonction du temps; l'observateur note les hauteurs que donne l'échelle en regard de l'heure ou fraction d'heure à laquelle est faite chaque observation, et si l'on prend les temps t_0, t_1, t_2, ... pour abscisses, et les hauteurs correspondantes h_0, h_1, h_2, . . . pour ordonnées, on obtient la courbe $h_0 h_1 h_2$..... *du mouvement des eaux* (fig. 12, pl. VIII), qui indique la variation de la hauteur d'eau à l'échelle en fonction du temps. Au moyen de la courbe des débits en fonction de la hauteur, on trouve pour chaque hauteur le débit correspondant, ce qui permet de construire la courbe des débits q_0, q_1, q_2, ... de la rivière en fonction du temps t_0, t_1, t_2, ... (fig. 13, pl. VIII).

Supposons, par exemple, qu'au bout du temps t_x on ait observé la hauteur h_x tombant sur la courbe des hauteurs (fig. 12), entre deux hauteurs h_0 et h_1; on portera h_x sur l'axe des h (fig. 11, pl. VIII), et l'on prendra l'ordonnée q_x à l'échelle sur la courbe; on portera ensuite sur l'axe des temps (fig. 13) le temps t_x et on élèvera l'ordonnée correspondante, sur laquelle on portera une quantité égale à q_x, ce qui donnera le point q_x de la courbe des débits en fonction du temps. On voit donc que *la courbe des débits en fonction des hauteurs étant déterminée, la courbe des débits en fonction du temps s'en déduit*. La courbe des débits en fonction du temps jouit, comme nous l'avons déjà indiqué dans notre mémoire sur les réservoirs à alimentation variable, de propriétés importantes, dont la principale est de donner, par son aire prise entre deux temps

[1] La première courbe des débits en fonction des hauteurs que nous connaissions est celle de la Garonne au pont de Tonneins, donnée par M. Baumgarten dans un mémoire sur cette rivière inséré aux *Annales des ponts et chaussées* de 1848.

t_n, t_m exprimés en secondes, le cube total débité par la rivière dans le temps $t_m - t_n$[1]. *L'aire totale de la courbe des débits pendant une année, divisée parle nombre de secondes compris dans l'année, donne d'ailleurs le module ou débit moyen par seconde du cours d'eau.* Enfin, en comparant le cube total débité pendant l'année, calculé par l'aire de la courbe des débits, au cube total d'eau tombée pendant l'année, constaté par des observations udométriques et calculé en multipliant la surface des versants par la hauteur d'eau tombée, on obtient le rapport du cube débité au cube fourni par la pluie, ce qui donne la *mesure du degré de perméabilité du sol.* Si l'on veut d'ailleurs scinder l'année en quatre saisons, on obtient des résultats analogues pour chaque saison. Ce sont des renseignements précieux pour l'établissement des réservoirs d'alimentation pour l'industrie ou l'irrigation dans les contrées où ces observations ont pu être faites. Ainsi, dans le département de la Loire, les observations que nous avons fait faire sur le Furens, l'Anzon et le Sornin donnent, pour le rapport entre le cube débité et le cube tombé, les résultats moyens suivants :

Hiver	1,245
Printemps	0,681
Été	0,272
Automne	0,636

Pour toute l'année la moyenne est de 0,641. On voit que les terrains sont ici très-peu perméables. Pendant l'hiver, les cours d'eau débitent plus d'eau qu'il n'en tombe; ils en débitent moins au printemps et en automne, et beaucoup moins en été. Il serait

[1] Cette propriété de la courbe des débits en fonction du temps a été employée dès 1852, dans notre ancien service du canal de la Marne au Rhin, pour calculer les débits moyens de la Sarre, qui alimente le bief de partage des Vosges, et nous avons d'ailleurs indiqué son application aux calculs des réservoirs dans une instruction autographiée du 10 novembre 1858, que nous donnâmes aux ingénieurs ordinaires qui étaient nos collaborateurs dans le service des inondations de la Loire, lorsque nous étions ingénieur en chef.

impossible d'arriver à la connaissance de ces rapports sans les courbes des débits, qui permettent d'ailleurs aussi de résoudre simplement la plupart des questions relatives à l'alimentation des réservoirs des canaux, ainsi que celles de l'écoulement des crues par les pertuis des réservoirs d'inondation. On en voit une application dans le mémoire auquel cette note est annexée, et nous en avons donné plusieurs autres, d'espèce différente, dans notre mémoire sur les réservoirs à alimentation variable.

Nous devons faire remarquer toutefois ici que la pente d'écoulement, à hauteur égale d'eau à l'échelle d'observation, paraît être plus forte dans la période ascendante que dans la période descendante d'une crue; c'est ce qui résulterait d'observations assez nombreuses que nous avons eu l'occasion de faire sur divers affluents de la Loire supérieure. Les expériences faites par les officiers américains sur le Mississipi constatent aussi ce fait, et de plus celui-ci, que, si la pente est plus forte en crue qu'en décrue, on voit cependant, en représentant les lois des pentes par des courbes dont les abscisses seraient les hauteurs d'eau, et les ordonnées les pentes correspondantes, que les courbes des deux séries, crue et décrue, restent sensiblement parallèles.

Il résulte de ce qui vient d'être dit que, en prenant pour débits ceux qui correspondent à des étales de même hauteur, on doit commettre une légère erreur, en moins dans la partie ascendante, en plus dans la partie descendante de la courbe des débits. Ainsi les deux ordonnées Mt_0 et Qt_3 (fig. 15, pl. VIII), qui, correspondant à une même hauteur d'eau, sont égales sur notre courbe des débits, sont, la première, un peu trop petite, la seconde, un peu trop grande; de sorte que la courbe réelle des débits prendrait la forme indiquée en traits ponctués sur la figure. Mais la différence, toujours bien petite d'ailleurs, entre les deux courbes, va en s'atténuant à mesure que le débit se rapproche des étales, et qu'on a affaire à des volumes plus forts, et elle ne peut jamais avoir qu'une influence absolument insignifiante dans les calculs des réservoirs, où les courbes des débits n'entrent que par leurs aires. L'aspect seul de la figure 15 (pl. VIII) montre en effet que, soit que l'on prenne la courbe ponctuée, qui serait la courbe réelle, ou la courbe en trait plein, la seule que l'on puisse déterminer d'une manière pratique, les aires restent les mêmes, l'excès de la partie ascendante se détruisant dans le calcul de l'aire par le défaut de la partie descendante.

Ces considérations nous paraissent suffire pour justifier le procédé pratique que nous avons indiqué pour l'établissement des courbes des débits, et dont il faudrait, en tout cas, se contenter en l'absence de tout autre mode plus rigoureux d'appréciation.

Ces notions générales établies, passons maintenant au détail de la question du jaugeage des rivières.

MOUVEMENT UNIFORME.

MOUVEMENT UNIFORME. — PROPRIÉTÉS GÉNÉRALES DES COURBES DE DÉBITS ET DES VITESSES EN FONCTION DE LA HAUTEUR D'EAU.

Examinons d'abord les formules du mouvement uniforme.

La formule de Prony, dans laquelle i désigne la pente par mètre, R le rayon moyen ou le rapport de la section au périmètre mouillé, u la vitesse moyenne, a et b deux coefficients constants, est

$$Ri = au + bu^2.$$

M. de Saint-Venant a proposé la formule

$$Ri = Au^{\frac{21}{11}} \quad \text{ou} \quad Ri = Au^2,$$

dans laquelle A est constant ; c'est cette dernière forme qu'a adoptée M. Bazin, avec cette différence qu'il fait varier A avec R et la nature de la paroi.

Les ingénieurs italiens admettent aussi pour le mouvement uniforme la formule

$$Ri = Au^2.$$

Si l'on désigne par L la largeur de la rivière et par H la hauteur d'eau, on a

$$R = \frac{LH}{L + 2H},$$

d'où

$$u = \sqrt{\frac{LH.i}{A(L + 2H)}},$$

d'où

$$q = \omega u = LH\sqrt{\frac{LH.i}{A(L + 2H)}} = \sqrt{\frac{i}{A}}\sqrt{\frac{L^3H^3}{L + 2H}}.$$

Lorsque la hauteur H est très-petite par rapport à L, c'est-à-dire pour les grandes rivières en général, on peut négliger 2H par rapport à L, et l'on a alors

$$u = \sqrt{\frac{i}{A}}\sqrt{H},$$

d'où, pour les débits,

$$q = L\sqrt{\frac{i}{A}}\sqrt{H^3},$$

ou

$$q = K \cdot H^{\frac{3}{2}},$$

en posant

$$K = L\sqrt{\frac{i}{A}}.$$

Cette formule du débit reproduit exactement, quant à sa forme, celle du déversoir.

Dans la formule de M. Bazin, A varie avec R, et l'on a

$$A = \alpha + \frac{\beta}{R},$$

ou, dans les grandes rivières,

$$A = \alpha + \frac{\beta}{H}.$$

On a alors

$$u = \sqrt{\frac{Hi}{A}} = \sqrt{\frac{H^2 i}{\alpha H + \beta}}.$$

expression qui se rapproche d'autant plus de la forme

$$m\sqrt{H},$$

c'est-à-dire de celle de la vitesse du déversoir, que H augmente.

La formule de M. Bazin ne paraît pas pouvoir s'appliquer sûrement aux grandes rivières; elle constitue aujourd'hui ce qu'il y a de plus parfait pour le jaugeage des canaux et des cours d'eau qui peuvent, quant à leurs données, être assimilés aux canaux sur lesquels ses expériences ont été faites. Pour les grandes rivières, on reste à très-peu près dans l'incertitude où l'on était auparavant.

Les ingénieurs italiens établissent une formule empirique pour chaque poste d'observation, et c'est là, selon nous, la seule chose pratique à faire; leur procédé de jaugeage avec des bâtons lestés est aussi le plus pratique et le plus exact, à notre avis. Ils arrivent, en général, pour le débit en fonction de la hauteur d'eau H à l'échelle d'observation, à une formule de la forme

$$q = AH^{\frac{3}{2}} - BH^{\frac{5}{2}}.$$

Le premier terme de cette formule est celui du déversoir; dans le second, B est d'ailleurs toujours très-petit.

Enfin, les ingénieurs américains donnent la formule suivante pour la vitesse moyenne des grands fleuves [1]:

$$u = \left(\sqrt[4]{69 R_1 \sqrt{i}} - 0{,}0214\right)^2,$$

qui peut, en négligeant le carré de 0,0214, se mettre sous la forme

$$u = \sqrt{69 R_1 \sqrt{i}} - 0{,}0428\sqrt[4]{69 R_1 \sqrt{i}}.$$

Le rayon R_1 des Américains est d'ailleurs le quotient de la sec-

[1] M. Fournié, p. 96.

tion par le contour mouillé total, de sorte qu'on a

$$R_1 = \frac{HL}{2(H+L)},$$

d'où

$$u = \sqrt{\frac{69\sqrt{i}}{2}} \cdot \sqrt{\frac{HL}{H+L}} - 0{,}0428\sqrt[4]{\frac{69\sqrt{i}}{2}}\sqrt[4]{\frac{HL}{H+L}}.$$

Si l'on se rappelle que la formule du mouvement uniforme, réduite à

$$Ri = Au^2,$$

donne

$$u = \sqrt{\frac{i}{A}}\sqrt{\frac{HL}{L+2H}},$$

on voit que cette formule est de la forme

$$u = K\sqrt{\frac{HL}{L+2H}},$$

et la formule américaine de la forme

$$u = K_1\sqrt{\frac{HL}{L+H}} - K_2\sqrt[4]{\frac{HL}{H+L}},$$

en posant

$$K_1 = \sqrt{\frac{69\sqrt{i}}{2}}, \qquad K_2 = 0{,}0428\sqrt[4]{\frac{69\sqrt{i}}{2}}.$$

Lorsque L est très-grand par rapport à H, la première donnerait

$$u = K\sqrt{H}$$

et la seconde

$$u = K_1\sqrt{H} - K_2\sqrt[4]{H}.$$

Le premier terme est de même forme dans les deux formules et ramène toujours le débit q à la formule du déversoir.

La formule américaine donnerait pour q une formule de la forme suivante :

$$q = LK_1\sqrt{H^3} - LK_2\sqrt{H^5}$$

ou

$$q = M_1H^{\frac{3}{2}} - M_2H^{\frac{5}{2}},$$

en posant

$$M_1 = K_1L \qquad \text{et} \qquad M_2 = K_2L,$$

formule qui a, à très-peu près, la même forme que la formule empirique des ingénieurs italiens. C'est toujours l'équation d'une courbe parabolique dont le premier terme du second membre a exactement la forme du débit du déversoir, et dont le second n'est qu'une correction du premier, dépendant du caractère plus ou moins torrentiel du cours d'eau.

Dans la formule du déversoir

$$q = KH^{\frac{3}{2}},$$

on a

$$\frac{dq}{dH} = \frac{3}{2}KH^{\frac{1}{2}},$$

$$\frac{d^2q}{dH^2} = \frac{3}{4}KH^{-\frac{1}{2}}.$$

On voit, puisque $\frac{dq}{dH}$ et $\frac{d^2q}{dH^2}$ restent toujours positifs, que la courbe qui donnerait q a toujours sa convexité tournée vers l'axe des H, tandis que l'inverse a lieu pour la courbe des vitesses.

La formule $q = KH^{\frac{3}{2}}$ suppose en effet, pour la vitesse u, une expression de la forme

$$u = pH^{\frac{1}{2}},$$

d'où l'on tire

$$\frac{du}{dH} = \frac{1}{2}pH^{-\frac{1}{2}}$$

et

$$\frac{d^2u}{dH^2} = -\frac{1}{4}pH^{-\frac{3}{2}};$$

$\frac{d^2u}{dH^2}$ étant négatif, la courbe des vitesses en fonction des hauteurs tourne sa concavité du côté de l'axe des H.

En résumé : *toutes les formules empiriques représentant les expériences des ingénieurs italiens et américains et celles des ingénieurs français, ainsi que toutes les formules sur le mouvement uniforme, donnent, pour les courbes des débits en fonction de la hauteur d'eau, des courbes paraboliques dont la convexité est tournée vers l'axe des* H; *la courbe des vitesses moyennes correspondantes est, au contraire, une parabole ayant sa concavité tournée vers cet axe.*

Nous ferons remarquer d'ailleurs qu'en prenant les séries de tous les jaugeages connus sur les grandes rivières, si l'on représente, pour chacune de ces séries concernant un poste d'observation déterminé, les débits par des ordonnées dont les hauteurs d'eau correspondantes seraient les abscisses, les courbes des débits qui en résultent affectent toutes la forme parabolique et tournent leur convexité vers l'axe des H, ce qui implique le même caractère avec courbure inverse pour les courbes des vitesses moyennes.

PROCÉDÉ GRAPHIQUE TIRÉ DU CARACTÈRE GÉNÉRAL DES COURBES DES DÉBITS ET DES VITESSES.

Les deux caractères des courbes des débits et des vitesses en fonction des hauteurs que nous venons d'indiquer sont donc constants et peuvent servir à vérifier si des jaugeages effectués par telle ou telle méthode sur une rivière offrent un degré suffisant d'exactitude. Si l'on rapporte en effet les résultats de ces jaugeages, en prenant pour abscisses les hauteurs d'eau au poste d'observation où l'on opère, et pour ordonnées les débits correspondants d'une part et les vitesses moyennes correspondantes de l'autre, ces deux séries de points doivent donner des courbes continues ayant le caractère parabolique, et dont l'une tournera sa convexité et l'autre sa concavité vers l'axe des H; et si, après avoir tracé les ordonnées des débits calculés, les points correspondants, sans donner une courbe continue, s'éloignent peu de cette forme, on peut tracer cette courbe et rectifier ainsi graphiquement les erreurs des jaugeages. Ces courbes suffisent, en général, pour établir une table des jaugeages du poste d'observation, et si l'on veut les représenter par une formule, on peut toujours y parvenir en adoptant la forme parabolique à exposants fractionnaires. Mais ce calcul, souvent assez compliqué, n'offre pas grand intérêt; car, la courbe des débits en fonction des hauteurs d'eau observées à l'échelle, une fois déterminée, suffit pour donner immédiatement un débit quelconque correspondant à une hauteur donnée, pour peu que cette courbe ait été rapportée à une échelle suffisante.

Le tout est donc d'avoir un certain nombre de jaugeages sur lesquels on puisse compter pour établir ces courbes.

PROCÉDÉS PRATIQUES DE JAUGEAGE.

Le procédé pratique de jaugeage que nous regardons comme le plus exact est le plus ancien, celui qui a déjà été employé par Buffon pour le jaugeage du Tigre et que M. Lombardini a employé en Italie : c'est de mesurer les vitesses par des bâtons flottants lestés, prenant à très-peu près la vitesse moyenne dans chacun des points du profil en travers où l'on veut mesurer cette vitesse. Si l'on divise, par exemple, le profil en cinq sections (fig. 14, pl. VIII) partielles, et que vers le milieu de chacune de ces divisions on mesure la vitesse par des flotteurs dirigés en conséquence; si ω_1, ω_2, ω_3, ω_4, ω_5 représentent les surfaces des sections partielles dans lesquelles a été subdivisée la section totale Ω du profil, la vitesse moyenne étant u, et les vitesses moyennes dans les sections partielles étant v_1, v_2, v_3, v_4, v_5, on aura, pour le débit total Q,

$$Q = \Omega u = \omega_1 v_1 + \omega_2 v_2 + \omega_3 v_3 + \omega_4 v_4 + \omega_5 v_5,$$

d'où

$$u = \frac{Q}{\Omega}.$$

Les vitesses moyennes v_1, v_2, v_3, v_4, v_5 sont à très-peu près les vitesses mêmes des flotteurs. Si l'on veut les déterminer par la loi parabolique de la vitesse dans une section verticale parallèle au courant, on fait de la théorie, et encore est-ce une théorie bien imparfaite, puisque la loi varie pour ainsi dire avec chaque observateur[1]; mais on ne fait assurément rien de pratique, et l'on a, en somme, moins d'exactitude qu'en faisant tout simplement ce qu'ont fait Buffon et Lombardini. Ce n'est certainement pas la science hydraulique qui a manqué à l'illustre ingénieur italien, et ce n'est qu'après en avoir reconnu toutes les incertitudes qu'il a admis ce que le simple bon sens indiquait comme un des procédés pratiques de jaugeage ayant le plus de chances d'approcher de la vérité sur les grandes rivières.

Les formules de M. Bazin doivent aujourd'hui être substituées à celles de Prony pour les canaux et les cours d'eau ordinaires, où elles donnent des résultats très-exacts. Pour les grandes rivières, il est douteux qu'elles soient applicables en général, attendu qu'on sort entièrement des limites des expériences sur lesquelles ont été calculés les coefficients. Toutes les formules proposées jusqu'ici ne peuvent, en définitive, être considérées que comme des formules empiriques représentant avec une exactitude suffisante les phénomènes de l'écoulement des eaux dans les limites où elles ont été calculées, mais non au delà, et ce qu'il y a de mieux à faire c'est de composer, au moyen d'un certain nombre de jaugeages directs, une courbe des débits en fonction des hauteurs pour chacun des postes d'observation où l'on voudra connaître le régime de la rivière. C'est comme une table spéciale à établir pour chacun de ces postes, qui donnera les débits en regard des hauteurs.

Nous allons d'ailleurs indiquer ici une vérification des opérations de jaugeage indépendante de celle de la forme des courbes des débits que nous avons déjà indiquée plus haut. Dans les grandes rivières où il y a des plaines submersibles, l'écoulement de l'eau se fait dans les mêmes conditions que celles des réservoirs, comme nous l'avons déjà vu plus haut, et si q désigne le débit par se-

[1] La théorie de M. Dupuit sur les eaux courantes suppose que le maximum de vitesse est à la surface, tandis que les expériences américaines prouvent qu'il est toujours notablement au-dessous, ce qui résultait déjà des expériences de M. Boileau.

conde à un poste A, et φ le débit par seconde correspondant au poste B situé en aval du poste A; si V est le volume emmagasiné entre les deux postes A et B, on aura, d'après ce qui a été dit dans le mémoire auquel est jointe cette note, l'équation

$$dV = (q - \varphi)\,dt,$$

d'où, indiquant l'intégration entre deux limites finies,

$$\int_{t_0}^{t_1} q\,dt - \int_{t_0}^{t_1} \varphi\,dt = \int_{t_0}^{t_1} dV,$$

ce qui exprime que l'aire t_0MNt_1 — l'aire t_0MTt_1 (fig. 15, pl. VIII) est égale au volume emmagasiné pendant l'intervalle de temps $t_1 - t_0$, volume qui est dès lors représenté par l'aire MNTM.

Si MNPQ (fig. 15) représente la courbe des débits en fonction du temps du poste A, et MPR celle du poste B, placées dans leurs positions relatives par rapport aux heures observées t_0 et t_1 de leurs maxima (il est d'ailleurs entendu qu'il n'y a pas d'affluents entre les postes A et B), l'aire MNPM sera égale à l'aire PRSQ et la première représentera le volume emmagasiné pendant le temps $t_2 - t_0$ dans la plaine qui se trouve entre les deux postes d'observation; et pour le point P on a $dV = 0$, puisque ce point correspond au moment où l'emmagasinement cesse; d'où, d'après l'équation précédente, $q = \varphi$. Il faut donc que le débit par seconde, calculé à l'étale P du poste B, soit égal au débit qui serait donné au poste A à la même heure; si donc on a la courbe des débits du poste A, il faut que ces deux débits soient égaux, ce qui donne une vérification des jaugeages faits aux deux postes.

MOUVEMENT PERMANENT.

L'équation du mouvement permanent, en prenant les notations de M. l'inspecteur général Dupuit dans son ouvrage sur les eaux courantes, est

$$z = \frac{\alpha}{2g}\left(u_1^2 - u_0^2\right) + \int_0^{\lambda} \varphi\,ds,$$

z étant la chute d'une section à l'autre, u_1, u_0 les vitesses dans les deux sections que l'on considère, α un coefficient, λ la longueur entre les deux sections, φds la résistance au mouvement du liquide. Cette formule suppose d'ailleurs que, la pente de superficie une fois établie entre les deux sections que l'on considère, une section transversale quelconque reste toujours la même, à quelque instant du mouvement qu'on la prenne, et le débit est aussi supposé rester constant. Si l'on substitue dans la formule pour φ la valeur que lui attribuait Prony,

$$\frac{\chi}{\omega}\left(au + bu^2\right),$$

χ, ω, u désignant le périmètre mouillé, la surface de la section et la vitesse moyenne, a et b les deux coefficients de Prony, et que l'on désigne d'ailleurs par q le débit par seconde, on aura

$$z = \frac{\alpha}{2g}\left(u_1^2 - u_0^2\right) + \int_0^\lambda \frac{\chi}{\omega}\left(au + bu^2\right) ds.$$

En désignant par Δz et Δs les accroissements finis de la chute et de la longueur, et en remplaçant u_1 et u_0 par leurs valeurs $\frac{q}{\omega_1}$, $\frac{q}{\omega_0}$, cette équation peut s'écrire sous la forme suivante, qui est la plus usitée :

$$\Delta z = \pm \alpha \frac{q^2}{2g}\left(\frac{1}{\omega_1^2} - \frac{1}{\omega_0^2}\right) + \sum_0^\lambda \frac{\chi}{\omega}\left(au + bu^2\right)\Delta s.$$

Le signe + se prendra si l'on passe d'une section à une section moindre, le signe — si l'on passe d'une section à une section plus grande; et si l'on remarque que la fonction qui est sous le signe $\sum$ aura une valeur suffisamment approchée en pratique si l'on prend sa valeur moyenne, et qu'on désigne par χ_0, χ_1 les périmètres correspondant aux sections ω_0, ω_1, l'équation se mettra sous la forme suivante :

$$\Delta z = q^2\left[\pm \frac{\alpha}{2g}\left(\frac{1}{\omega_1^2} - \frac{1}{\omega_0^2}\right) + \frac{b.\Delta s}{2}\left(\frac{\chi_1}{\omega_1^3} + \frac{\chi_0}{\omega_0^3}\right)\right] + \frac{aq.\Delta s}{2}\left(\frac{\chi_1}{\omega_1^2} + \frac{\chi_0}{\omega_0^2}\right).$$

Si l'on admet avec M. de Saint-Venant la formule du mouvement uniforme $Ri = Au^{\frac{21}{11}}$, ou avec une approximation suffisante $Ri = Au^2$, il suffit de faire dans la formule précédente $a = 0$ et de remplacer b par A, ce qui la simplifie considérablement, sans en modifier les résultats, la formule de M. de Saint-Venant reproduisant avec une forme plus simple les résultats de celle de Prony; la formule du mouvement permanent devient alors

$$\Delta z = q^2 \left[\pm \frac{\alpha}{2g} \left(\frac{1}{\omega_1^2} - \frac{1}{\omega_0^2} \right) + \frac{A}{2} \left(\frac{\chi_1}{\omega_1^3} + \frac{\chi_0}{\omega_0^3} \right) \Delta s \right].$$

La formule de M. Bazin conduirait à la même expression; seulement A serait variable avec R, et l'on aurait à prendre ici sa valeur moyenne pour les deux sections ω_1 et ω_0.

Lorsque les deux sections ω_0 et ω_1 sont peu différentes, on peut négliger le terme des forces vives, et l'équation se réduit alors à la forme très-simple

$$\Delta z = q^2 \frac{A}{2} \left(\frac{\chi_1}{\omega_1^3} + \frac{\chi_0}{\omega_0^3} \right) \Delta s,$$

dans laquelle, connaissant l'une des quantités q ou Δz, on en déduit l'autre; on en déduirait

$$q = \sqrt{\frac{\Delta z}{\frac{A}{2} \left(\frac{\chi_1}{\omega_1^3} + \frac{\chi_0}{\omega_0^3} \right) \Delta s}}.$$

Quelque séduisante que soit la simplicité de cette formule, les ingénieurs pratiques ne l'emploient jamais pour calculer un jaugeage, parce qu'ils savent que les hypothèses du mouvement permanent s'éloignent encore davantage de l'état réel des cours d'eau que celles du mouvement uniforme, et c'est à ce dernier qu'ils ont presque exclusivement recours. L'incertitude du coefficient α dans la formule du mouvement permanent et la complication de ses calculs lorsqu'on ne peut pas négliger le terme des forces vives, ce qui arrive lorsque les sections diffèrent notablement, feront d'ailleurs que ce mouvement restera à l'état de théorie, bonne tout au plus à calculer les remous dans le cas où le débit reste constant, et absolument inapplicable aux grands cours d'eau.

DÉTAILS PRATIQUES SUR LES OPÉRATIONS DE JAUGEAGE.

Nous avons vu plus haut que, lorsqu'on avait un jaugeage à faire, il fallait choisir une partie de la rivière où la section et la pente fussent à peu près constantes, pour que le régime se rapprochât du mouvement uniforme. Il faut en même temps que la hauteur d'eau ne varie pas pendant l'opération, c'est-à-dire que la rivière soit à un moment d'étale. Le jaugeage n'a pas besoin d'être fait précisément au poste d'observation. Ainsi, en général, les échelles sont posées sur les culées des ponts, et il peut se faire que les conditions que nous venons d'indiquer ne soient pas remplies aux abords du pont; on peut faire le jaugeage à quelque distance en amont ou en aval du pont, et cependant avoir la courbe des débits en fonction des hauteurs d'eau accusées par son échelle. Il suffit pour cela qu'il n'y ait point d'affluent entre le point où est placée l'échelle et celui que l'on choisit pour le jaugeage. Le débit par seconde restant le même pour ces deux points, il est évident que, si l'on observe la hauteur h de l'échelle pendant l'opération, le débit q par seconde qu'on aura calculé au moyen du jaugeage fait sur un autre point rapproché s'appliquera au point où est placée l'échelle, et qu'on aura ainsi une abscisse h et l'ordonnée q correspondante de la courbe des débits en fonction des hauteurs d'eau de l'échelle.

Si l'on jauge l'étale d'une certaine crue et que cette crue déborde, il faut faire simultanément le jaugeage de la rivière proprement dite et celui des chantiers. Ainsi (fig. 16, pl. VIII), AB étant la ligne d'eau du profil en travers, on partagera l'opération en trois: l'une s'appliquera au lit principal EFGK, et les deux autres aux chantiers ACDE et KBIH, sur lesquels la vitesse est beaucoup plus petite, en général. Si l'on trouve pour le lit principal un débit q par seconde et des débits q', q'' pour les chantiers, le débit total Q sera $Q=q+q'+q''$, et si Ω est la section totale, la vitesse moyenne sera

$$u=\frac{Q}{\Omega}.$$

Ce genre d'opérations donne des résultats suffisamment exacts lorsqu'il y a, de chaque côté, des digues placées à une certaine distance du lit mineur; car alors le courant général conserve la même direction; mais lorsqu'il n'y a pas de digues et que les rives offrent un sol inégal, il s'établit des courants dans plusieurs sens, et tout jaugeage tant soit peu exact devient impossible, à moins qu'il n'existe des levées transversales, comme celles des routes, des chemins de fer ou des canaux traversant la vallée. Dans ce cas, il y a dans ces levées des aqueducs ou des ponts sur toutes les dépressions principales, qui permettent de jauger les eaux qui y passent. C'est ainsi qu'aux abords du pont de Feurs, sur lequel la route nationale n° 89 traverse la Loire, on peut jauger les chantiers, tant que cette route n'est pas surmontée, au moyen des aqueducs qui sont établis dans sa levée, et, lorsque la levée est franchie, ce qui arrive dans les grandes crues, on peut encore arriver à un jaugeage de quelque exactitude en ajoutant le débit du déversoir qui s'établit sur la levée. Au pont de Roanne, sur lequel la route nationale n° 7 traverse la Loire, il y a des digues insubmersibles aux abords du pont, et le jaugeage peut se faire dans de bonnes conditions.

Nous ferons remarquer maintenant que, pour des crues importantes, il convient de ne pas choisir, pour faire des jaugeages, les parties très-resserrées des rivières, dans lesquelles les rives sont insubmersibles. Il en serait ainsi des gorges de la Loire entre le Pertuiset et Saint-Just et entre Pinay et Villerest. La crue de 1866 a été très-exactement observée dans la partie comprise entre le Pertuiset et Saint-Just, dans laquelle nous faisions alors exécuter les travaux du canal d'irrigation de la plaine du Forez. Les figures 9 et 10 (pl. VIII) donnent une idée du phénomène qui se produit alors. La surface de l'eau prend, par suite de l'action de la résistance des rives, une forme convexe très-accusée dans le profil en travers : ce sont comme deux courants qui viennent se briser dans le sens du mouvement général sur l'axe du thalweg, où se produisent des vagues ou ondes continues indiquées approximativement par le profil en long (fig. 9, pl. VIII). Dans le profil en travers indiqué par la figure 10, l'eau était sur l'axe à 2m,40 plus haut que sur les bords, et la hauteur des ondulations longitudinales sur l'axe a été d'environ 2m,50. De plus, dans tous les coudes il s'établissait, par suite du choc de l'eau contre la rive, un contre-courant, qui produisait le long du bord, et en sens inverse du courant général, des dépressions allant jusqu'à 2 mètres de profondeur. C'étaient comme des sillons profonds qui creusaient la masse liquide dans laquelle se produisait, dans toute la sphère d'action du coude, une série de vagues ou ondulations superficielles en sens inverse de celles qu'on observait sur l'axe du courant principal. On comprend aisément qu'aucun jaugeage tant soit peu exact n'est possible dans ces conditions, attendu que les contre-courants peuvent diminuer notablement le débit qu'on aurait calculé, et qu'aucune mesure directe de vitesse superficielle ne peut d'ailleurs se faire avec assez d'exactitude.

Il ne faut donc pas choisir les gorges étroites des rivières pour y faire le jaugeage des grandes crues, tandis que, au contraire, ce sont les meilleurs points à choisir pour jauger les crues moyennes, attendu qu'elles sont contenues tout entières entre les bords et que la section et la pente y restent très-régulières. On peut, au moyen de ces jaugeages, obtenir quelques points de la courbe des débits en fonction des hauteurs d'un poste d'observation qui serait placé à la sortie de la gorge, en observant son échelle à chaque opération de jaugeage faite en amont dans la gorge même. (Il est toujours entendu, d'ailleurs, qu'il n'y a pas d'affluents entre le point de la gorge où l'on jauge et l'échelle du poste placé en aval de la gorge.) On complétera ensuite la courbe pour les crues dont le jaugeage ne serait plus possible dans la gorge, au moyen des jaugeages faits au poste placé à la sortie ou dans un point convenablement choisi en aval de ce poste. On pourra ainsi arriver presque toujours à établir la courbe des débits en fonction des hauteurs pour un poste d'observation donné d'une rivière. Cette courbe est une vraie table qui fait connaître immédiatement, avec une approximation suffisante en pratique, les débits lorsqu'on se donne la hauteur, et permet, par conséquent, d'établir la courbe des débits en fonction du temps, connaissant la courbe du mouvement des eaux ou des hauteurs en fonction du temps, courbe qui est donnée par les cotes du registre d'attachement du poste d'observation.

COURBES DES PONTS DE FEURS ET DE ROANNE.

C'est en suivant les indications qui précèdent que nous avons établi les courbes des débits en fonction des hauteurs aux ponts de Feurs et de Roanne (fig. 1 et 2, pl. VIII). Nous ne pouvons les reproduire ici qu'à une petite échelle, mais en les rapportant à une grande échelle pour les débits, on voit qu'elles passent très-près des points donnés par les jaugeages divers qui ont pu être faits depuis 1856 aux environs de ces deux postes d'observation.

Pour la courbe du pont de Feurs, nous avions des jaugeages pour les hauteurs d'eau à son échelle de $0^m,00$, $0^m,75$, $1^m,75$, $2^m,50$, $3^m,00$ (hauteur de la crue de 1856), et $3^m,70$ (hauteur de la crue de 1866); pour la crue de 1846, nous n'avons pas de données assez précises; la route n° 89 avait été presque entièrement emportée dans sa traversée de la vallée de la Loire, de sorte que le jaugeage par déversoir de la partie surmontée n'offre plus une grande exactitude; mais, d'après les calculs approximatifs que nous avons pu faire, nous ne pensons pas que le débit de la crue de 1846 ait pu dépasser 3600 mètres cubes au pont de Feurs.

Quant au pont de Roanne, nous avions les résultats de divers jaugeages faits pour des hauteurs, à son échelle, de $0^m,00$, $1^m,00$, $2^m,00$, $3^m,00$, $4^m,00$ et $4^m,85$ (hauteur de la crue de 1856). La courbe des débits de la figure 2 (pl. VIII) passe très-près des points déterminés par ces jaugeages, et elle serait assez exactement représentée par la formule empirique

$$Q = 180 (H + 0,25)^{\frac{3}{2}},$$

H étant la hauteur lue à l'échelle, Q le débit par seconde correspondant. La partie de la Loire sur laquelle se trouve le pont de Roanne n'était plus dans notre service [1] lors de la crue de 1866, et nous n'avons pu dès lors en faire directement le jaugeage. En prolongeant notre courbe par la formule que nous venons d'indiquer, on trouverait pour cette crue, qui a marqué 6 mètres à l'échelle, un débit par seconde de $2718^{mc},80$; mais il y a eu dans la levée une brèche qui a débité un certain cube; nous l'estimons à 200 mètres cubes par seconde au plus, ce qui donnerait en tout 2900 mètres cubes par seconde.

En ce qui concerne la crue de 1846, il serait difficile d'en donner exactement le débit maximum, attendu que les levées ont été rompues sur plusieurs points. Si l'on appliquait la formule ci-dessus à la hauteur $7^{m},42$ que cette crue a marquée à l'échelle du pont de Roanne, on trouverait un débit de $3637^{mc},80$, et nous croyons qu'on ne peut admettre plus de 4000 mètres cubes en tout, y compris le débit des brèches.

PROCÉDÉ SPÉCIAL DE JAUGEAGE PAR DÉVERSOIR.

Nous ne terminerons pas cette notice sans indiquer un procédé de jaugeage fort simple, et qui nous paraît pouvoir être employé souvent avec succès. Supposons d'abord qu'on ait affaire à une partie de cours d'eau où la pente de superficie reste à peu près constante, quelle que soit la hauteur d'eau, comme cela arrive pour

[1] Le service de la 1re section de la Loire, dont nous étions ingénieur en chef, a été, par décision du 18 avril 1864, arrêté au pont du chemin du Bourbonnais, un peu en amont du pont de Roanne, le barrage de Roanne, qui est un peu en aval du pont, ayant dû, comme prise d'eau du canal de Roanne à Digoin, être réuni au service de la 2e section de la Loire, dans lequel se trouve ce canal depuis qu'il a été racheté par l'État.

la plupart des affluents, où la section et la pente de fond sont à très-peu près constantes sur une assez grande longueur. Pour toutes les parties de cours d'eau qui sont dans ces conditions, le jaugeage peut s'en faire très-simplement, et avec une exactitude suffisante pour la pratique, par le procédé que nous allons indiquer.

Supposons que MN (fig. 17, pl. VIII) soit une partie de cours d'eau où, la section et la pente de fond étant uniformes, l'expérience ait démontré que la pente de superficie reste à très-peu près constante pour les diverses hauteurs d'eau.

Supposons qu'en B nous ayons une échelle, et que tous les jours on y constate la hauteur d'eau, chaque fois qu'il y a une variation dans cette hauteur; on aura ainsi la courbe du mouvement des eaux au point B. Il s'agit de trouver un procédé simple et suffisamment exact qui permette de calculer tout de suite la courbe des débits correspondante, ou, si l'on veut, connaissant la hauteur de l'eau à l'échelle B pour une observation, d'en déduire le débit par seconde correspondant. Pour cela on établira en A un déversoir fixe à travers le cours d'eau qui permette de le jauger dans un état déterminé, et ce jaugeage permettra de calculer ensuite tous les débits correspondant aux hauteurs constatées à l'échelle B. On suppose d'ailleurs le déversoir A établi assez loin du point B pour qu'il ne puisse pas avoir d'influence sur les hauteurs d'eau observées à l'échelle de ce point. Cela posé, voici comment on opérera : lorsque le cours d'eau demeurera dans un état constant pendant un certain espace de temps, c'est-à-dire lorsque les échelles placées au point B et au déversoir du point A marqueront des hauteurs h_0 et H_0 qui se maintiendront sans oscillation pendant un temps donné, on constatera la hauteur h_0 et l'on mesurera sur le déversoir fixe la hauteur H_0 de la lame, et l'on calculera le débit q par seconde par la formule du déversoir

$$q_0 = mLH_0\sqrt{2gH_0}.$$

Il est évident que pendant cette expérience le débit par seconde au point B est égal au débit par seconde au point A, débit calculé par la formule précédente.

Si donc q_0 est le débit par seconde au point B qui correspond en ce point à la hauteur h_0 de l'échelle d'observation, on aura

$$q_0 = mLH_0\sqrt{2gH_0} = mL\sqrt{2g}\sqrt{H_0^3}.$$

Supposons maintenant que h_1, h_2, h_3,... soient diverses hauteurs d'eau successives observées à l'échelle du point B (h_1, h_2, h_3... sont, comme h_0, les hauteurs au-dessus du fond du lit, de sorte que, si le zéro de l'échelle n'était pas au niveau du fond, il faudrait aux cotes de l'échelle ajouter la hauteur constante entre le zéro et le niveau du fond). Nous avons vu plus haut que l'on peut dans le mouvement uniforme admettre pour le débit une formule de la forme

$$q = K\sqrt{H^3},$$

ce qui donnerait, pour un même poste d'observation où K ne varierait pas entre deux débits q et q' correspondant aux hauteurs H et H', la relation

$$\frac{q'}{q} = \sqrt{\frac{H'^3}{H^3}};$$

on aurait donc ici

$$\frac{q_1}{q_0} = \sqrt{\frac{h_1^3}{h_0^3}},$$

ou, si nous substituons pour q_0 sa valeur connue par le jaugeage du déversoir du point A,

$$q_1 = mLH_0\sqrt{2gH_0}\sqrt{\frac{h_1^3}{h_0^3}},$$

ou, si l'on remplace

$$\frac{mLH_0\sqrt{2gH_0}}{\sqrt{h_0^3}}$$

ou

$$mL\sqrt{2g}\sqrt{\frac{H_0^3}{h_0^3}}$$

par le nombre A qui représente cette quantité, dont tous les termes sont connus, puisque h_0 représente la hauteur d'eau à l'échelle B au même moment où la hauteur de la crue sur le déversoir A était H_0, on aura

$$q_1 = A\sqrt{h_1^3}.$$

On aurait évidemment de même

$$q_2 = A\sqrt{h_2^3},$$
$$q_3 = A\sqrt{h_3^3},$$

et ainsi de suite, de sorte que, le coefficient A une fois calculé par un premier jaugeage, ou mieux, par la moyenne de quelques jaugeages en déversoir, tous les débits se calculeront directement en fonction des hauteurs observées à l'échelle du point B, et ces calculs deviennent de la dernière simplicité, si l'on établit une table dans laquelle on trouvera toutes calculées les valeurs de $\sqrt{h^3}$.

Il suit de là que, si l'on a une fois un jaugeage exact par déversoir à une certaine distance en amont de l'échelle d'observation, la courbe des débits de cette échelle se déduit très-simplement de la courbe des hauteurs observées. Ce procédé de calcul permet aussi de déterminer rapidement le module ou débit moyen par seconde pour l'année, pour une saison ou pour la durée d'une crue.

Soit ACB (fig. 12, pl. VIII) la courbe des hauteurs d'eau observées à l'échelle; supposons que, pendant la période de temps $t_3 - t_1$, on ait observé trois hauteurs h_1, h_2, h_3, les débits par seconde correspondants seront

$$q_1 = A\sqrt{h_1^3},$$
$$q_2 = A\sqrt{h_2^3},$$
$$q_3 = A\sqrt{h_3^3}.$$

Le cube total Q débité dans l'intervalle de temps $t_3 - t_1$ (fig. 12) sera la somme suivante :

$$Q=\frac{(q+q_2)}{2}\left(t_2-t_1\right)+\frac{(q_2+q_3)}{2}\left(t_3-t_2\right),$$

si l'on considère, ce qui est suffisamment exact, la courbe des débits comme un polygone; d'où, substituant pour q_0, $q_1, \ldots$ leurs valeurs en h_0, $h_1, \ldots$,

$$Q=A\left[\frac{\sqrt{h_1^3}+\sqrt{h_2^3}}{2}\left(t_2-t_1\right)+\frac{\sqrt{h_2^3}+\sqrt{h_3^3}}{2}\left(t_3-t_2\right)\right],$$

ou, plus généralement,

$$Q=A\left[\frac{\sqrt{h_1^3}+\sqrt{h_2^3}}{2}\left(t_2-t_1\right)+\frac{\sqrt{h_3^3}+\sqrt{h_4^3}}{2}\left(t_3-t_2+\cdots\right)+\frac{\sqrt{h_{n-1}^3}+\sqrt{h_n^3}}{2}t_n-t_{n-1})\right],$$

et le module ou débit moyen par seconde pendant le temps t_n-t_1 sera

$$M=\frac{Q}{t_n-t_1}.$$

Si l'on supposait d'ailleurs tous les intervalles de temps t_2-t_1, $t_3-t_2, \ldots$ qui séparent les opérations des hauteurs égaux entre eux et à Δt, on aurait pour les n hauteurs h_1, h_2, $\ldots$, h_n

$$Q=A\Delta t\left(\frac{\sqrt{h_1^3}}{2}+\sqrt{h_2^3}+\sqrt{h_3^3}+\cdots+\frac{\sqrt{h_n^3}}{2}\right).$$

Si T est le temps total pendant lequel a été débité le cube Q et si N est le nombre d'intervalles égaux à Δt, le module correspondant au temps T a pour expression générale

$$\frac{Q}{T}=\frac{A}{N}\left(\frac{\sqrt{h_1^3}}{2}+\sqrt{h_2^3}+\sqrt{h_3^3}+\cdots+\frac{\sqrt{h_n^3}}{2}\right).$$

On voit combien ces calculs sont courts et commodes, surtout si les intervalles de temps sont égaux.

Nous pensons que le procédé que nous venons d'indiquer pourra trouver son emploi. Sur les affluents de la Loire, il est presque partout possible de trouver d'assez longues parties à section et à pente uniformes et sur lesquelles on puisse établir un déversoir provisoire pendant les basses eaux. Mais il est essentiel de faire remarquer que tout ce qui vient d'être dit ne s'applique qu'au cas où les eaux ne sont pas débordées. Dès qu'elles débordent, il est évident que toutes les conditions changent, comme on l'a déjà suffisamment expliqué dans ce qui précède. Il y a beaucoup de parties sur les affluents de la Loire, par exemple, où la vallée est très-resserrée et où toutes les crues sont maintenues dans un chenal régulier; dans ce cas, le procédé de calcul qui vient d'être indiqué s'appliquera à toutes les hauteurs. Si l'on avait affaire à une section où des débordements puissent avoir lieu, on ne pourrait appliquer le procédé que nous venons d'indiquer que jusqu'à la hauteur d'échelle où le débordement commence; à partir de cette hauteur, il faudrait avoir recours aux autres procédés dont l'indication a été donnée dans cette notice. On remarquera d'ailleurs que, sur les grands cours d'eau, il devient impossible d'établir des déversoirs provisoires, à cause de leur dépense, de sorte que l'emploi du procédé si commode que nous venons d'exposer est, malheureusement, limité aux affluents secondaires, sur lesquels un déversoir est chose peu coûteuse et facile à établir dans des conditions suffisantes d'étanchéité pour que le jaugeage sur ce déversoir puisse se faire très-exactement.

Le procédé que nous venons d'indiquer peut aussi s'appliquer lorsque la section et la pente varient; seulement il faut alors faire plusieurs séries de jaugeages en déversoir. Entrons dans quelques détails, et supposons que la partie decours d'eau MN (fig. 17, pl. VIII) sur laquelle on opère soit à pente et à section variables, mais sans que les eaux sortent de leur lit régulier. On a toujours une échelle en B et un déversoir provisoire en A. On prendra plusieurs états constants du cours d'eau, et l'on jaugera le déversoir pour chacun de ces états. Ainsi, supposons que, pour un premier état, la hauteur K se maintienne pendant un certain temps à l'échelle du déversoir, et la hauteur k à l'échelle du point B; pour un second état constant du cours d'eau, on aura une hauteur

K' à l'échelle du déversoir et une hauteur k' à celle du point B. On pourra ainsi faire plusieurs jaugeages différents au déversoir du point A. Soient h, h', h'' les hauteurs de la lame sur le déversoir qui correspondent aux hauteurs K, K', K'' de son échelle, les débits par seconde q, q', q'' correspondants se calculeront comme on l'a vu précédemment et auront les expressions suivantes :

$$q = mLh\sqrt{2gh},$$
$$q' = mLh'\sqrt{2gh'},$$
$$q'' = mLh''\sqrt{2gh''}.$$

Ici l'équation $\frac{q'}{q} = \sqrt{\frac{H'^3}{H^3}}$, donnée plus haut, n'est plus vraie, puisque la pente de superficie n'est plus à très-peu près parallèle à celle du fond; mais on peut toujours corriger par un coefficient la loi qu'elle indique; on peut, en un mot, conserver la forme de la relation

$$q = A\sqrt{h^3},$$

h étant la hauteur observée à l'échelle en rivière du point B, q le débit par seconde qui lui correspond : il suffit de déterminer convenablement le coefficient A. Voici comment cela peut se faire. Lorsque les hauteurs de lame sur le déversoir sont h, h', h'', les hauteurs observées à l'échelle B sont h_0, h'_0, h''_0, et l'on aura, en adoptant la forme de l'équation $q = A\sqrt{h^3}$ et en supposant le coefficient variable avec la hauteur,

$$q_0 = A\sqrt{h_0^3},$$
$$q'_0 = A'\sqrt{h_0'^3},$$
$$q''_0 = A''\sqrt{h_0''^3}.$$

Or, il est évident que, pour chaque état constant du cours d'eau, les débits sont égaux aux points A et B, entre lesquels, bien entendu, il n'y a pas d'affluents; égalant donc les deux séries d'expressions, on en tire

$$A = m\sqrt{2g}\,L\sqrt{\frac{h^3}{h_0^3}},$$

$$A' = m\sqrt{2g}\,L\sqrt{\frac{h'^3}{h_0'^3}},$$

$$A'' = m\sqrt{2g}\,L\sqrt{\frac{h''^3}{h_0''^3}}.$$

On aura ainsi diverses valeurs du coefficient A en fonction des hauteurs h_0, h'_0, h''_0, etc., observées à l'échelle du point B, et l'on pourra construire une courbe dont les abscisses seront les hauteurs et les ordonnées les valeurs correspondantes du coefficient A. Soit DEF cette courbe (fig. 18, pl. VIII) ou plutôt le polygone formé au moyen des valeurs de A calculées par quelques expériences, d'après le procédé qui vient d'être indiqué. Soient maintenant h_1, h_2, h_3, h_4, ... des hauteurs d'eau observées à l'échelle en rivière du point B, hauteurs représentées sur la figure 18 par les abscisses oh_1, oh_2, oh_3, oh_4, ... comprises entre les abscisses extrêmes oK et oH, ou les hauteurs extrêmes entre lesquelles ont été déterminées les valeurs extrêmes d'expérience du coefficient A, représentées par les ordonnées DK et FH; les ordonnées correspondant aux abscisses oh_1, oh_2, oh_3, oh_4, ... représenteront les valeurs du coefficient A correspondant aux hauteurs h_1, h_2, h_3, h_4, ..., et si A_1, A_2, A_3, A_4, ... sont ces valeurs prises à l'échelle sur la figure 18 ou calculées d'après leur position sur les côtés du polygone DEF, position fixée par l'abscisse ou la valeur de h, on aura, pour les débits par seconde q_1, q_2, q_3, q_4, ..., etc., qui correspondent aux hauteurs h_1, h_2, h_3, h_4, ... observées à l'échelle en rivière,

$$q_1 = A_1\sqrt{h_1^3},$$

$$q_2 = A_2\sqrt{h_2^3},$$

$$q_3 = A_3\sqrt{h_3^3}.$$

Reportons-nous maintenant à la figure 17. Il est évident que le cube total Q débité pendant le temps $t_4 - t_1$ sera

$$Q = \frac{q_1 + q_2}{2}\left(t_2 - t_1\right) + \frac{q_2 + q_3}{2}\left(t_3 - t_2\right) + \frac{q_3 + q_4}{2}\left(t_4 - t_3\right),$$

ou, plus généralement, le cube Q débité pendant le temps $T = t_n - t_{n-1}$,

$$Q = \frac{q_1 + q_2}{2}\left(t_2 - t_1\right) + \frac{q_2 + q_3}{2}\left(t_3 - t_2\right) + \cdots + \frac{q_{n-1} + q_n}{2}\left(t_n - t_{n-1}\right),$$

ou

$$Q = \frac{A_1\sqrt{h_1^3} + A_2\sqrt{h_2^3}}{2}\left(t_2 - t_1\right) + \frac{A_2\sqrt{h_2^3} + A_3\sqrt{h_3^3}}{2}\left(t_3 - t_2\right) + \cdots$$
$$+ \frac{A_{n-1}\sqrt{h_{n-1}^3} + A_n\sqrt{h_n^3}}{2}\left(t_n - t_{n-1}\right).$$

Cette équation ne diffère de l'équation analogue donnée plus haut qu'en ce que le coefficient A, qui était constant dans cette équation pour tous les termes, varie ici avec chaque terme.

On voit donc que le procédé de jaugeage que nous venons d'indiquer s'appliquerait à toutes les formes de cours d'eau, si l'on pouvait avoir un nombre suffisant de valeurs du coefficient A, mais les jaugeages en déversoir ne sont possibles que pour d'assez faibles hauteurs de lames et ne pourraient jamais se faire pour les grandes crues.

Il s'ensuit que l'on n'aura jamais la loi complète du coefficient A, et que dès lors le procédé de jaugeage que nous venons d'expliquer ne s'appliquera avec exactitude aux parties de cours d'eau à pente et à section variables qu'entre les limites des jaugeages en déversoir qu'on aura pu faire, tandis que, dans les parties où la pente et la section sont sensiblement constantes, il peut s'appliquer, sans crainte d'erreur notable, à toutes les hauteurs d'eau observées à l'échelle en rivière, une fois qu'on aura déterminé la valeur du coefficient A, qui reste sensiblement constante dans ce cas.

Le procédé que nous venons d'indiquer peut être utilement appliqué sur les cours d'eau ordinaires, sur lesquels la construction d'un déversoir provisoire est chose peu coûteuse; il ne peut plus s'appliquer lorsqu'il s'agit de grandes rivières, à moins qu'il n'existe sur les rivières des barrages établis pour la navigation et qui puissent servir de déversoirs d'expérience.

NOTE B.

SUR LA LOI DES CHUTES DANS LE PERTUIS DE LA DIGUE DE PINAY.

M. Boileau, dans son excellent ouvrage sur la mesure des eaux courantes, a trouvé, par l'expérience, que, dans les pertuis d'écluses, la chute qui s'établissait de l'amont à l'aval suivait, par rapport à la hauteur d'amont, une loi parabolique.

Soient : H la hauteur d'eau observée à l'échelle d'amont du pertuis, h la hauteur d'eau à l'échelle d'aval, le fond du pertuis étant supposé horizontal et les deux zéros des échelles établis par conséquent au même niveau. La chute $z = \mathrm{H} - h$ serait donnée par une relation de la forme

$$z = \mathrm{AH} + \mathrm{BH}^2.$$

L'expérience nous a conduit à cette même forme d'équation pour le pertuis de la digue de Pinay. Nous allons exposer d'abord les résultats des expériences; nous verrons ensuite que leur ensemble conduit à une relation de la forme parabolique entre z et H.

Avant 1856, il n'existait pas d'échelle à la digue de Pinay, et l'on n'y faisait aucune observation hydrométrique; après la crue de 1856, nous y fîmes établir deux échelles, l'une en amont, l'autre en aval du pertuis, et à chaque crue on observait les hauteurs aux deux échelles, ce qui permettait d'en déduire la loi des chutes. Deux crues importantes ont pu être ainsi observées avec détail, celle de 1857 et celle de 1866. Nous ferons remarquer d'ailleurs que l'échelle d'aval avait été inexactement posée, et il résulte d'un nivellement très-exact que nous avons fait faire des deux échelles après la crue de 1866, qu'il fallait faire aux cotes lues à l'échelle d'aval une correction en y ajoutant, pour les rendre comparables aux cotes d'amont correspondantes, les nombres indiqués au tableau suivant, qui résume les observations des crues de 1866 et de 1857. Elles ne peuvent d'ailleurs être exactes qu'à $0^{m},05$ ou $0^{m},06$ près, les échelles n'étant graduées que de 10 en 10 centimètres; il eût été impossible autrement d'y lire, à la distance où il faut que l'observateur se tienne; les subdivisions de $0^{m},10$ sont pleines et alternent, ce qui permet de les lire facilement.

ANNÉES où ont eu lieu les crues observées.	HAUTEURS D'EAU à l'échelle d'amont H.	HAUTEURS D'EAU à l'échelle d'aval.	CORRECTIONS à faire à l'échelle d'aval. A ajouter.	COTES à adopter pour l'échelle d'aval. h.	DIFFÉRENCES ou CHUTES $z = H - h$.
1866..........	0,50	0,35	0,04	0,39	0,11
1866..........	2,00	1,62	0,07	1,69	0,31
1866..........	3,00	2,25	0,15	2,40	0,60
1857..........	3,00	2,25	0,15	2,40	0,60
1866..........	4,20	3,30	0,16	3,46	0,74
1857..........	4,20	3,20	0,16	3,36	0,84
1866..........	6,05	4,55	0,17	4,72	1,33
1857..........	6,05	4,60	0,17	4,77	1,28
1866..........	7,00	5,20	0,18	5,38	1,62
1857..........	7,00	5,35	0,18	5,53	1,47
1866..........	9,00	6,60	0,19	6,79	2,21
1857..........	9,00	6,50	0,19	6,69	2,31
1866..........	10,00	7,20	0,22	7,42	2,58
1857..........	10,00	7,15	0,22	7,37	2,63
1866..........	11,00	7,70	0,23	7,93	3,07
1857 (Maximum).	11,50	8,15	0,24	8,39	3,11
1866..........	11,60	8,10	0,24	8,34	3,26
1866..........	13,80	9,50	0,26	9,76	4,04
1866..........	14,35	9,90	0,27	10,17	4,18
1866..........	15,00	10,50	0,28	10,78	4,22
1866..........	16,97	11,53	0,28	11,81	5,15
1866..........	18,55	13,10	0,28	13,38	5,17

Si l'on rapporte ces résultats sur le papier, en prenant les hauteurs H pour abscisses et les chutes z pour ordonnées, on voit immédiatement (fig. 16, pl. VII) la loi parabolique apparaître, et en adoptant la courbe continue tracée en traits pleins on passe très-près des points déterminés par l'observation. On remarque d'ailleurs un changement brusque dans la loi des chutes entre les abscisses 16,97 et 18,55. Cela tient à ce que, entre ces points, le couronnement de la digue est surmonté (cela arrive pour H = 16,97). Il y a alors (fig. 15, pl. VII) une augmentation brusque de section, l'eau passant en déversoir par-dessus les culées du pertuis, ce qui doit nécessairement abaisser les chutes. La loi qu'elles suivraient à partir de H = 16,97 serait encore parabolique, mais on aurait une parabole différente de celle qu'on a jusqu'à H = 16,97 sur la figure 16 (pl. VII); ce n'est que de cette dernière qu'il y a lieu de s'occuper, l'écoulement devenant anomal dès que la digue est surmontée. Adoptons la relation

$$z = AH + BH^2,$$

dans laquelle H désignera la hauteur d'eau au-dessus du zéro de l'échelle d'amont qui est dans le profil en travers (fig. 15, pl. VII), à la cote 313,59; on en déduit

$$\frac{z}{H} = A + BH$$

ou

$$y = A + BH,$$

en posant

$$\frac{z}{H} = y,$$

et si l'on calcule les rapports $\frac{z}{H}$ ou les y, et qu'on les place à l'échelle sur la figure, on doit obtenir une ligne droite.

Il y a un point pour lequel les observations de 1857 et 1866 concordent entièrement, c'est celui dont l'abscisse est 3 mètres et l'ordonnée 60 centimètres. Prenons pour second point celui dont l'abscisse est $16^m,97$ et l'ordonnée $5^m,15$. Ce point correspond au moment où, la digue étant surmontée, la courbe doit brusquement changer de forme. On pourrait, au moyen de ces deux points, déterminer A et B dans l'équation de la parabole, mais il est plus simple de les déterminer par l'équation

$$y = A + BH,$$

que l'on obtient en posant $\frac{z}{H} = y$, dans laquelle on fera successivement $H = 3^m,00$, $z = 0^m,60$ et $H = 16^m,97$, $z = 5^m,15$. On aura ainsi, en se rappelant que $y = \frac{z}{H}$, les deux équations suivantes :

$$0^m,20 = A + B \times 3,$$
$$0^m,3036 = A + B \times 16^m,97,$$

d'où l'on tirera

$$A = 0^m,1777,$$
$$B = 0^m,00742,$$

d'où

$$y = 0^m,1777 + 0^m,00742\,H.$$

On calcule ensuite z en multipliant par H la valeur correspondante de y; ainsi, pour $H = 10^m,00$ on trouve

$$y = 0^m,2539,$$

d'où

$$z = yH = 2^m,539.$$

On obtient ainsi la parabole indiquée sur la figure 16 (pl. VII), qui se rapproche suffisamment des cotes données par les expériences pour qu'on puisse l'admettre ici; l'équation de la parabole qui représente approximativement la loi des chutes dans le pertuis de la digue de Pinay est donc

$$z = 0^m,1777\,H + 0^m,00742\,H^2.$$

Nous ferons remarquer d'abord que, si, au lieu de prendre pour H les hauteurs au-dessus du zéro de l'échelle, on avait pris les hauteurs au-dessus du fond, qui est variable et dont le point le plus bas est à 6^{m},59 en contre-bas de l'échelle (fig. 15, pl. VII), on serait toujours arrivé à l'équation d'une parabole; les paramètres seuls seraient différents, et la formule que nous venons d'établir est la formule empirique la plus commode pour représenter la loi des chutes de la digue de Pinay.

En se reportant à la figure 16 (pl. VII), on voit que, à partir de la hauteur H = 16^{m},97, la courbe change subitement de forme par suite de l'élargissement brusque de la section d'écoulement, qui se produit lorsque la digue est surmontée; nous n'avons que deux points d'observation de cette courbe, ceux qui correspondent aux hauteurs (fig. 16, pl. VII) 16^{m},97 et 18^{m},55. Si l'on joint ces deux points par une ligne droite, on en déduira, avec une approximation suffisante, en prolongeant cette droite, la chute correspondant à la hauteur 19^{m},58 de la crue de 1846, qui serait ainsi 5^{m},18.

Le profil de M. Boulangé (fig. 3, pl. VI) ne donnait pour cette crue qu'une chute de 2^{m},92; il y a évidemment erreur dans ses cotes. Cela tient à ce que, à l'époque où il fit relever les chutes de la crue de 1846, il n'a pu le faire que d'une manière très-incertaine, attendu qu'il n'y avait alors ni observateur ni échelles à la digue de Pinay. Il n'a donc pu se guider que sur quelques points fixes, comme des habitations, où la crue avait pu être à peu près constatée, et qui étaient assez éloignées de la digue.

Toutes les crues qui se sont produites depuis 1856 ont pu, au moyen des échelles que nous avons fait établir, être exactement observées; il en est de même pour la digue de la Roche, où la cote d'amont pouvait seule être déterminée exactement après la crue de 1846 par sa trace sur les murs du château de la Roche. La cote d'aval était nécessairement très-incertaine. La chute de la crue de 1866 (fig. 2, pl. VI) est de 9^{m},56. La chute de la crue de 1846 a dû être plus grande encore, et M. Boulangé (fig. 3, pl. VI) ne donne que 6 mètres pour cette chute, qui a dû être de 10 mètres au moins. Il y a donc des erreurs considérables dans son profil, en ce qui concerne les deux chutes de Pinay et de la Roche.

La loi des chutes, établie dans ce qui précède, s'applique d'ailleurs au pertuis de Pinay tel qu'il était avant la reconstruction du digueron de la rive gauche exécutée en 1869; elle changera nécessairement pour les crues à venir, et les nouvelles observations seront d'autant plus faciles à faire que la section du pertuis est aujourd'hui entièrement régularisée par cette reconstruction.

NOTE C.

CALCUL DES RETENUES.

ARTICLE I.

RETENUE TOTALE DE PINAY D'APRÈS LES COURBES DES DÉBITS.

$$3600 \left\{ 10\left(\frac{388,77-220}{2}\right)+6\left(\frac{388,77-220+2046,42-460}{2}\right) + 4\left(\frac{2046,42-460+3132,33-800}{2}\right)+5\left(\frac{3132,33-800+3390,70-1500}{2}\right) + 3\left(\frac{3390,70-1500+3039,06-2160}{2}\right)+3\left(\frac{3039,06-2160}{2}\right)\right\}$$

$= 107919828$ mètres cubes.

Soit, en nombre rond, 108000000 mètres cubes.

NOTA. Chaque produit partiel exprime la surface d'un trapèze dont les bases sont les différences des ordonnées successives des courbes des débits entrants et sortants (fig. 7, pl. VIII), et les hauteurs le nombre des heures qui séparent ces ordonnées. On peut donc suivre tout le détail des calculs sur la figure 7. La somme de ces produits doit d'ailleurs être multipliée par 3600, nombre des secondes comprises dans une heure (les deux produits extrêmes représentant les surfaces de deux triangles).

ARTICLE 2.

CALCUL DU VOLUME TOTAL EMMAGASINÉ PAR LA CRUE DE 1866 DANS LE RÉSERVOIR DE PINAY.

VOLUME TOTAL.				VOLUME occupé par l'étiage au commencement de la crue à 1 mètre de hauteur moyenne.		SURFACES INONDÉES.	
NUMÉROS des profils donnés par la pl. B.	LONGUEURS auxquelles s'appliquent les profils.	SURFACES.	CUBES.	SURFACES.	CUBES.	LARGEURS.	SURFACES.
	m	mq	mc	mq	mc	m	h
0	3000	1200	3600000	100	300000	541	162,50
1	3100	4022	12468200	110	341000	1250	387,50
2	3250	7400	24050000	150	487500	2050	666,25
3	4015	10700	42960500	140	562100	2400	963,60
4	3565	6400	22816000	120	427800	900	320,85
5	2500	2350	5875000	80	200000	241	60,25
6	1735	1950	3383250	70	121450	156	27,06
7	235	1676	393860	30	7050	130	3,05
			mc		mc		h
TOTAL......			115546810		2446900		2591,06
A déduire..........			2446900				
RESTE.......			113099910	Soit 113000000 mètres cubes.			

Le calcul par les courbes des débits donne 108000000; on ne peut pas espérer arriver plus exactement.

ARTICLE 3.

CALCUL DU CUBE COMPRIS ENTRE LES CRUES DE 1846 et 1866.

NUMÉROS des PROFILS.	LONGUEURS.	SURFACES.	CUBES.
RETENUE PROPREMENT DITE DE PINAY POUR LA CRUE DE 1866.			
	m	mq	mc
0	"	"	"
1	"	"	"
2	2650	55	145750
3	4015	2100	8431500
4	3565	2466	8791290
5	2500	828	2070000
6	1735	729	1264815
7	235	517	121495
	Total		mc 20824850

Soit 21000000 mètres cubes.

ARTICLE 4.

CALCUL DE LA RETENUE MINIMA PROPRE À LA DIGUE, LE VOLUME DE L'ARTICLE 2 S'APPLIQUANT AU RÉTRÉCISSEMENT NATUREL À LA DIGUE.

NUMÉROS des PROFILS.	LONGUEURS.	SURFACES.	CUBES.
TRANCHE ENTRE LES DEUX CRUES.			
	m	mq	mc
0	"	"	"
1	"	"	"
2	2650	810	2146500
3	4015	2049	8226735
4	3565	1045	3725425
5	2500	242	605000
6	1735	273	473655
7	235	130	30550
	Total		mq 15207865

Soit 15000000 mètres cubes.

ARTICLE 5.

RETENUE DE LA DIGUE DE SAINT-MAURICE.

NUMÉROS des PROFILS.	LONGUEURS.	SURFACES.	CUBES.
	m	m q	m c
10	4810	563	2708030
11	4393	1200	5271600
12	2143	1790	3835970
			m c
	TOTAL.		11815600
	Soit 12000000 mètres cubes.		

NOTE D.

DOCUMENTS HISTORIQUES.

N° 1.

Extrait d'un mémoire présenté au roi, vers 1711, par la ville d'Orléans, sur les inondations de la Loire.

(Voir *Les inondations en France*, par Maurice Champion, IIIe volume, page VII des documents, ou la copie ci-dessous dudit extrait.)

La plaine du Forez a douze lieues de longueur, et deux, trois, quatre et cinq de largeur.

Elle est le dépôt de toutes les eaux de la Loire qui viennent, depuis sa source, entre les montagnes, jusqu'à Saint-Rambert.

Celles des montagnes du Forez dont elle est entourée y tombent pareillement, et neuf rivières, entre lesquelles est Lignon, y affluent; ces neuf rivières tirent leurs eaux des plus éloignées montagnes.

Dans les grandes crues, cette plaine devient pour ainsi dire une mer.

La nature avait pourvu à la conservation des pays situés depuis Roanne jusqu'à Nantes.

Cette prodigieuse quantité d'eaux ramassées dans la plaine du Forez y était ci-devant retenue comme dans un étang, et n'en coulait que peu à peu et successivement entre les montagnes dans lesquelles passe la rivière de Loire, à l'extrémité de ladite plaine.

Elle était resserrée entre ces montagnes, qui ont cinq à six lieues de longueur; elle ne coulait que difficilement entre les rochers, qui servaient de digues, et était retardée par plusieurs écluses ou retenues, qui servaient à conduire l'eau aux moulins situés sur ce canal.

En faisant une nouvelle navigation, on a ôté tous ces obstacles; on a fait des ouvertures considérables dans les rochers pour rendre le passage des bateaux libre et facile; on a rompu les digues des moulins et nettoyé le lit de la rivière de tous les rochers et bois qui auraient pu empêcher la navigation.

Il passe présentement plus d'eau en vingt-quatre heures qu'il n'en passait en trois jours : en moins de temps, avec plus de rapidité.

Il est à remarquer que les ouvrages faits pour la nouvelle navigation ont été finis en 1706; les fréquents débordements de la Loire ont commencé en 1707 et continué quatre fois consécutives jusqu'au mois de novembre dernier.

Homme vivant n'avait jamais vu pareils débordements avant l'année 1707.

Dans la plaine du Forez et dans les montagnes, on a remarqué plusieurs fois des crues aussi considérables que celles survenues depuis l'année 1707, sans qu'au-dessous de Roanne jusqu'à Nantes elles aient fait les ravages qui se voient depuis trois ans.

Depuis l'année 1707, la Loire dans ses débordements tombe dans l'Allier, dans le temps même que cette rivière est le plus enflée. Avant l'année 1707, la crue de la Loire succédait à celle de l'Allier et ne tombait au bec d'Allier que trois ou quatre jours après que les grandes crues de cette rivière s'étaient écoulées.

De tout ce que dessus il paraît évident que les ouvertures qu'on a faites dans les montagnes du Forez pour l'établissement d'une nouvelle navigation sont la cause des fréquents débordements de la Loire depuis l'année 1707.

On peut réparer ce mal en faisant des digues qui ont été proposées, sans interrompre ni détruire la nouvelle navigation qui a été faite.

N° 2.

Arrêt du Conseil qui commet le sieur Méliand, intendant de la généralité de Lyon, pour faire l'adjudication au rabais des ouvrages à faire pour la construction de trois digues dans les gorges des montagnes du Forez.

(Archives du royaume, E 829, r. 14)

Le roi ayant été informé que les fréquents débordements qui sont survenus à la rivière de Loire depuis 1706 provenaient moins de l'abondance des eaux et de la fonte des neiges qui tombent dans cette rivière des montagnes d'Auvergne et du Forez, que de la rupture de plusieurs roches qui ont été détruites par les particuliers qui sont chargés de rendre la partie de cette rivière navigable depuis Saint-Rambert jusqu'à Roanne[1], Sa Majesté aurait donné ordre au sieur Robert de Chastre, intendant des levées, de se transporter sur les lieux avec les sieurs Poictevin et Mathieu, ingénieurs, et de visiter les bords de ladite rivière, les rochers qui en ont été détruits, et examiner si les travaux qui y ont été faits sont les véritables causes des débordements fréquents qui sont survenus depuis plusieurs années. Ledit sieur Robert s'est transporté sur les lieux, en exécution des ordres de Sa Majesté, et a dressé son procès-verbal, par lequel il paraît que, depuis le

[1] La compagnie de la Gardette, qui avait obtenu ce privilége par lettres patentes de 1702.

port Garet jusqu'aux piles de Pinay, il a été ôté, par les entrepreneurs de la navigation, des rochers en six endroits, qui occupaient le lit de la rivière; que, depuis lesdites piles jusqu'au saut de Pinay, il a pareillement été ôté des rochers en trois endroits, de 7 $\frac{1}{2}$ toises de longueur et de 20 à 25 pieds de hauteur, et qu'il en a été coupé d'autres, tant au-dessus de ce saut qu'entre le moulin et le château de la Roche, où la rivière était ci-devant retenue plus qu'en aucun autre endroit, et ne s'en échappait que par un intervalle très-étroit entre deux rochers, et que le reste de son lit était occupé par d'autres rochers de 30 pieds de haut, que les entrepreneurs de la navigation de la rivière ont aussi fait sauter, de même que ceux qui étaient au-dessous du moulin de Saint-Priest et au bout du village de Saint-Maurice, et en plusieurs autres endroits.

Vu ledit procès-verbal du 23 janvier 1711, l'avis dudit sieur Robert, par lequel il paraît évident que les quatre inondations survenues depuis 1707 ont été causées par les ruptures de rochers qui ont été faites et enlevées en l'année 1706, pour faciliter la nouvelle navigation établie depuis Saint-Rambert jusqu'à Roanne, et qu'il estime que, pour éviter, à l'avenir, de pareils débordements, il est indispensablement nécessaire de faire trois digues dans l'intervalle du lit de la rivière où les bateaux ne passent point : la première aux piles de Pinay, la seconde à l'endroit du château de la Roche et la troisième aux piles et culées d'un ancien pont qui était construit sur la Loire au bout du village de Saint-Maurice, et qu'avec le secours de ces digues, les passages étant resserrés, lorsqu'il arrive de grandes crues, les eaux qui s'écoulaient en deux jours auraient peine à passer en quatre ou cinq; le volume des eaux, étant diminué de plus de la moitié, ne causera plus de ravages pareils à ceux qui sont survenus depuis trois ans;

Ouï le rapport du sieur Desmaretz, conseiller ordinaire au conseil royal, contrôleur général des finances;

Sa Majesté, en son conseil, a ordonné et ordonne que par le

sieur Méliand, commissaire départi dans la généralité de Lyon, qu'elle a à cet effet commis, il serait incessamment procédé, avec les formalités ordinaires et accoutumées, à l'adjudication des ouvrages à faire pour la construction de trois digues dans les gorges des montagnes du Forez, tant aux piles de Pinay, au château de la Roche, qu'aux piles et culées qui restent d'un ancien pont qui était construit sur la Loire, au bout du village de Saint-Maurice; pour, le procès-verbal de ladite adjudication vu et rapporté au conseil, être par Sa Majesté pourvu au payement du prix desdits ouvrages.

A Marly, le 23 juin 1711.

DESMARETZ, PHELYPEAUX,
DE BEAUVILLER.

N° 3.

Légende copiée sur le dessin dressé en 1711 par l'ingénieur Mathieu.

Au lieu de 60 toises de largeur que la rivière a dans ses débordements, elle sera réduite à 9 $\frac{1}{2}$ toises à la hauteur de 50 pieds, ce qui doit causer un retard considérable, en sorte que les eaux des montagnes et des rivières au-dessus qui tombent dedans seront soutenues, ce qui rendra les terres meilleures par les dépôts des limons qui engraisseront les héritages de la plaine, au lieu que sa rapidité trop précipitée depuis l'enlèvement des rochers entraîne leurs terres et fait une plus prompte jonction avec la rivière d'Allier, qui y afflue au-dessous de Nevers, ce qui donne lieu d'espérer qu'à l'avenir les débordements ne seront pas si grands dans les pays bas, supposé que les rivières depuis Roanne en descendant ne débordent pas ensemble avec ladite rivière d'Allier.

A[1]. Digue de 50 toises de longueur, depuis la pile à joindre la montagne, dont il y en a 20 toises de fondées dans la rivière

[1] Les lettres indiquées dans cette légende le sont aussi sur la figure 4, pl. VI, où l'on peut suivre ainsi tous les détails de la légende.

sur des rochers de 4 ½ pieds de profondeur, réduite à 2 pieds, le restant sur le rocher du côté de la pile et dans le roc du côté de la montagne; de 5 ½ toises d'épaisseur par base, réduite à 3 toises par le haut, revêtue de pierre de taille et couverte dessus aussi avec pierre.

B. Partie de muraille à élever au-dessus de l'ancienne, qui marque être un ouvrage des Romains par sa belle construction, où il paraît n'y avoir rien été épargné.

C. Projet d'arche marqué en jaune, très-nécessaire pour la commodité des provinces de Lyonnais et Forest, desservant aussi pour l'Auvergne et les autres provinces pour aller en Espagne, et le chemin ordinaire des courriers.

Quoiqu'il paraisse que les piles que l'on voit construites aient été à dessein d'y faire un passage avec un plancher de bois, que la rivière doit avoir emporté, puisqu'elle a passé à la hauteur des piles, qui sont de 40 pieds, il y a tout lieu d'espérer que l'arche pourra subsister, étant de 50 pieds sous clef, en donnant une décharge aux grandes eaux dans la partie de la digue depuis D jusqu'à E, qui sera de 4 pieds plus basse que ladite arche C.

Commencé à fonder le 16 juillet, en conséquence de l'arrêt du conseil du 23 juin précédent 1711, en présence et par les soins du soussigné, ingénieur et architecte ordinaire du roi.

Signé : MATHIEU.

N° 4.

Légende relative à la digue de la Roche.

Vue élevée de la digue à l'endroit du château de la Roche sur la rivière de Loire, d'environ une lieue au-dessous de celle de Pinay, de la manière qu'elle doit être construite pour rétrécir son lit lors des grandes eaux, à la hauteur de 50 pieds, ce qui diminuera des quatre cinquièmes de sa largeur, pour soutenir le refoulement des grandes eaux, à l'effet d'augmenter le retard que fera la première digue, laquelle digue sera renfermée entre le rocher du château et celui proche d'un colombier où commence la montagne; d'environ 36 toises de longueur, comme elle se voit par la démonstration ci à côté, marquée de rouge.

Plan de la digue à l'endroit du château de la Roche à joindre la montagne pour fermer le cours de la décharge de la rivière, au derrière dudit château, lors des grandes eaux.

A[1]. Château de la Roche, bâti au bord de la rivière où se fait la navigation, élevé sur un rocher de 67 pieds au-dessus des basses eaux d'été.

B. Endroit où il ne se trouve point de fond.

C. Montagne de Forest, du côté de l'Auvergne, d'une prodigieuse hauteur, toute de rocher et à pied droit.

D. Rochers qui ont été rasés pour le passage des bateaux, que la chute de la rivière poussait dessus.

E. Digue à pierre sèche de 4 à 5 pieds de haut pour conduire les bateaux.

F. Fond marécageux pour les crues de la rivière et la chute de la montagne. (Cette lettre n'est point marquée sur le plan original.)

Depuis le château en descendant sont des rochers vifs de 18 à 20 pieds de haut, que la rivière inonde en passant autour de la masse du château, et qui est montée jusque dans la cour. La digue fermera un passage d'environ 36 à 40 toises de long; il ne restera qu'un passage de 12 à 13 toises jusqu'à la hauteur de plus de 60 pieds.

Fait ce 25 août 1711.

Signé : MATHIEU.

NOTE E.

SUR L'INGÉNIEUR MATHIEU.

On trouve dans l'ouvrage de M. l'ingénieur en chef Vignon, intitulé : *Études historiques sur l'administration des voies publiques en*

[1] Nous n'avons pas donné parmi nos figures le dessin de l'ingénieur Mathieu

France, des documents qui établissent d'une manière certaine que l'ingénieur Poictevin n'avait été qu'adjoint à la commission, composée du marquis de la Chastre et des deux ingénieurs Poictevin et Mathieu, et que c'était ce dernier qui était chargé du service de la Loire, dans lequel se trouvaient les gorges de Pinay. Colbert écrivait à l'ingénieur Poictevin, le 9 mars 1679, pour le charger de prendre soin des ouvrages publics des généralités d'Orléans, Tours, Moulins et Riom [1], et ce n'est qu'en 1682 qu'on voit paraître l'ingénieur Mathieu. Un arrêt du conseil du 20 octobre 1682 [2] charge en effet le sieur Mathieu, ingénieur et architecte ordinaire du roi, du service de la Loire entre la Charité et Roanne, et, dès le 30 novembre 1682, Colbert entre en correspondance directe avec lui [3]. Dans cette lettre, Colbert lui dit qu'il écrit à M. de Bézons afin qu'il lui donne le pouvoir de faire seul les marchés nécessaires pour rendre la navigation de la Loire plus facile. Voici un passage de cette intéressante lettre :

« Et la raison pour laquelle je vous dis ceci est que l'on s'est « souvent plaint que les fonds de ces ouvrages étaient fort mal « administrés; et vous devez surtout bien prendre garde de faire « ces marchés avec toute l'économie possible; en quoi je me « confie en votre fidélité. Et pourvu que, par votre application, « vous puissiez rendre la navigation plus facile, vous ne devez pas « douter que je ne vous emploie toujours et que je ne vous pro- « cure quelque grâce, à proportion de l'avantage que le public « recevra de votre application. »

L'ensemble de la lettre prouve d'ailleurs que l'ingénieur Mathieu était chargé non-seulement de toute la Loire supérieure, mais aussi de l'Allier, son principal affluent.

pour la digue de la Roche, qui est suffisamment indiquée par le profil n° 8 (fig. 8, pl. VII) : c'est un simple mur qui barre un déversoir naturel des grandes crues.

(1) Tome I de l'ouvrage de M. Vignon, p. 166 des pièces justificatives.

(2) Tome II de M. Vignon, p. 270 des pièces justificatives.

(3) Vignon, t. I, p. 180 des pièces justificatives.

Il suit de là que, dès 1682, l'ingénieur Mathieu était un véritable chef de service, et que dès lors l'ingénieur Poictevin n'a pu en 1711 lui être adjoint que comme membre de la commission chargée d'examiner la question spéciale soulevée par la réclamation de la ville d'Orléans[1]. Les pièces de la note D montrent d'ailleurs que c'est l'ingénieur Mathieu qui a dressé le projet de la digue de Pinay, et nous trouvons encore dans l'ouvrage de M. Vignon la preuve qu'il en a dirigé la construction. On voit, en effet[2], par un arrêt du conseil du 21 novembre 1713, que l'ingénieur Mathieu avait, à cette époque, *l'inspection des ponts et chaussées* des généralités de Bourges et de Moulins. Cet arrêt subdivise en deux le service, devenu trop considérable pour un seul, et laisse à l'ingénieur Mathieu la généralité de Moulins, dans laquelle se trouvait la digue de Pinay. Si l'on rapproche cette date du 21 novembre 1713 de celle du 16 juillet 1711, où la digue de Pinay a été commencée[3], et que l'on considère d'ailleurs qu'à cette époque on ne construisait pas aussi rapidement qu'aujourd'hui, on sera parfaitement convaincu que cette division du service de l'arrêt du 21 novembre 1713 a été faite pour laisser à l'ingénieur Mathieu le temps de s'occuper plus spécialement de la construction de la digue de Pinay. Malheureusement, Colbert ne vivait plus alors[4], car nous aurions, sans cela, toute la correspondance qu'il n'aurait pas manqué d'entretenir avec l'ingénieur Mathieu pendant cette construction. Nous aurions certainement de très-intéressants détails, et nous connaîtrions l'époque à laquelle ce travail a été achevé. Un autre arrêt du 21 novembre 1713, à la même date par conséquent que celui que nous avons indiqué tout à l'heure, déchargeait le sieur Poictevin de l'inspection des généralités de Poitiers et Tours, pour lui laisser seulement celle des turcies et levées entre Orléans et le pont de Sorgues. On voit

[1] Note D, pièce n° 1.
[2] Vignon, t. II, p. 24 des pièces justificatives.
[3] Note D, pièce n° 3.
[4] Il est mort en 1683.

encore clairement par là que l'ingénieur Poictevin n'avait jamais été chargé de la partie de la Loire qui se trouvait dans la généralité de Moulins, et il est établi clair comme le jour, d'après ces documents, que c'est à l'ingénieur Mathieu que revient l'honneur d'avoir projeté et exécuté la digue de Pinay. On le laissa d'ailleurs à ce poste jusqu'à sa mort, par égard pour ses services; c'est ce qui résulte encore très-clairement des documents que nous trouvons dans l'ouvrage de M. Vignon. Un arrêt du conseil du 12 janvier 1720 [1] avait nommé M. de Regemorte père en remplacement de l'ingénieur Poictevin, décédé, dont le service était alors celui des turcies et levées entre Orléans et l'embouchure de la Loire. Un second arrêt du 17 mars 1733 réunit à ce service celui de l'ingénieur Mathieu, décédé. Voici le passage de l'arrêt qui le concerne :

« Sa Majesté, en son conseil, a réuni et réunit la place d'ingé- « nieur des turcies et levées qu'exerçait le feu sieur Mathieu à celle « qu'exerce le sieur de Regemorte, » etc.

L'ingénieur Mathieu était donc jusqu'à sa mort, qui eut lieu en 1733, resté chargé du service dans lequel se trouvait l'ouvrage exceptionnel qu'il avait fait construire. Aujourd'hui nous sommes loin des temps où un ingénieur consacrait sa vie à un ouvrage ou à un service déterminé, et à notre époque, où le développement des travaux publics a pris une si grande extension, la tendance est de faire le plus de choses dans le moindre temps possible et en perdant de plus en plus toute originalité individuelle. Est-ce un bien, est-ce un mal? C'est peut-être un bien pour le progrès actuel de la richesse publique, mais pour le progrès à venir de la science il est permis d'en douter, et nous sommes, nous l'avouons, de ceux chez qui ce doute est bien près de toucher à la certitude.

[1] Tome II, p. 68 des pièces justificatives.

TABLE DES MATIÈRES.

1er MÉMOIRE SUR LES RÉSERVOIRS À ALIMENTATION VARIABLE.

CHAPITRE I.

CONSIDÉRATIONS GÉNÉRALES. — DÉFINITIONS. — RECHERCHES PRÉLIMINAIRES.

CHAPITRE II.

CAS OÙ LE DÉBIT AFFLUENT EST CONSTANT.

CHAPITRE III.

CAS OÙ LE DÉBIT AFFLUENT EST VARIABLE.

CHAPITRE IV.

APPLICATION DE LA THÉORIE DES RÉSERVOIRS À ALIMENTATION VARIABLE.

CHAPITRE II.

ACTION DE LA DIGUE DE PINAY COMME RETENUE.

NOTE A.

SUR LE JAUGEAGE DES RIVIÈRES.

NOTE B.

NOTE C.

NOTE D.

NOTE E.

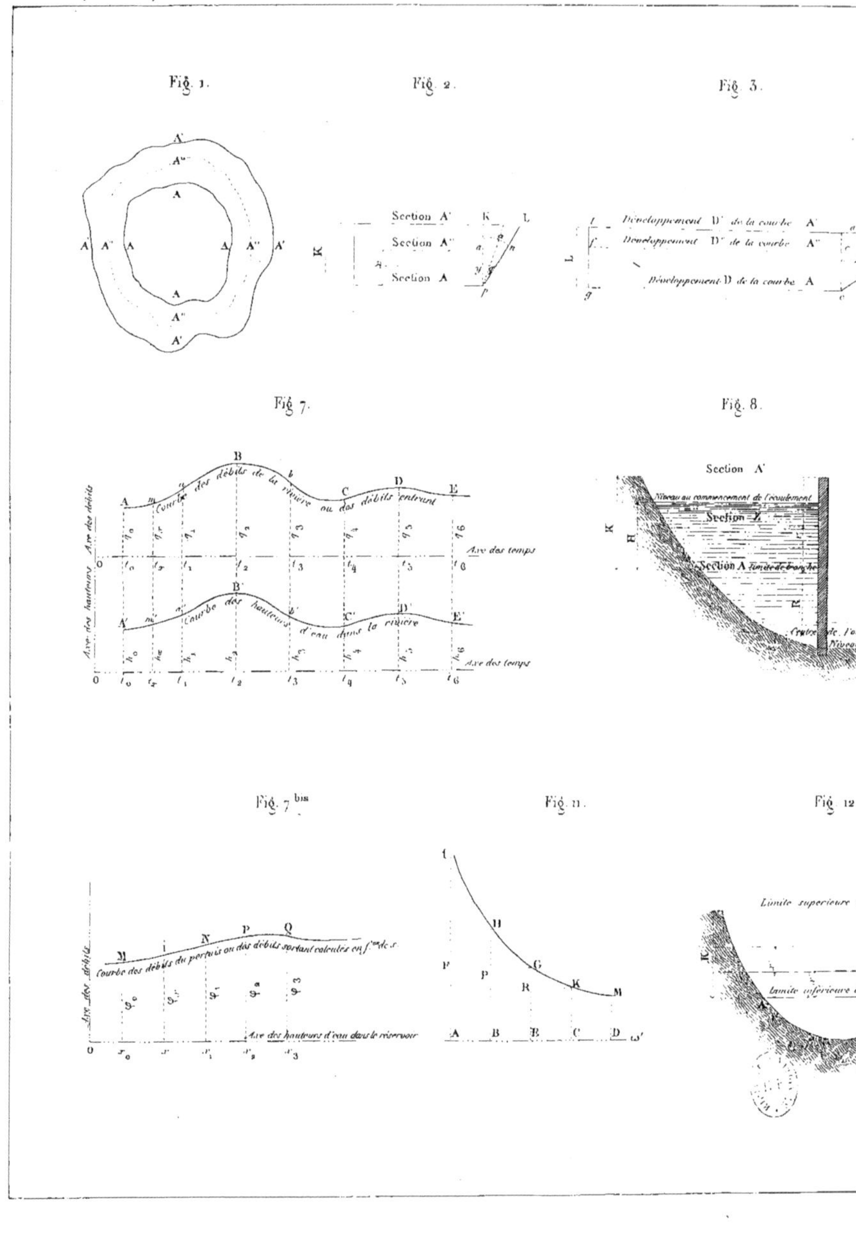
Fig. 1.
Fig. 2.
Fig. 3.
Section A'
Section A''
Section A
Développement D' de la courbe A'
Développement D'' de la courbe A''
Développement D de la courbe A
Fig. 7.
Fig. 8.
Courbe des débits de la rivière ou des débits entrant
Axe des temps
Courbe des hauteurs d'eau dans la rivière
Axe des hauteurs
Axe des débits
Section A'
Section Z
Section A
Fig. 7 bis
Fig. 11.
Fig. 12.
Courbe des débits du pertuis ou des débits sortant calculés en f^on de x
Axe des débits
Axe des hauteurs d'eau dans le réservoir
Limite supérieure
Limite inférieure

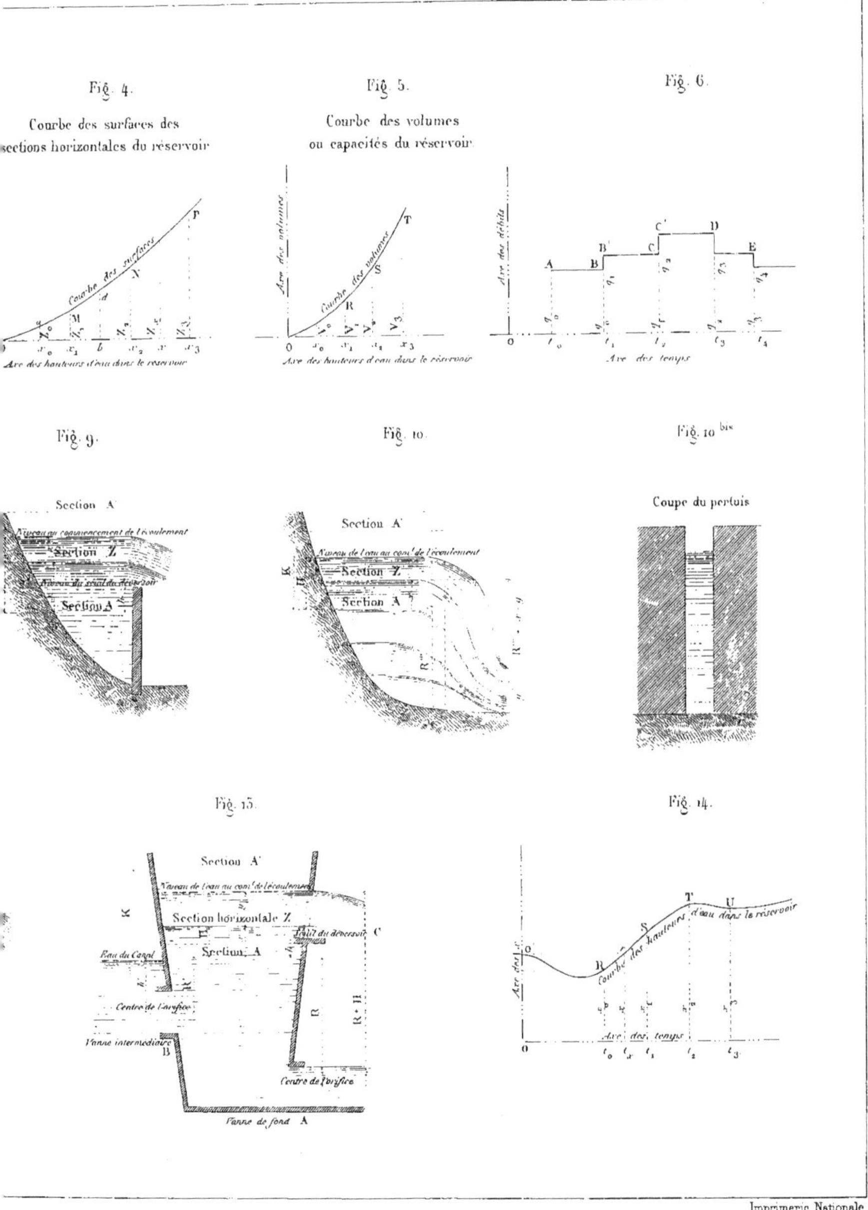
Fig. 4.
Courbe des surfaces des sections horizontales du réservoir
Courbe des surfaces
Axe des hauteurs d'eau dans le réservoir
Fig. 5.
Courbe des volumes ou capacités du réservoir
Axe des volumes
Courbe des volumes
Axe des hauteurs d'eau dans le réservoir
Fig. 6.
Axe des débits
Axe des temps
Fig. 9.
Section A'
Section Z
Section A
Fig. 10.
Section A'
Section Z
Section A
Fig. 10 bis
Coupe du pertuis
Fig. 13.
Section A'
Section horizontale Z
Section A
Eau du Canal
Centre de l'orifice
Vanne intermédiaire
Centre de l'orifice
Vanne de fond A
Fig. 14.
Courbe des hauteurs d'eau dans le réservoir
Axe des temps

Fig. 1.

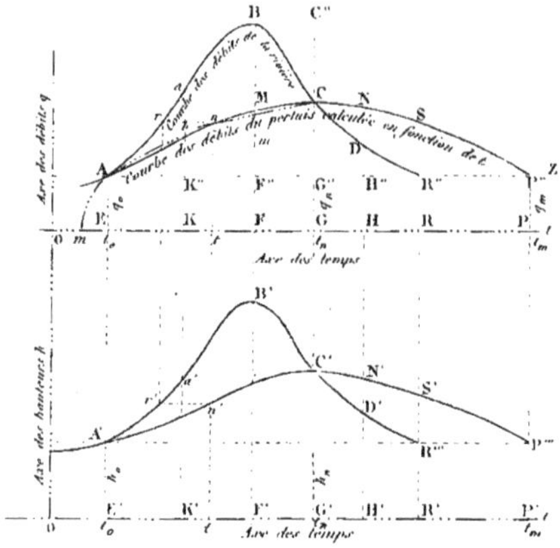

Fig. 1.bis

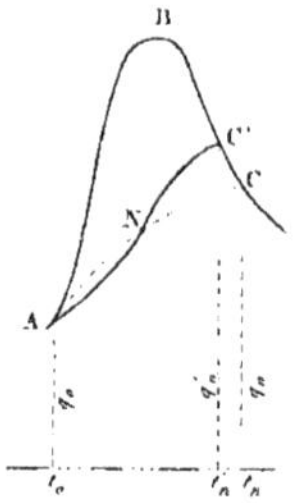

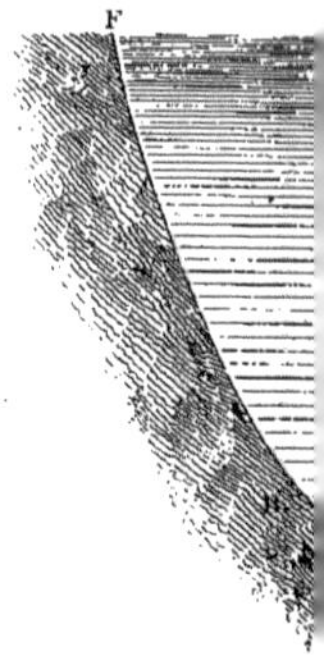

Fig. 5.

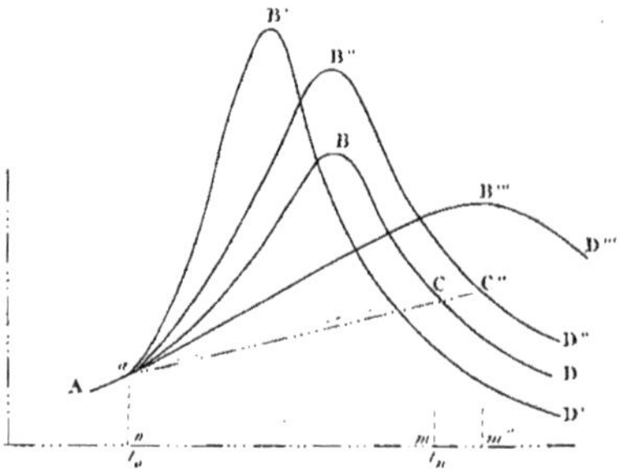

Fig. 6.

Plan général de l'étang de Gondrexange

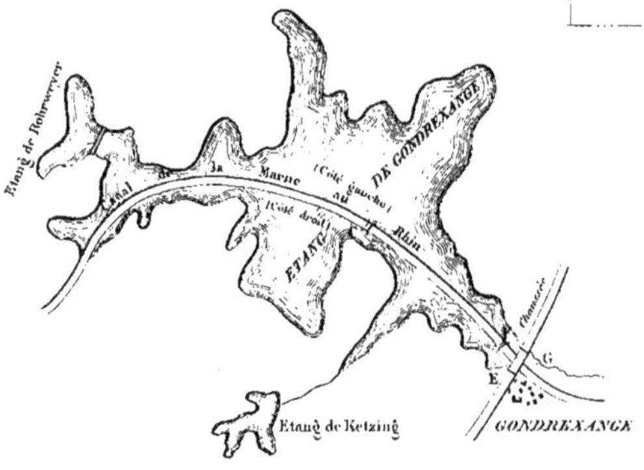

RÉSERVOIR D

Demi profil
au p

Fig. 7.

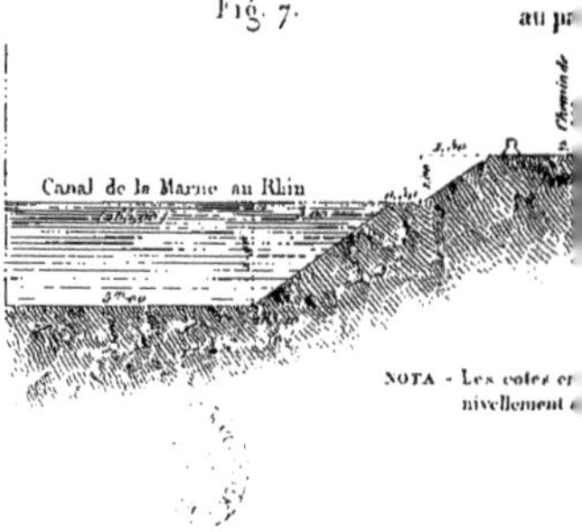

NOTA - Les cotes er
nivellement

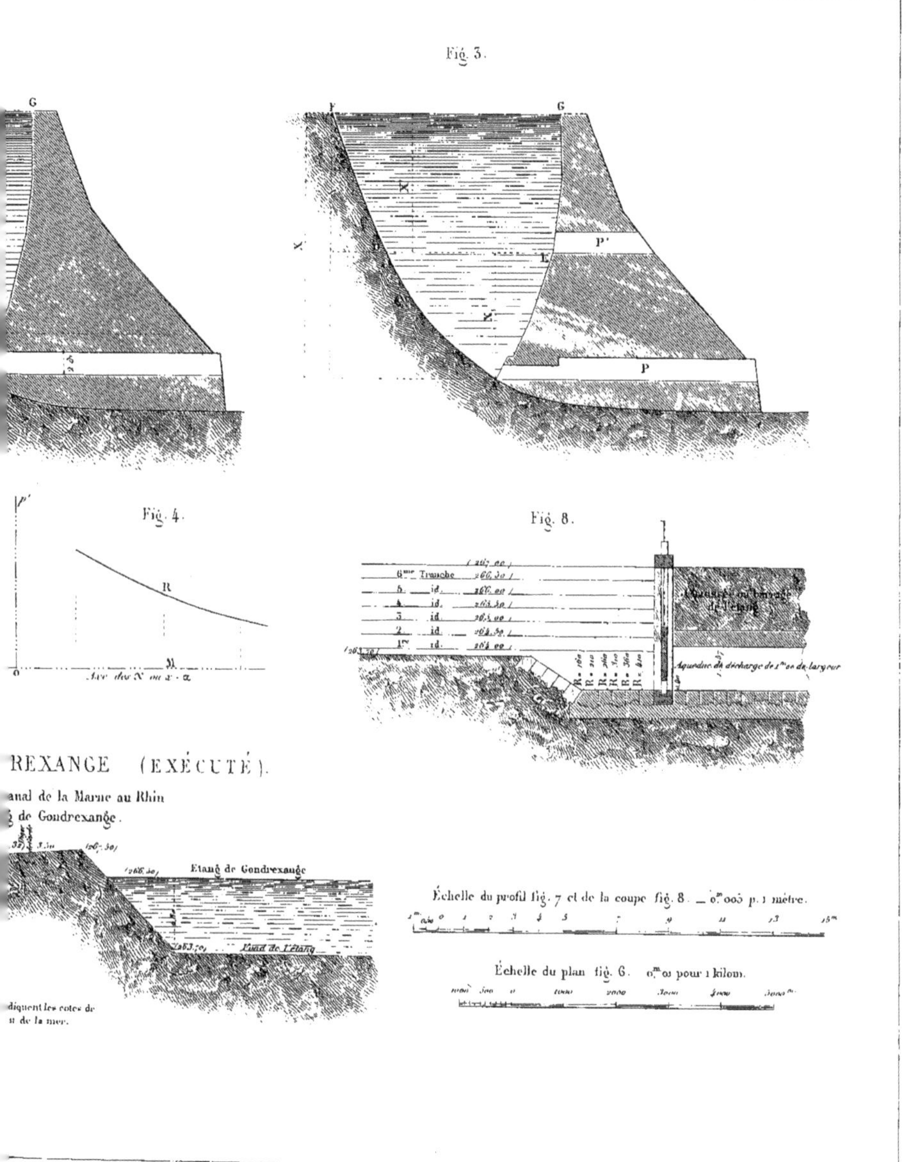

Imprimerie Nationale.

RÉSERVOIR DE TEN

Fig. 1.

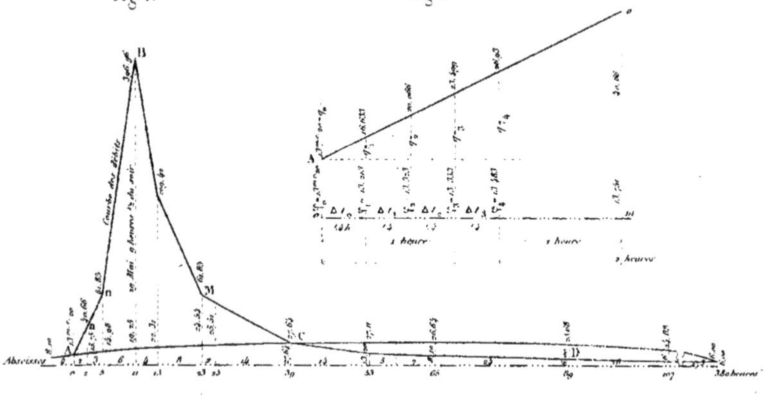

Fig. 1.bis

Courbe
ou capaci

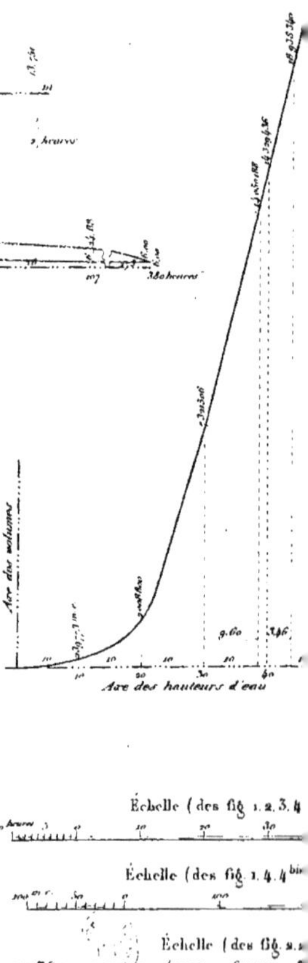

Fig. 2 bis

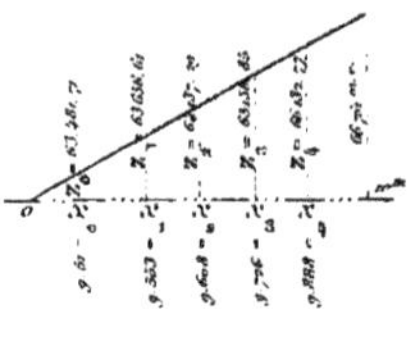

Fig. 2.

Courbe des surfaces des sections horizontales du Réservoir.

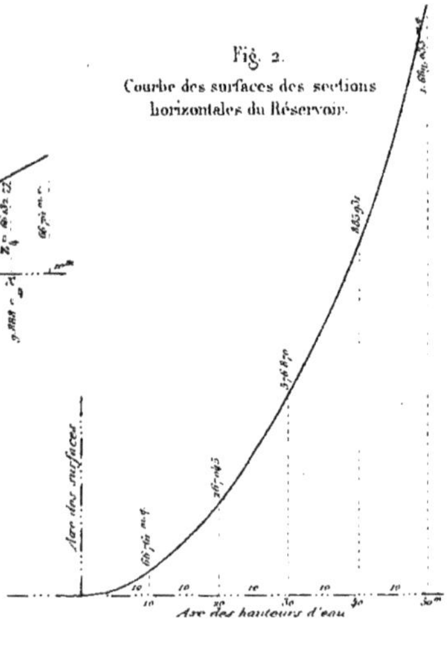

Échelle (des fig. 1. 2. 3. 4

Échelle (des fig. 1. 4. 4 bis

Échelle (des fig. 2.

LE LIGNON (PROJET)

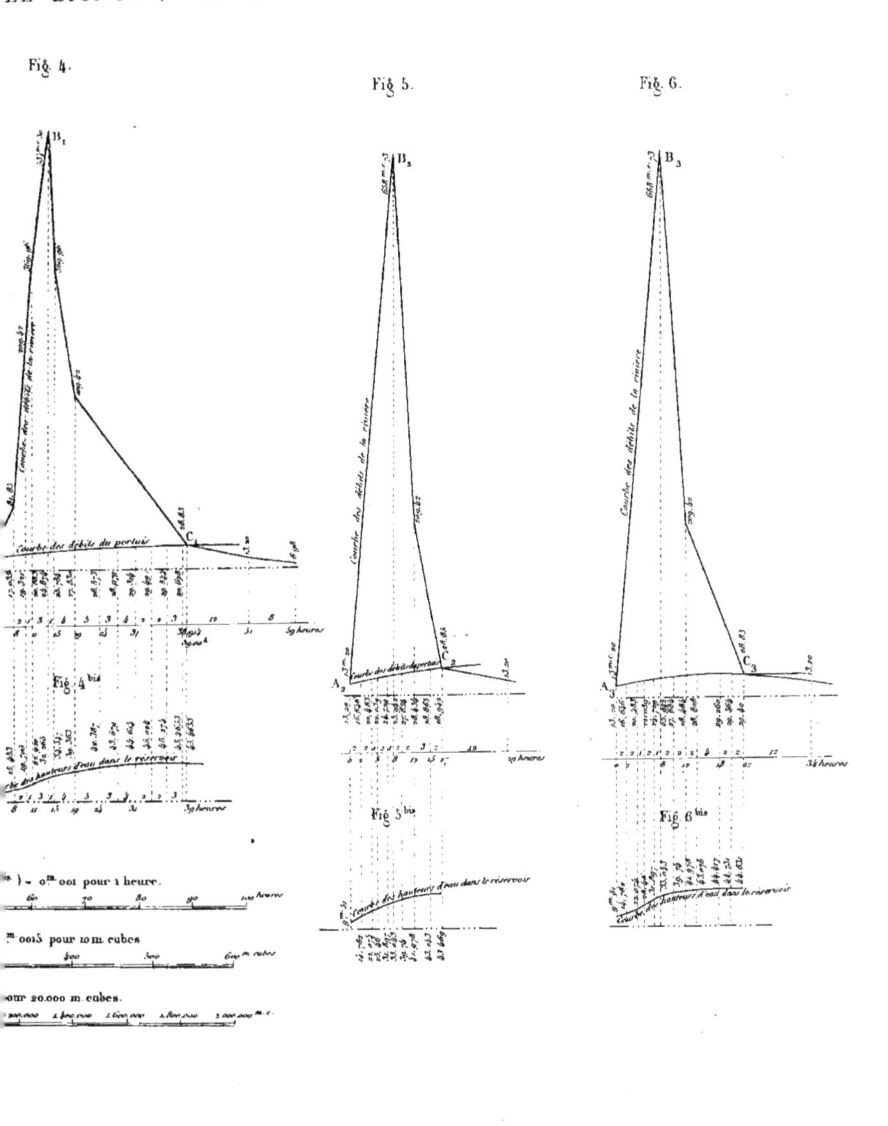

Imprimerie Nationale.

RÉSERVOIR DE TEN

Détail de la courbe

Fig. 1.

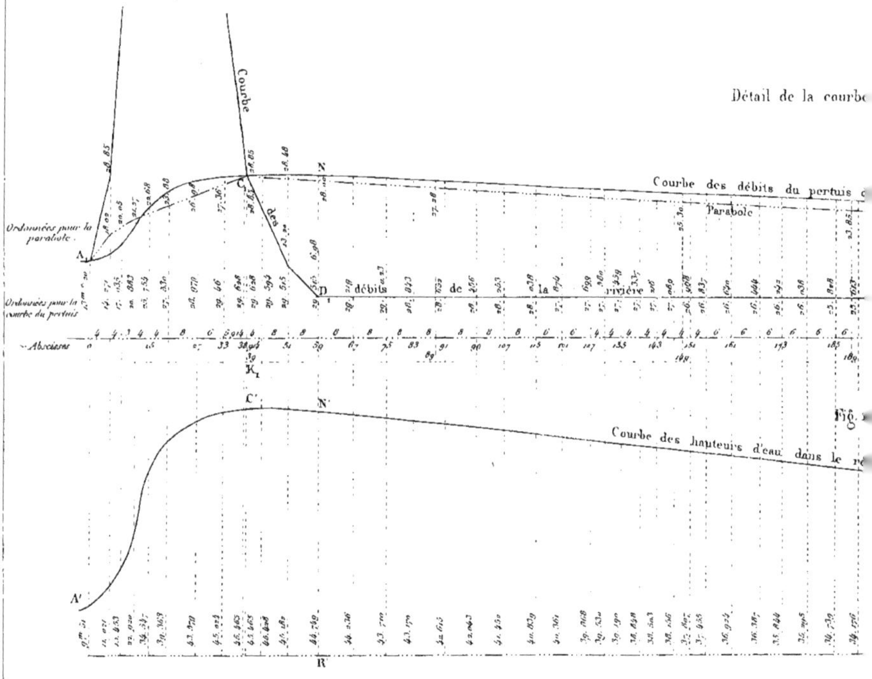
Courbe
Courbe des débits du pertuis
Parabole
Courbe des débits de la rivière
Ordonnées pour la parabole.
Ordonnées pour la courbe du pertuis
Abscisses
A
C
N
D
K1
C'
N'
A'
R'
Courbe des hauteurs d'eau dans le r

Fig. 2.

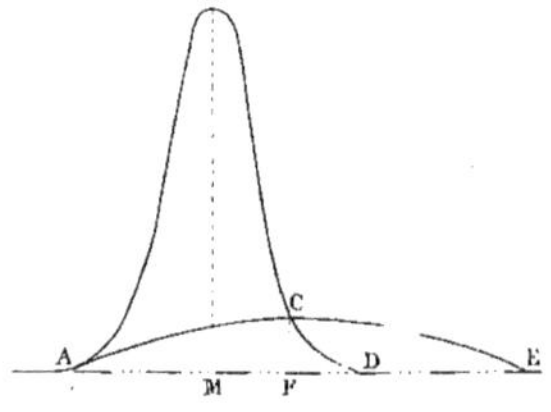
B
A
C
D
E
M
F

Fig. 3.

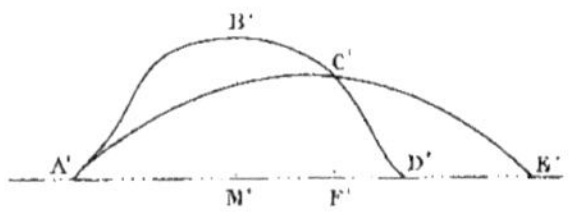
B'
C'
A'
D'
E'
M'
F'

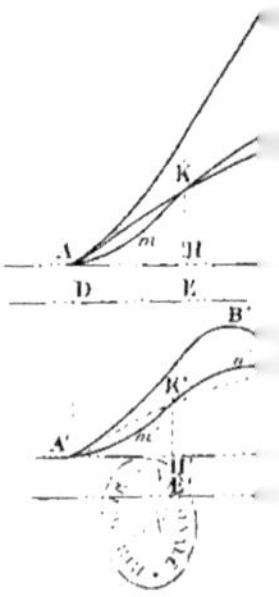
K
A
D
E
B'
K'
A'

...LE LIGNON (PROJET)

...1 pertuis et de celle des hauteurs d'eau
... la figure 4. Planche III.

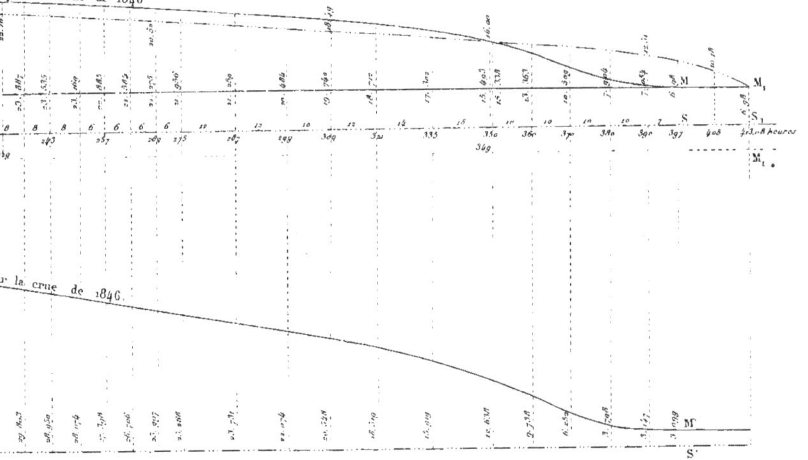

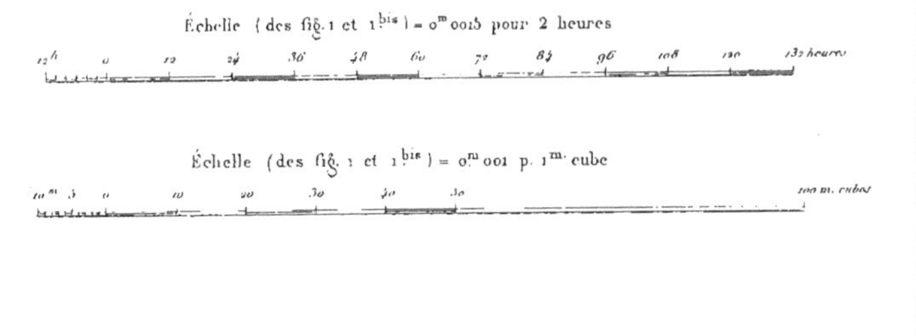

Imprimerie Nationale.

RÉSERVOIR D

Fig. 1.
Courbe des débits de la crue de 1849
pour le Furens au Gouffre d'Enfer.

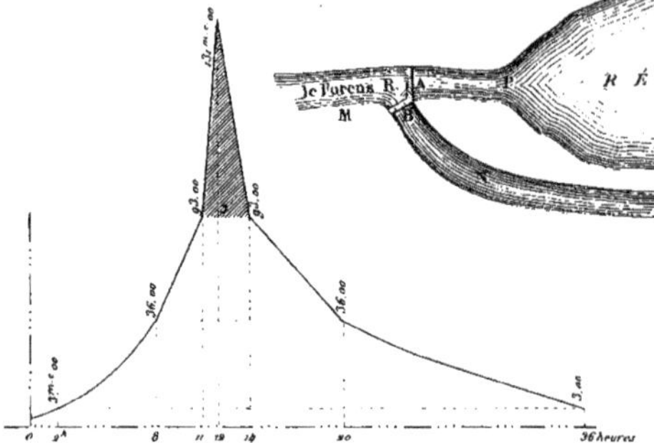

36.00
93.00
36.00
3.00
0
8
11
12
14
20
36 heures

Fig. 2.
Croquis indiquant en plan les dispositions du réservoir.

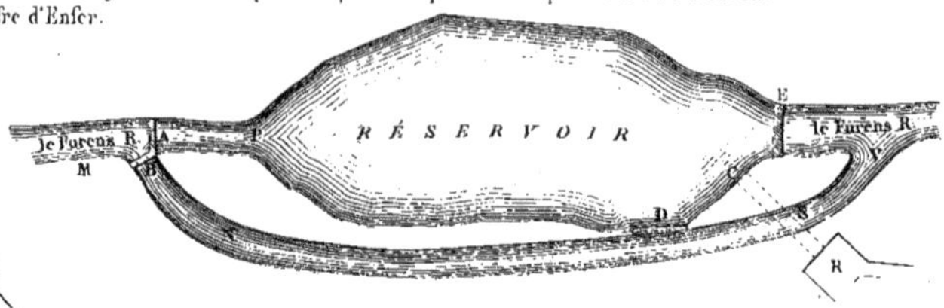

RÉSERVOIR
le Furens R.
le Furens R.
M
A
B
E
C
D
R

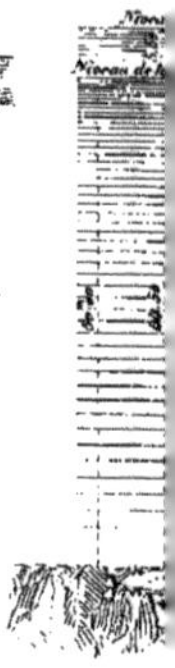

Fig. 6.
Courbe des débits de la crue de 1856
à l'emplacement du barrage de la Coise.

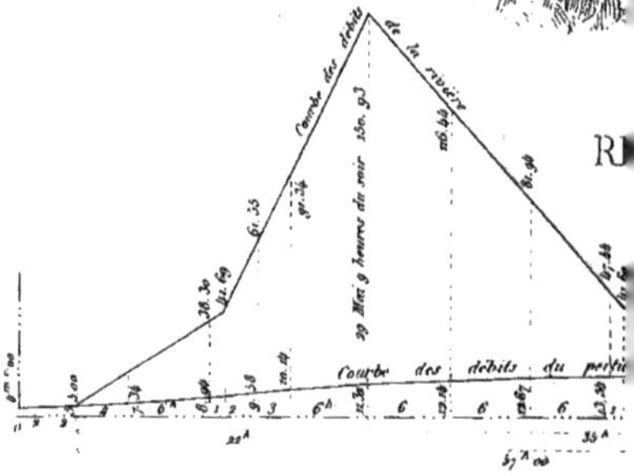

Courbe des débits de la rivière
Courbe des débits du pertuis

R

Fig. 5.
Coupe en travers suivant la ligne C R
du plan fig. 2.

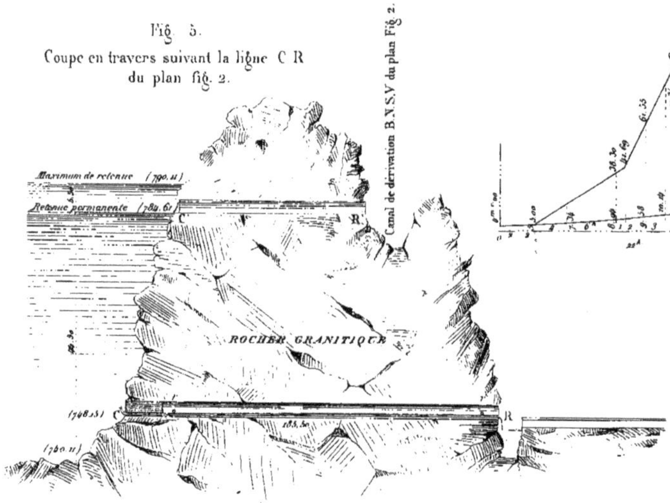

Canal de dérivation B.N.S.V du plan Fig. 2.
Maximum de retenue (790.11)
Retenue permanente (784.61)
C
R
ROCHER GRANITIQUE
(748.35)
C
R
(760.11)

Fig. 7.
Courbe des débits de la
à l'emplacement du barra

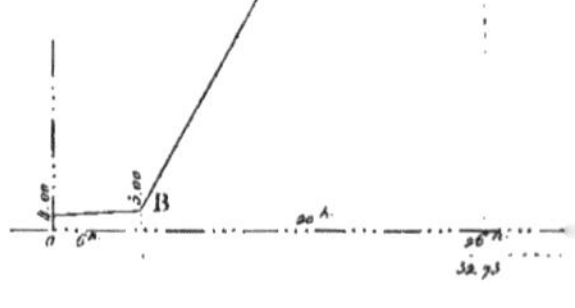

B

Échelles

Coupe et élévation 1 mill. p. 1 mètre ($\frac{1}{1000}$)

Coupe en travers suivant C R du plan fig. 2.

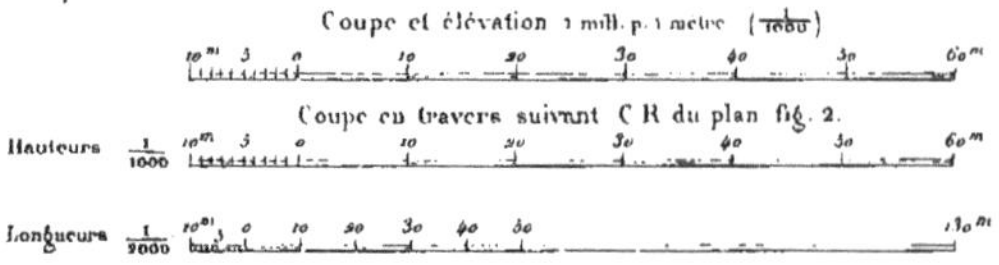

Hauteurs $\frac{1}{1000}$
Longueurs $\frac{1}{2000}$

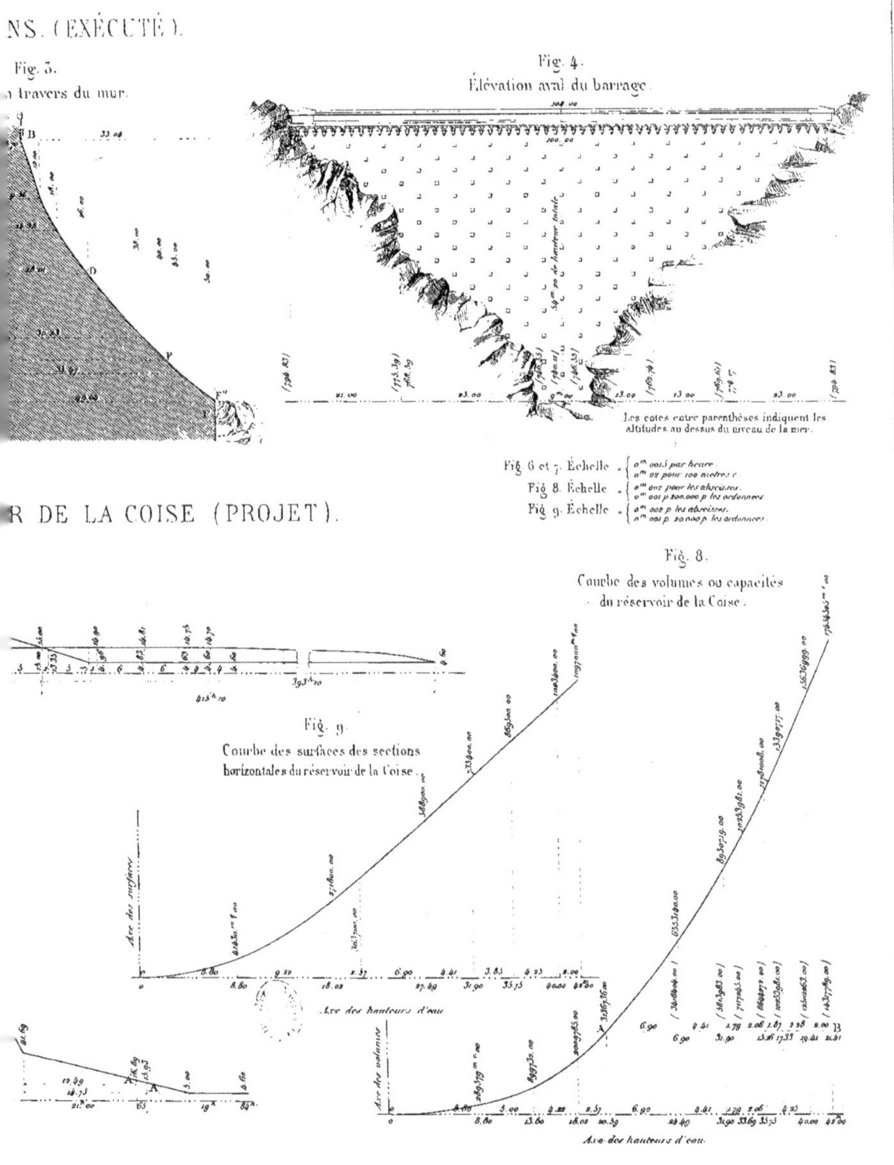

Imprimerie Nationale.

Fig. 1. Plan général.

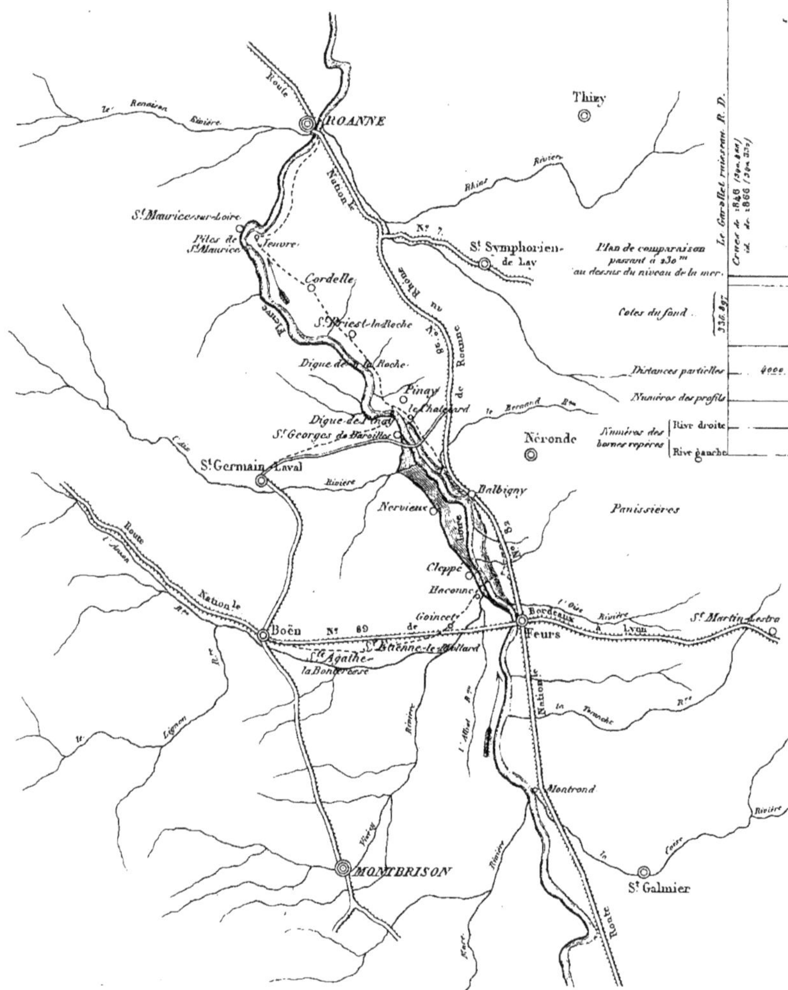

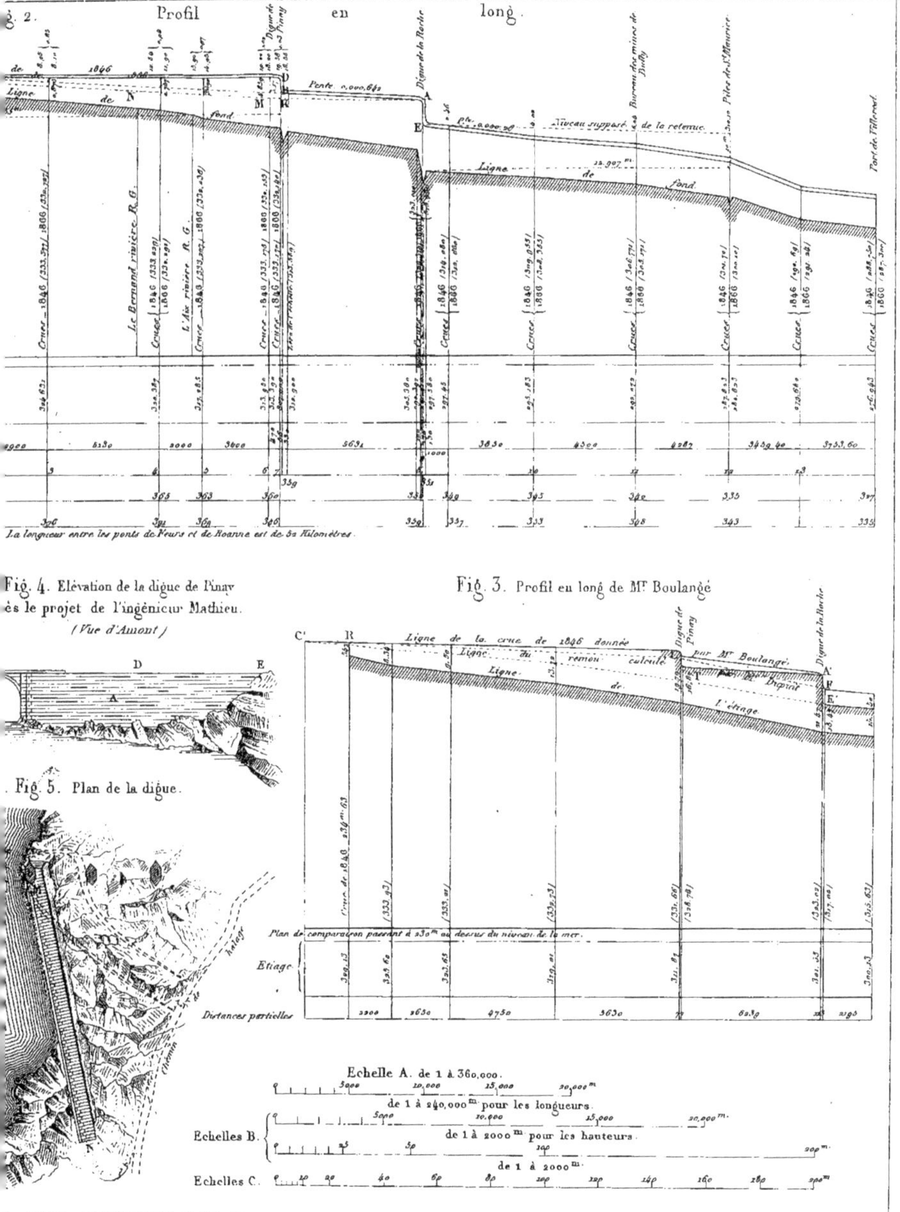

Imprimerie Nationale.

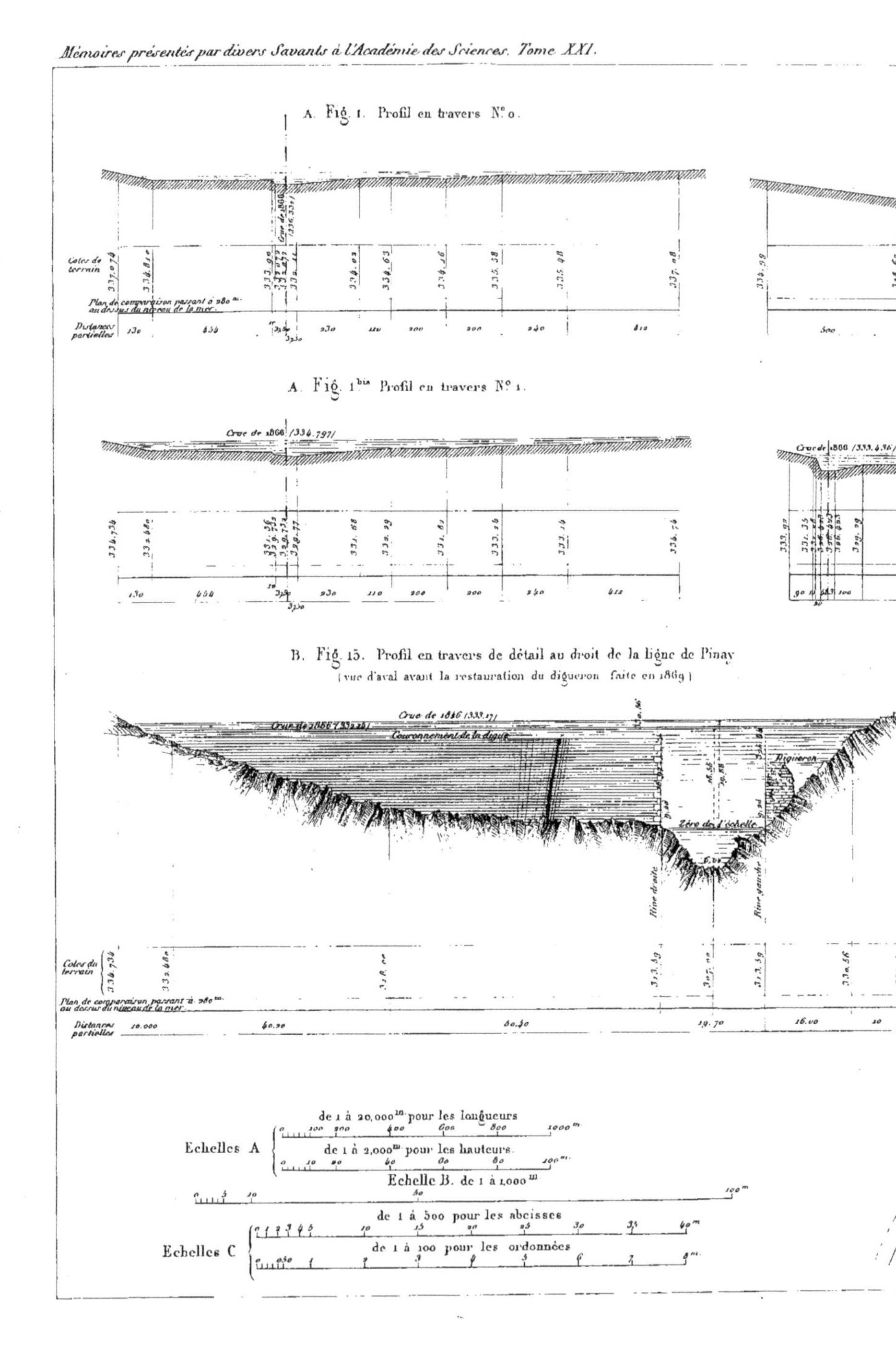
A. Fig. 1. Profil en travers N.° 0.
Cotes de terrain
Plan de comparaison passant à 280 m. au dessus du niveau de la mer.
Distances partielles
A. Fig. 1bis Profil en travers N.° 1.
Crue de 1866 (334.797)
B. Fig. 15. Profil en travers de détail au droit de la ligne de Pinay
(vue d'aval avant la restauration du digueron faite en 1869)
Crue de 1846 (333.17)
Couronnement de la digue
Digueron
Zéro de l'échelle
Rive droite
Rive gauche
Cotes du terrain
Plan de comparaison passant à 280 m. au dessus du niveau de la mer.
Distances partielles
Echelles A
de 1 à 20,000 m pour les longueurs
de 1 à 2,000 m pour les hauteurs.
Echelle B. de 1 à 1,000 m
Echelles C
de 1 à 500 pour les abcisses
de 1 à 100 pour les ordonnées

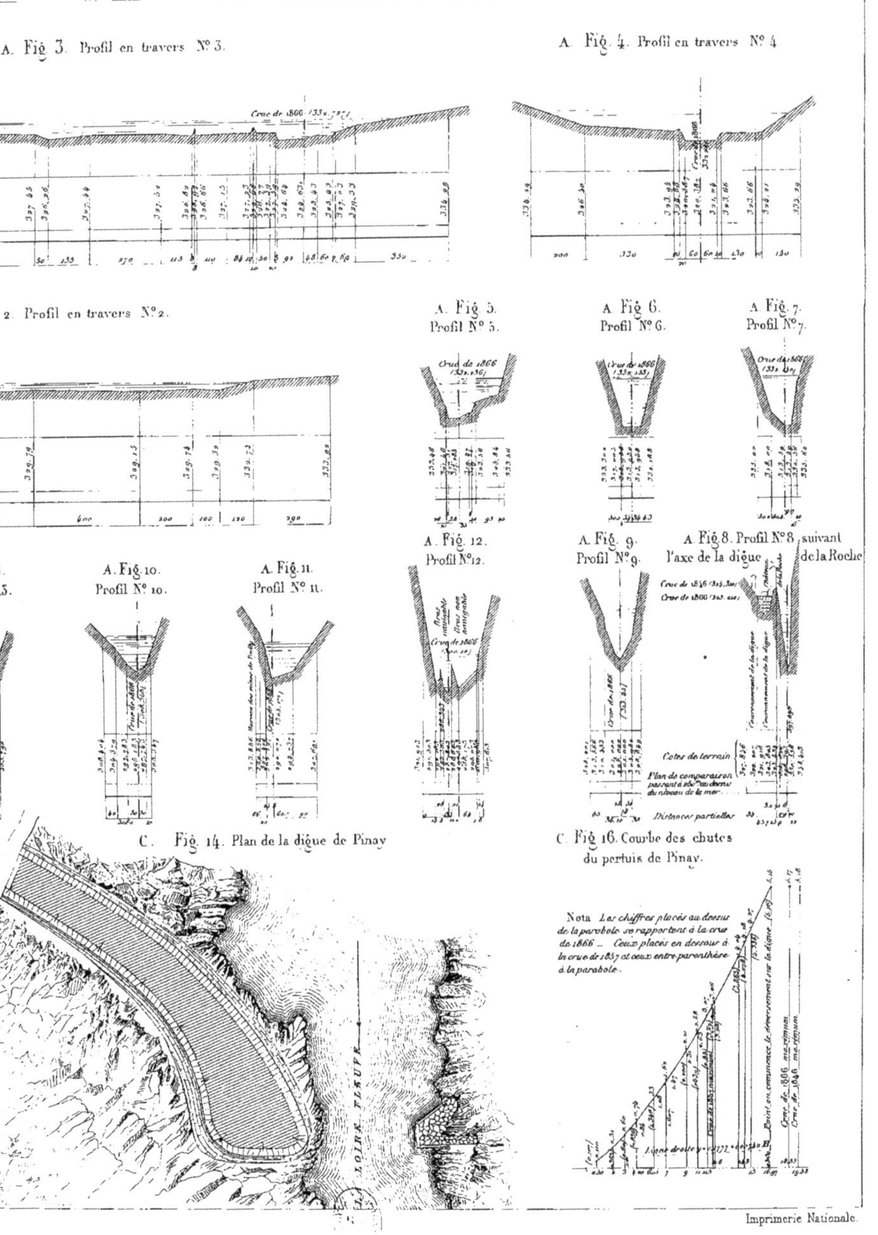

Imprimerie Nationale.

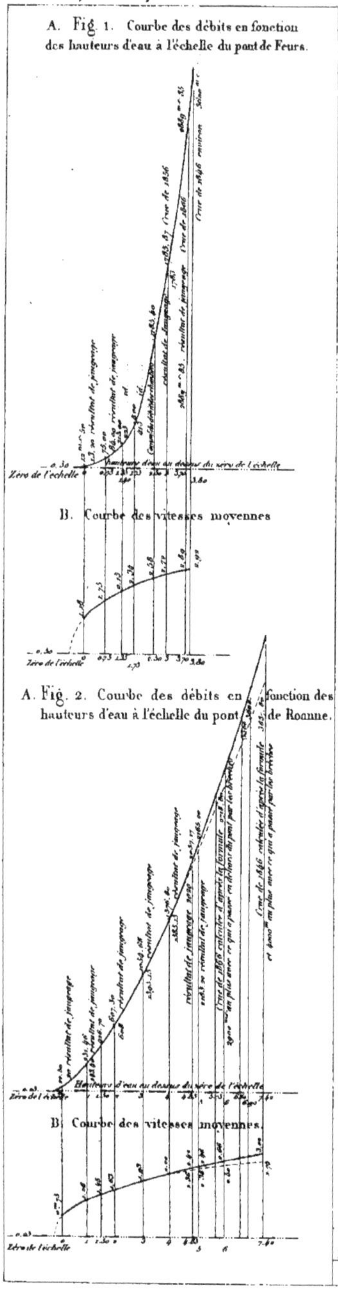

A. Fig. 1. Courbe des débits en fonction des hauteurs d'eau à l'échelle du pont de Feurs.

B. Courbe des vitesses moyennes

A. Fig. 2. Courbe des débits en fonction des hauteurs d'eau à l'échelle du pont de Roanne.

B. Courbe des vitesses moyennes.

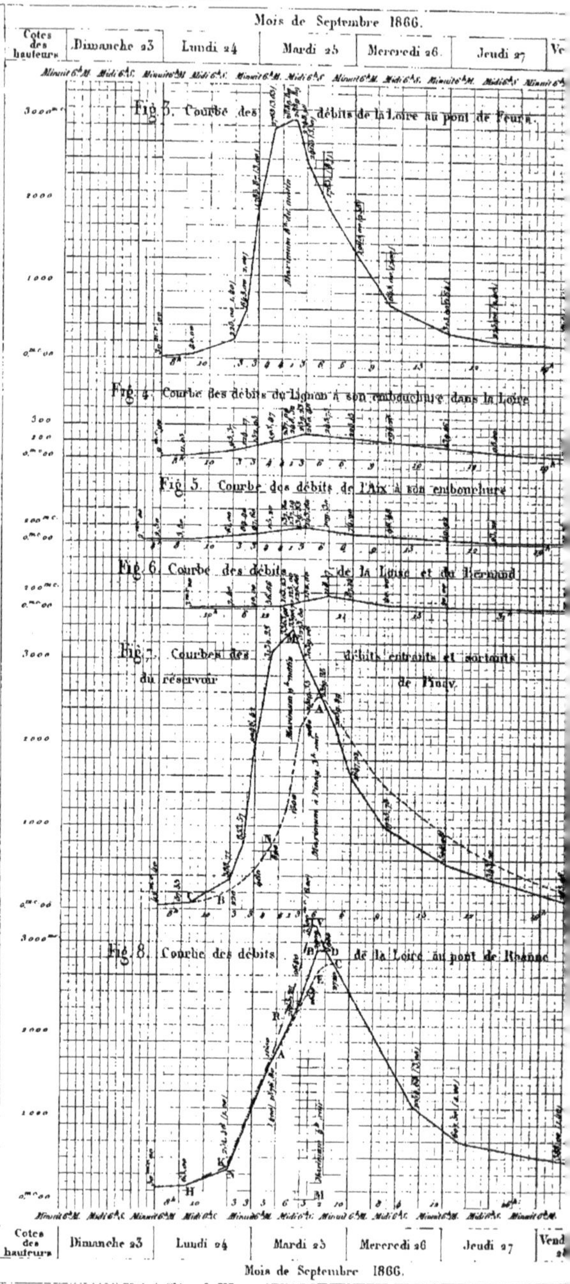

Mois de Septembre 1866.

Cotes des hauteurs	Dimanche 23	Lundi 24	Mardi 25	Mercredi 26	Jeudi 27	Ve

Fig. 3. Courbe des débits de la Loire au pont de Feurs.

Fig. 4. Courbe des débits du Lignon à son embouchure dans la Loire

Fig. 5. Courbe des débits de l'Aix à son embouchure

Fig. 6. Courbe des débits de la Lise et du Bernand

Fig. 7. Courbes des débits entrants et sortants du réservoir de Pinay.

Fig. 8. Courbe des débits de la Loire au pont de Roanne

Cotes des hauteurs	Dimanche 23	Lundi 24	Mardi 25	Mercredi 26	Jeudi 27	Vend 28

Mois de Septembre 1866.

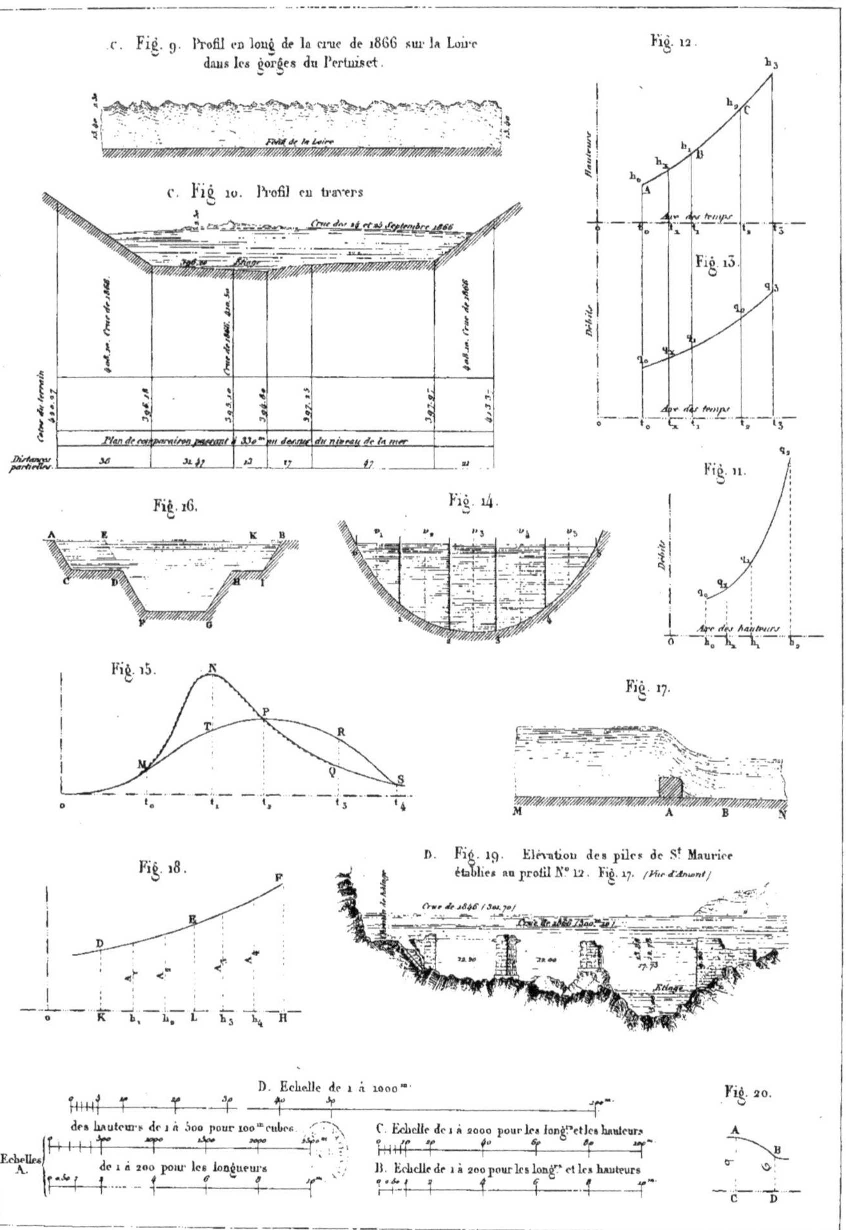

Imprimerie Nationale.

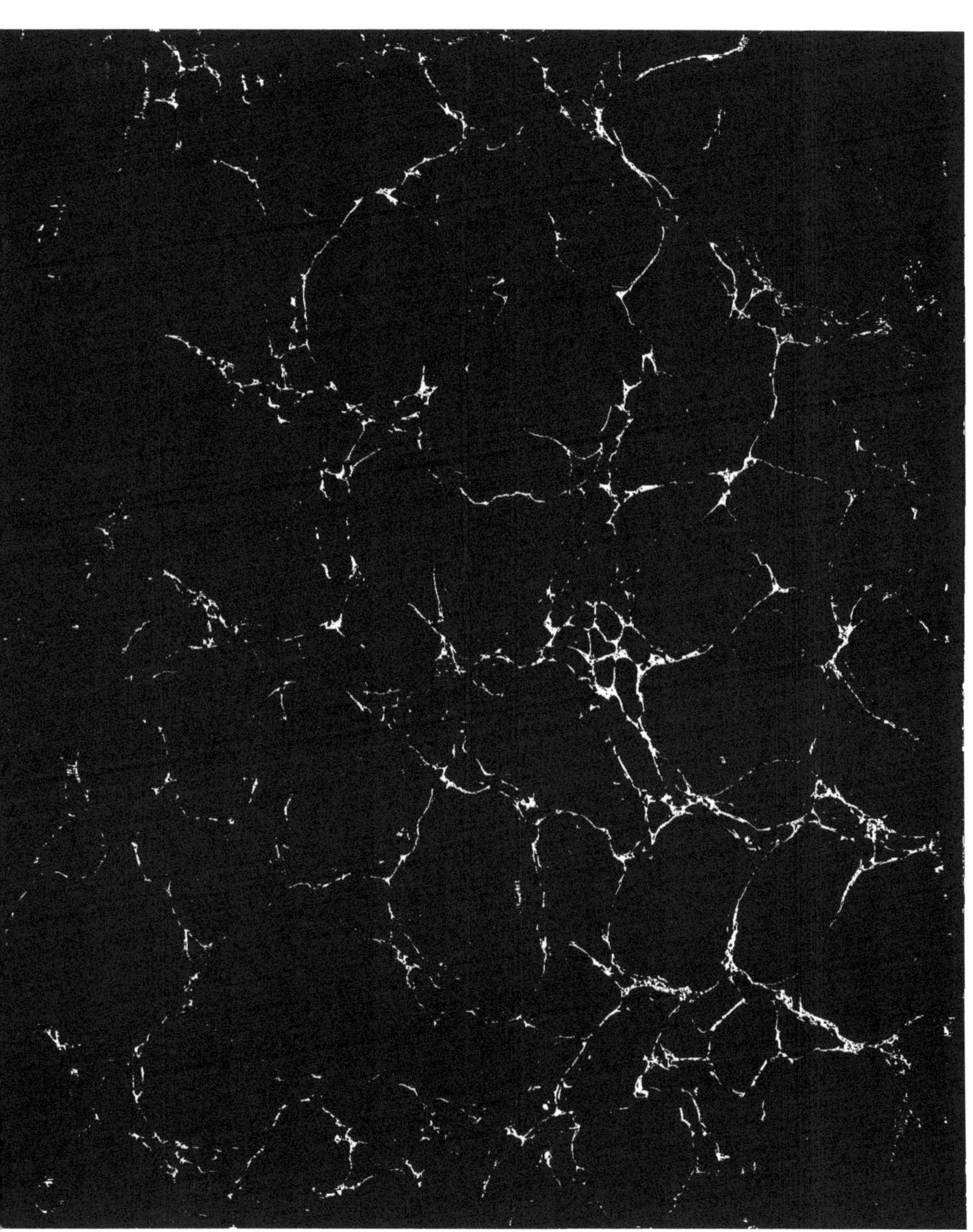

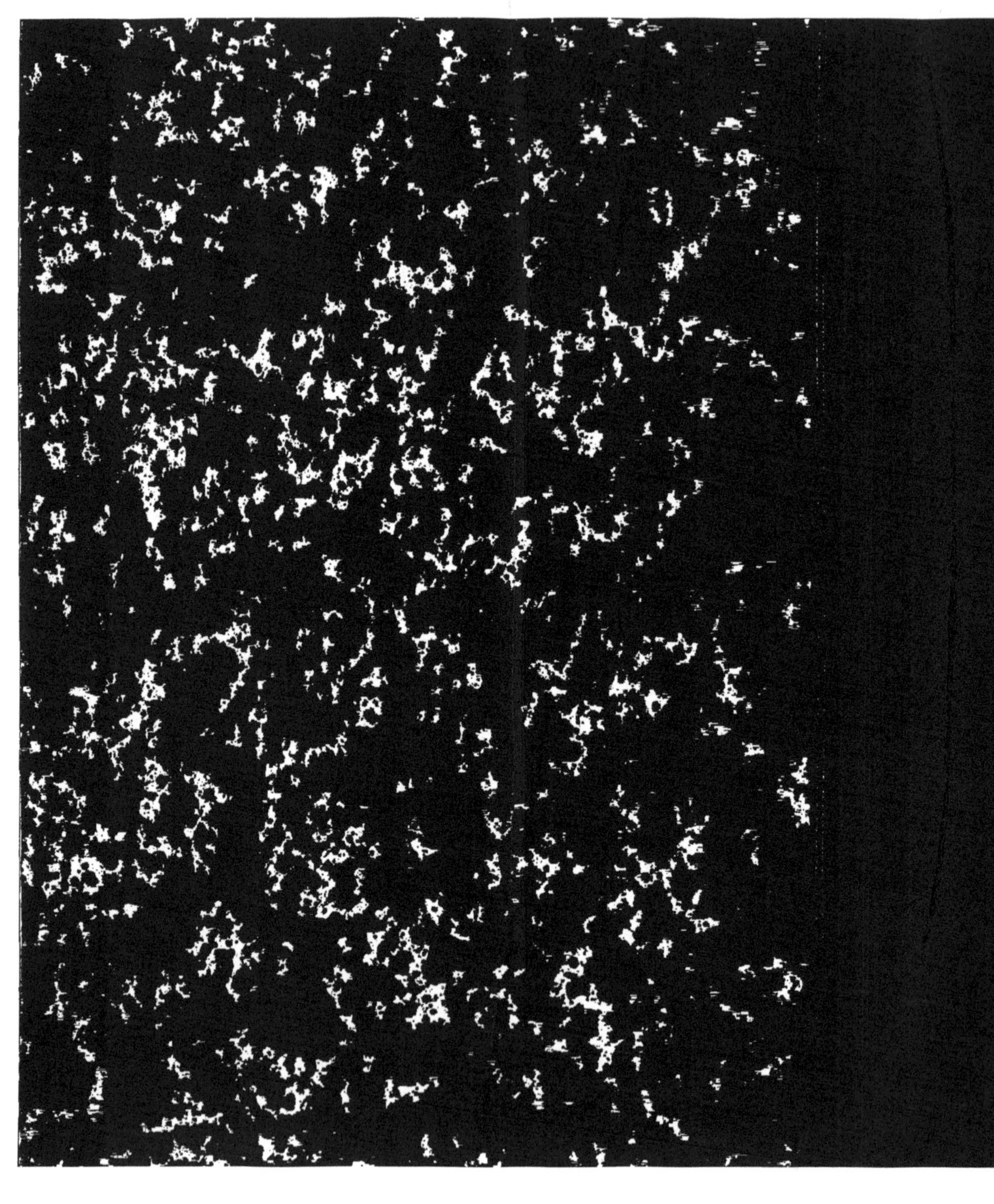